AF508219

APPLICATIONS

DE LA ZOOTECHNIE

DU MÊME AUTEUR

ORGANISATION, FONCTIONS PHYSIOLOGIQUES ET HYGIÈNE DES ANIMAUX DOMESTIQUES ; — 1 vol. in-18 avec gravures. . . . . 3 fr. 50

PRINCIPES GÉNÉRAUX DE LA ZOOTECHNIE ; 1 vol in-18 avec gravures . . . . 3 fr. 50

APPLICATIONS DE LA ZOOTECHNIE AUX ESPÈCES ÉQUINES (cheval, âne, mulet, institutions hippiques); 1 vol. in-18 avec gravures . . . . 3 fr. 50

APPLICATIONS DE LA ZOOTECHNIE AUX ESPÈCES BOVINE, OVINE ET PORCINE (bœuf, mouton, chèvre et porc); 1 vol. in-18 avec gravures (sous presse) . . 3 fr. 50

L'ensemble de ces quatre volumes forme un traité complet de l'**Économie du bétail.**

MONTEREAU. — IMPRIMERIE ZANOTE.

ÉCONOMIE DU BÉTAIL

APPLICATIONS

DE LA

ZOOTECHNIE

PAR

ANDRÉ SANSON

Professeur de zootechnie

Directeur et rédacteur en chef de la *Culture* ; ex-chef de service à l'École
vétérinaire de Toulouse ; membre de la Société impériale et centrale vétérinaire ;
du comité central de la Société d'anthropologie de Paris ; membre
et secrétaire du conseil de l'Association scientifique de France, etc., etc.

CHEVAL — ANE — MULET — INSTITUTIONS HIPPIQUES

PARIS

LIBRAIRIE AGRICOLE DE LA MAISON RUSTIQUE
26, RUE JACOB, 26
1867

AVERTISSEMENT

Toutes les gravures de ce volume qui représentent des types de race, sont des portraits authentiques d'individus déterminés. Pour les exécuter, on a copié purement et simplement des photographies, des aquarelles peintes d'après nature ou des croquis pris de la même façon.

Ici, on doit le faire remarquer à cause surtout de la caractéristique nouvelle proposée pour les races, la gravure n'est donc point un auxiliaire docile, se pliant aux nécessités des thèses à soutenir. On ne lui a demandé que de représenter le fait, tel que la nature le donne ; et pour éviter le plus possible de lui faire subir même l'influence inconsciente de l'idée préconçue, le scrupule a été poussé jusqu'à emprunter les types dont il n'existait pas de photographies à des artistes qui, en les exécutant, ne pouvaient certainement pas prévoir le parti qui en serait tiré ainsi.

Le lecteur voudra bien prendre garde, même, que

la pose des têtes représentées ne se trouve pas toujours être la plus favorable aux comparaisons entre sujets du même type, et il est prié de tenir compte de la difficulté, en s'inspirant de l'analyse des caractères typiques considérés séparément.

C'est la première fois que les races animales se trouvent figurées et décrites dans ces conditions de complète sincérité, avec le cachet de certitude et de précision que la science exige et que peut comporter son état présent. Si, par sa nouveauté, la méthode laisse encore des doutes — ce qu'on ne saurait se flatter d'éviter — il est permis du moins d'espérer que son caractère d'originalité ne sera pas contesté.

Février 1867.

APPLICATIONS
DE LA ZOOTECHNIE

CONSIDÉRATIONS PRÉLIMINAIRES

L'ordre logique de nos études nous conduit à formuler les préceptes pratiques de l'économie du bétail, déduits des lois scientifiques dont l'ensemble constitue ce que quelques auteurs ont appelé la zootechnie générale. Chacune de ces lois est nécessairement absolue, comme le sont toutes les lois naturelles; mais, par cela même, il s'ensuit que pour les faire tourner toutes à la fois à notre profit, dans l'exploitation économique du bétail, nous sommes obligés de nous livrer à des combinaisons qui entraînent de toute nécessité le sacrifice plus ou moins complet de quelques-unes, au bénéfice de certaines autres plus importantes, eu égard au but que nous voulons atteindre.

La pratique, en toutes choses, n'est le plus souvent ainsi qu'une continuelle transaction entre les principes et les faits; et c'est peut-être ce qui peut le mieux fournir la distinction essentielle entre l'art et la science. La science est absolue comme la vérité éternelle; l'art est essentiellement relatif, parce que, visant au résultat immédiat, il ne peut réaliser ce qui serait la perfection, mais bien ce qui est actuellement possible, dans l'état des choses.

La notion est importante, et j'y insiste. Il faut, dans la poursuite d'un objet pratique, c'est-à-dire présentement bon et utile, tenir compte de tant d'éléments divers ; il est si difficile de trouver en même temps tous ces éléments arrivés au point où de leur combinaison résulterait, sans concession d'aucune sorte, un effet irréprochable, que force est bien de se tenir en deçà de la perfection, rêvée comme un idéal à poursuivre sans relâche. La science indique cet idéal et le fait apercevoir nettement aux esprits clairvoyants. C'est là son rôle, et c'est pour cela qu'elle est le guide sûr de toutes les opérations bien conduites. Elle trace la limite du possible et de l'impossible, de l'utile, du réel et du chimérique. Elle enseigne surtout ce qu'il est sage de ne point tenter.

En matière d'économie du bétail, plus peut-être que partout ailleurs, ce genre de services est à considérer.

Que de déconvenues, par exemple, n'eussent point été évitées à nos éleveurs, si ceux qui leur parlaient au nom de la science avaient pris soin de mettre en évidence cette vérité maintenant acquise, que les races ne se peuvent améliorer par le croisement ! Que de forces, employées pendant si longtemps à la poursuite d'un résultat absolument vain, ont été perdues pour l'économie publique !

Ne nous en plaignons pas trop, cependant, car l'expérience profite toujours, au demeurant, lorsqu'on sait l'interpréter ; mais il n'en est pas moins vrai que l'on était en possession des faits capables de fixer la science, bien avant les trente dernières années, durant lesquelles il a été fait tant d'écoles, en cherchant l'amélioration de notre bétail dans la seule influence du croisement des races entre elles et en considérant les reproducteurs indépendamment des circonstances climatériques, agricoles et économiques dans lesquelles ils avaient à fonctionner. Seulement on n'a pas su discerner la signification de ces faits.

Pourvus, comme nous le sommes à présent, de solutions exactes et précises sur chacune des questions de principe que soulève l'économie du bétail, il ne nous est plus permis d'errer dans l'application. La conduite à tenir, dans tous les cas, nous apparaît avec la clarté de l'évidence. Il ne s'agit plus, répétons-le, que de combiner toutes ces solutions dans une sorte de hiérarchie, à la tête de laquelle se trouvent celles qui sont de l'ordre économique. Ceci est commandé par la nature même de l'objet, et aussi par celle du but qui doit être atteint. On ne saurait, en effet, perdre de vue que la production animale vise avant tout au bénéfice : telle est sa condition essentielle d'existence.

A ce sujet, qu'il me soit permis de revenir sur le caractère essentiel de l'école zootechnique, dont Baudement fut l'incontestable initiateur. Il importe de dissiper les obscurités ou les doutes qui pourraient subsister.

Ce qui caractérise avant et par-dessus tout la doctrine de cette école, c'est qu'elle met à la base de toute question zootechnique l'étude du milieu économique dans lequel cette question se pose.

Nous avons, en cherchant à dégager les principes généraux fournis par la science à l'exploitation du bétail, souvent insisté sur cette notion fondamentale. Le jeu des lois physiologiques, dont on dispose d'autant mieux qu'on les connaît plus à fond, y doit être constamment subordonné. Contester qu'une telle subordination soit nécessaire et même possible, c'est méconnaître le sens du problème lui-même. La zootechnie ne serait évidemment qu'un vain mot, s'il nous fallait subir la fatalité des lois physiologiques, s'il n'était pas possible de coordonner ces lois en méthodes raisonnées.

L'éleveur se propose d'atteindre un but industriel; il veut, ainsi que l'a fort justement remarqué M. E. Lecouteux, « produire du capital, obtenir du produit brut et du produit net ». Est-il rien au monde qui soit plus essentiellement relatif? Et s'il en est ainsi, comme on ne peut point en disconvenir, que devient, en un tel problème, l'absolutisme des fonctions physiologiques posé d'une façon plus ou moins nette, plus ou moins consciente, en économie du bétail, par toute l'école empirique?

Qu'on invoque, dans cette école, des agronomes ou des vétérinaires; qu'on les montre préoccupés, en thèse générale, des considérations économiques, ou en particulier disposés à réaliser des résultats autant que possible lucratifs; il n'en demeure pas moins acquis que tout est dominé, dans leurs enseignements, par la nécessité d'obtenir un animal conforme au modèle purement esthétique qu'ils se sont proposé. Et cela est tellement vrai, qu'aucun n'a jamais manqué de préconiser, dans chaque espèce, une race régénératrice fournissant le type unique de la beauté, le type du bon et de l'utile au suprême degré.

Or, bien différente est en cela l'école zootechnique, et c'est, encore une fois, sa caractéristique propre. Elle soutient que tout est bien, en économie du bétail, qui est à sa place; elle prétend que la condition essentielle du succès est dans l'équation constante des fonctions économiques de l'animal et de la situation dans laquelle il doit être produit et exploité. C'est à ce prix seulement qu'on en peut espérer un revenu net, but final de toute exploitation industrielle.

Il n'était sans doute pas superflu de rappeler ces principes, au moment où nous allons aborder l'application des méthodes zootechniques aux diverses espèces dont se compose notre bétail. Ici, nous entrons en plein sur le terrain de la pratique. Il nous faut indiquer avec précision, dans chaque cas particulier, les procédés convenables pour tirer le meilleur parti de la population animale. Ce ne sont plus des principes généraux, des lois naturelles, qu'il y a lieu de faire sortir de l'étude des faits; ce sont des préceptes qu'il s'agit de formuler nettement, en les déduisant des données scientifiques exposées dans un autre de nos volumes (1).

Parmi ces données, il en est une au sujet de laquelle le moment est venu de faire une réserve.

Nous aurons à étudier et à décrire, dans chacune des espèces animales domestiques composant ce qu'en économie rurale on appelle le bétail, les diverses races en lesquelles cette espèce est subdivisée. Je dois faire observer dès à présent à cet égard, que l'état actuel de la science ne nous permettra point de considérer toujours comme définitive l'application de notre définition de la race. Ce sera l'œuvre d'études ultérieures. A chaque jour sa tâche.

Je me livre, pour ma part, sans relâche à ces études, qui ont pour but de ramener, à l'aide du criterium déduit d'un nombre suffisant de faits bien observés, la classification des races à ses limites véritablement naturelles; mais ceci est nécessairement un travail de longue haleine, dont les difficultés ne sont pas peu grandes, en raison du nombre des objets qu'il s'agit d'embrasser et de leur dissémi-

____

(1) Voy. *Principes généraux de la zootechnie.*

nation sur toute l'étendue d'un pays. Il est achevé pour quelques-unes, non pour toutes. Il en résulte que les races sont bien moins multipliées, dans toutes les espèces, qu'on ne le croit généralement; mais pour faire acquérir à cette vérité, qu'il est permis d'affirmer dès maintenant en se basant sur le caractère général de la loi d'où elle découle, la sanction d'une application universelle, il reste à établir encore bon nombre de déterminations méthodiques, dont les procédés seuls nous sont connus.

Ces procédés, c'est ici le lieu d'en donner brièvement la formule précise.

Caractéristique de la race. — Nous savons que chaque individu, dans l'espèce animale, présente des formes de deux ordres : les unes qui lui sont communes avec tous les individus de son espèce ayant été mis dans les mêmes conditions que lui; les autres qui diffèrent de celles-ci par leur fixité et qui sont exclusivement propres à un groupe déterminé de l'espèce, dont elles constituent le lien commun ou la caractéristique. Ces formes fixes, infailliblement héréditaires entre individus appartenant par leur ascendance la plus reculée au même groupe, sont celles qui caractérisent par cela même la race ou le type morphologique. Il y a donc, dans tous les groupes d'individus, des caractères typiques, invariables, et des caractères secondaires, variables.

De cette distinction dépend, soit dit en passant, toute la question de la fixité de l'espèce, agitée par les naturalistes et les philosophes. Il importe par conséquent d'en préciser les termes, à tous les points de vue. Nous allons essayer de le faire en indiquant où sont les caractères typiques et les caractères secondaires.

Caractères typiques. — Nous avons dit (1) que ces caractères se tiraient exclusivement des formes osseuses de la tête, de la direction des lignes du crâne et de la face, et des proportions de ces deux parties du squelette.

La boîte crânienne, correspondant, chez les animaux domestiques, à ce qu'on appelle communément la région du front, est sensiblement aussi large que longue, c'est-à-dire qu'il y a autant de distance entre les deux plans qui touchent l'entrée de chaque conduit auditif qu'entre le sommet de la tête et le niveau horizontal du fond de l'orbite ; ou bien les deux diamètres sont inégaux, et c'est le longitudinal qui l'emporte ; en un mot le front est sensiblement carré, ou il est étroit et allongé, les oreilles sont écartées ou rapprochées.

Le premier cas est celui de la *brachycéphalie*, et le second celui de la *dolichocéphalie :* tous les deux sont typiques.

La descendance de deux brachycéphales purs de tout mélange antérieur ne devient jamais dolichocéphale, sous l'influence d'aucun agent naturel ou artificiel, non plus que jamais celle de dolichocéphales ne devient brachycéphale.

Chacun de ces caractères typiques, cependant, se rencontre également chez des races distinctes. Il y a, dans toutes les espèces, plusieurs races brachycéphales ou dolichocéphales. Cela prouve que seules la brachycéphalie ou la dolichocéphalie ne sont pas suffisantes pour caractériser la race. Les caractères de la base osseuse de la face y interviennent pour une égale part, car ils ont au même degré l'attribut de la constance ou fixité naturelle.

____

(1) *Principes généraux de la zootechnie,* ch. III.

La figure de la voûte crânienne et du front, la forme des appendices frontaux ou chevilles osseuses des animaux à cornes; la direction du profil facial et les proportions du chanfrein dues à la forme des sus-naseaux, qui en sont la base; tout cela fournit des caractères typiques, ainsi que la longueur relative de l'ensemble de la face, par rapport à l'étendue du crâne.

Les diverses combinaisons de ces formes, chez le cheval, par exemple, donnent les têtes dites carrée, pyramidale, à chanfrein droit, busqué, déprimé, camus, etc. : toutes particularités à indiquer lors de la description de chaque race. La saillie plus ou moins forte des arcades orbitaires, celle des crêtes zygomatiques, contribuent pour leur part à l'ensemble caractéristique de la physionomie de la race, ainsi que la forme et la direction des branches et de l'arcade incisive du maxillaire inférieur; enfin, sur le vivant, la forme des naseaux, du mufle, de la bouche, des oreilles, des cornes et des yeux.

Voilà ce qui caractérise le type de la race, chez les mammifères qui ont pu être étudiés expérimentalement; tout le reste est secondaire ou accessoire pour la classification zoologique et pour l'application des lois naturelles; mais cela n'en a pas moins son importance propre en zootechnie. Nous allons l'indiquer sommairement.

Caractères secondaires. — En première ligne il faut placer la conformation générale du corps, dépendant de la profondeur et de l'ampleur de la poitrine, de la direction des leviers osseux des membres, du développement des masses musculaires, toutes choses soumises à l'empire de la gymnastique fonctionnelle et qui peuvent à notre gré devenir les mêmes chez toutes les races de la même fonction économique; en second lieu se trouve la taille, qui

varie sous les mêmes influences, et qui est d'ailleurs la
même, naturellement, chez des races distinctes par leurs
caractères typiques; enfin la couleur ou la nuance et la
forme du poil ou de la laine, qui présentent de nombreuses
variétés chez des races de toutes les espèces les plus notoirement connues comme pures de tout mélange : toutefois, l'uniformité du poil est dans quelques cas si constante, que le caractère fourni par elle, sans qu'il soit jamais typique, en acquiert néanmoins une très-grande
valeur.

Les caractères secondaires ont leur valeur au point
de vue pittoresque, pour aider à la détermination de la
race, dans certains cas; mais n'appartenant en propre à
aucun type déterminé, ils ne sauraient en caractériser
aucun. Ceci est l'affaire exclusive des formes typiques,
inébranlables comme la loi naturelle qui régit leur reproduction indéfinie dans la succession des générations.

Dans nos descriptions ultérieures, nous suivrons le plus
possible les bases qui viennent d'être rappelées et précisées ; mais, je le répète, bon nombre des races admises
n'ont pu être soumises encore suffisamment à notre criterium. Toutefois, la caractéristique exacte de la race, telle
qu'elle résulte de nos études, est d'une importance assez
considérable pour qu'il soit permis de s'en contenter pro-
visoirement, quelque impuissants que nous soyons actuellement à l'appliquer sans lacune à la classification de nos
espèces domestiques. Elle aura, j'espère, sur la classification zoologique, en général, une influence encore plus
directe que celle qui lui est acquise déjà, quant au degré
de certitude des méthodes zootechniques, qui doit, d'ailleurs, nous occuper particulièrement ici. Le reste est une

question de science pure, sur laquelle nous n'avons pas à nous appesantir.

Au lecteur qui s'en prévaudrait pour contester la valeur de cette caractéristique, il pourra être répondu qu'elle a été confirmée par l'examen direct de toutes les races les mieux connues, et on le renverra, pour s'en assurer, au chapitre du *Métissage* aussi bien qu'à ceux de la *Gymnastique fonctionnelle,* de la *Sélection* et du *Croisement*, où la permanence des caractères typiques a été mise en évidence par des exemples tirés de la pratique des éleveurs les plus fameux (1). Ces exemples, en outre, se retrouveront encore plus détaillés dans le présent volume, pour ce qui concerne le cheval, et dans le suivant pour les autres espèces.

Nos descriptions, au contraire, en vue du but que nous nous proposons d'atteindre, doivent insister sur ce qui est secondaire, au moins, et le plus souvent nul, au point de vue de la caractéristique zoologique, sur les aptitudes physiologiques. De là découle l'aptitude zootechnique existante ou possible, par conséquent la fonction économique, objectif direct de l'application de nos méthodes.

Il faut que chaque éleveur ou producteur de bétail, à un titre quelconque, trouve dans ce livre nettement indiquée la ligne de conduite qu'il convient d'adopter pour arriver à la meilleure exploitation de la race de sa région ; qu'il soit guidé, sans erreur possible de sa part, dans le choix des méthodes d'amélioration applicables à la situation dans laquelle cette exploitation doit s'effectuer.

Les études zootechniques auxquelles nous allons nous livrer ne semblent pas, en outre, sans utilité pour l'his-

(1) Voy. *Principes généraux de la zootechnie.*

toire naturelle. Elles fourniront certains faits dont il n'a point, jusqu'ici, été suffisamment tenu compte.

Les races domestiques, considérées comme de simples variétés accidentelles et purement artificielles, sont, au même titre que les espèces, auxquelles on s'arrête dans les classifications, des expressions d'une loi naturelle. Ces races ont de même leur place en zoologie, ainsi que j'espère bien le montrer, et cette place est tout aussi considérable que celle accordée aux espèces.

Il est permis d'admettre, dès maintenant, en se fondant sur la caractéristique des unes et des autres, résultant de nos déterminations antérieures, que bon nombre de prétendues espèces sauvages ou domestiques, distinguées seulement en se basant sur des différences anatomiques souvent très-superficielles, ne sont en réalité que des races diverses d'une seule et même espèce. La méthode de détermination étant fautive, a dû nécessairement conduire souvent à l'erreur. Et c'est en vue des solutions de ce genre déjà fournies, que la zootechnie peut être considérée dans un sens comme la véritable zoologie expérimentale.

Nous aurons quelques occasions, en passant la revue des races exploitées, d'en signaler des exemples. Mais ce ne peut être dans notre travail qu'un accessoire. Notre but doit rester principalement économique. Il s'agit avant tout de décrire la population animale de nos exploitations agricoles, en vue de tirer de cette population le meilleur parti industriel. Pour nous servir d'expressions qui étaient familières à Baudement, notre objet est la fabrication des machines animales et des produits qu'elles sont capables de donner.

La constitution et le fonctionnement de ces machines

étant connus, ainsi que les conditions de leur état normal (1); étant connues également les méthodes à l'aide desquelles on peut élever leurs fonctions économiques au plus haut degré ; le cadre qui vient d'être indiqué ne peut plus embrasser que l'examen de ces fonctions pour chaque groupe homogène en particulier, la détermination de celui-ci préalablement faite, et l'analyse de la situation dans laquelle son exploitation doit avoir lieu, ainsi que l'étude des procédés de fabrication ou de récolte des produits individuels. Ces produits sont du ressort de la zootechnie, jusqu'à ce qu'ils aient été livrés à la consommation en qualité de matières alimentaires ou de matières premières, ou d'agents de production pour une autre industrie.

Il y a donc à faire l'application spéciale des principes généraux de la zootechnie à chacune des espèces qui composent le bétail, au double point de vue descriptif et industriel, d'après le plan que nous venons d'esquisser. Nous considérerons ces espèces dans l'ordre qui a été généralement adopté jusqu'à présent, en commençant par les espèces équines (du genre *Equus*), auxquelles ce volume sera consacré.

(1) Voy. *Organisation et fonctions physiologiques.* — *Hygiène.*

ESPÈCES ÉQUINES

(Genre *Equus*, L.)

Caractères génériques.—Avant d'être des objets d'industrie, d'utilité ou d'agrément, les animaux domestiques, étudiés scientifiquement, sont d'abord des sujets d'histoire naturelle. Et ce serait une grave erreur de croire, ainsi qu'on l'a cru trop longtemps, que les deux façons de les envisager soient étrangères l'une à l'autre. La base fondamentale d'une exploitation éclairée de ces animaux, est la connaissance approfondie des lois auxquelles sont soumises leurs fonctions. Avant donc d'indiquer la place qui leur convient dans nos combinaisons sociales, il importe de rechercher celle qu'ils occupent dans l'harmonie de la nature. Les lois naturelles ne se laissent point transgresser. En dehors d'elles, on ne se prépare que des échecs.

Dans la classification des animaux, les grandes divisions établies ne présentent aucune difficulté réelle de détermination, jusqu'à celle appelée genre par les naturalistes. Elles s'appuient sur des caractères fixes, précis, toujours présents. Les mammifères, par exemple, ont toujours des mamelles, les ruminants ruminent toujours et la disposition particulière de leur estomac multiple ne fait jamais défaut, de même que les solipèdes (qu'il vaudrait peut-être mieux appeler monodactyles, en raison de la sorte de coq-à-l'âne qui résulte du rapprochement de leur nom de famille avec l'expression du fait de leur station quadrupède, d'où il suit que ces animaux doivent être à la fois qualifiés de quadrupèdes et de solipèdes, ce qui semble contradictoire dans les termes) les solipèdes, dis-je, ont toujours le pied terminé par un seul doigt, sur lequel se fait leur appui.

Mais, à partir du genre, c'est là que commencent les incertitudes. La caractéristique oscille encore entre des opinions diverses. Le consentement unanime n'est point établi. Tandis que la plupart des naturalistes semblent accepter le phénomène de la fécondité limitée comme l'unique criterium véritable, ils n'en persistent pas moins à baser leurs déterminations sur des caractères génériques tirés de la forme des animaux, de leur constitution anatomique. Pour mettre ordre à cette anarchie, dont l'étude des animaux domestiques nous offrira plus d'un exemple, la venue serait bien à souhaiter d'un de ces génies qui, après avoir découvert la vérité, ont la puissance de la fixer et de l'imposer par leur autorité librement acceptée.

Malgré toutefois les incertitudes des caractères génériques adoptés, il faut reconnaître que le groupe des espèces équines, tel qu'il est établi en histoire naturelle, est au nombre de ceux qui laissent le moins de prise à la critique. Il demeure intact, à quelque vérification qu'on le soumette, en se plaçant au point de vue du phénomène de la fécondité, ou bien à celui des formes corporelles. Toutes les espèces rangées dans le genre *Equus*, le cheval (*E. caballus*), l'âne (*E. asinus*), l'hémione ou dzigguetaï (*E. hemionus*), le couagga (*E. couagga*), le daw (*E. montanus*), le zèbre (*E. zebra*), auxquelles il faut joindre, peut-être, l'hémippe (*E. hemippus*), indiqué par Isidore Geoffroy Saint-Hilaire, toutes ces espèces ou prétendues espèces ont évidemment communs tous les caractères autres que ceux qui déterminent le type de la race. Il n'est pas moins certain que les individus qui les composent sont capables de se féconder réciproquement, à des degrés divers. En réalité, ils composent donc bien un genre naturel.

La seule question serait de savoir si, dans ce genre, les espèces sont aussi nombreuses qu'on le croit. Là est l'incertitude zoologique, pour des raisons faciles à saisir. Plusieurs de ces espèces n'ont été distinguées qu'en se basant sur des différences de pelage, même assez légères, ou de taille, par exemple le couagga et le daw, qui ne diffèrent du zèbre que par la disposition des raies transversales de leur poil, l'hémione qui ne diffère de l'âne que par des nuances encore beaucoup moins tranchées. Il y a certainement moins loin, quant à la forme et à la couleur, d'un hémione à un âne d'Orient, que de celui-ci à un baudet du Poitou, d'un couagga et d'un daw à un zèbre, que d'un cheval de Syrie à un flamand ou à un boulonnais.

Les déterminations admises des espèces équines sont donc fortement sujettes à révision. Je ne serais point surpris d'apprendre, pour ma part, qu'il n'y a en vérité, dans le genre *Equus,* que trois espèces naturelles distinctes, formées chacune de plusieurs races ; que le couagga, le daw et le zèbre ne sont que des races d'une seule et même espèce, ainsi que l'âne et l'hémione, de leur côté. Et ce qui doit être remarqué, c'est que l'hémione, le couagga, le daw et le zèbre ont, pour la forme, une grande ressemblance avec l'hybride de l'âne et du cheval, avec le mulet, ce qui tendrait à montrer que, dans la série naturelle, ils pourraient bien être des intermédiaires entre ces deux espèces extrêmes du genre *Equus.*

On n'en conclura pas, bien entendu, qu'il est probable ou même seulement possible que ces espèces dérivent des autres par voie d'hybridité. Une telle erreur de raisonnement, familière à l'école aujourd'hui célèbre que l'on appelle le darwinisme, est mise en évidence par tout ce que nous savons, dans l'état actuel de la science. Ce qu'il est seulement permis d'en inférer, c'est que les formes organiques se lient les unes aux autres par des transitions ménagées, que la série naturelle est une vérité. Où la transition paraît brusque, il y a lieu d'admettre que les formes intermédiaires ont disparu par extinction. Les découvertes paléontologiques viennent chaque jour fortifier l'idée de la continuité. On peut citer à l'appui celles faites en Grèce par M. Albert Gaudry, et celles du type humain intermédiaire dont les débris ont été trouvés déjà en plusieurs endroits. Mais de là à supposer que ces formes intermédiaires dérivent des autres par voie de parenté, il y a un abîme logique. Nous ne savons scientifiquement rien de l'origine première des choses. Nous ne pouvons conclure, en science, que d'après ce qui est constaté. Or, ce qui est constaté expérimentalement, c'est que les hybrides, lorsqu'ils sont féconds, ne jouissent pas de la fécondité continue.

Si donc, dans les espèces équines, il y en a une ou plusieurs qui ressemblent aux hybrides connus de l'âne et du cheval, il est seulement permis d'en induire la continuité progressive des conditions dans lesquelles elles ont été formées. L'hypothèse satisfait mieux un esprit rigoureux, dans ce cas, que celle d'une génération contre laquelle dépose l'expérimentation.

Cette expérimentation, précisément sur le sujet qui nous occupe, s'effectue en économie du bétail sur une très-grande échelle. Les deux seules espèces du genre *Equus* qui soient domestiques, le cheval et l'âne, sont accouplées pour la production des mulets; et l'on sait que si la fécondité de leurs hybrides n'est pas tout à fait nulle (il y a des exemples de mules fécondées), cette fécondité est au nombre des plus restreintes et n'est jamais allée encore jusqu'à une seconde génération. Ce sont des expérimentations pareilles qui permettraient de résoudre le doute formulé plus haut, relativement aux espèces sauvages du genre. Elles ont été tentées par Isidore Geoffroy Saint-Hilaire, pour l'âne et l'hémione, dont il obtint un produit mâle fécond, ce qui ne s'est jamais vu pour l'hybride de l'âne et de la jument; mais elles ne furent ni assez étendues ni poussées assez loin par ce naturaliste, pour qu'il soit possible d'en rien déduire de positif quant au point litigieux. Ce sont donc des expériences à reprendre.

En attendant qu'elles puissent être entreprises, ainsi que bien d'autres sur le même sujet, nous devons nous en tenir ici à l'étude des espèces équines domestiques, d'abord au point de vue de leur histoire naturelle, puis à celui de leur importance économique.

Ces deux points de vue, répétons-le, ne sont pas aussi indépendants qu'ont paru le croire jusqu'à présent les naturalistes, d'une part, et de l'autre les innombrables auteurs qui ont écrit sur ce qu'ils appelaient « la question chevaline », notamment. C'est à peine si l'on en pourrait citer un seul ayant eu pleine conscience du lien étroit qui les unit; et en parlant ainsi je veux dire que si l'on a vu . celui-ci, par exemple, répéter volontiers jusqu'à l'excès que dans la production des animaux domestiques, et dans celle du cheval en particulier, il fallait s'inspirer de l'histoire naturelle, et celui-là chercher, pour l'histoire naturelle, des éclaircissements dans la pratique des éleveurs, il n'en est pas moins vrai que les deux objets d'étude restant distincts, on a tenu pour établi, des deux parts, ce qui était précisément à vérifier. Affaire d'autorité, d'un côté comme de l'autre, et c'est de contrôle respectif qu'il s'agit, ainsi que nous allons le démontrer.

LIVRE PREMIER

CHEVAL (E. caballus)

CHAPITRE PREMIER

CARACTÈRES SPÉCIFIQUES ET ORIGINES

Caractères spécifiques.— Nous abordons en particulier
l'une des plus grandes difficultés de l'histoire naturelle.
Si la science est incertaine, en présence d'une bonne
définition du genre à établir, c'est bien pis au sujet de
l'espèce. « ...Que d'interprétations diverses de ce mot!
Que d'acceptions, tantôt vagues et confuses, tantôt plus
nettes, mais inconciliables, tour à tour ou simultanément
admises : autrefois, faute de définition; aujourd'hui, parce
que la science flotte entre des définitions multiples et
contraires (1). »

L'auteur qui s'exprime ainsi a tenté, l'un des derniers, de
faire cesser, sur la notion de l'espèce, le doute et l'indéci-
sion. Il n'y a point réussi. Après une longue suite de considérations historiques sur la façon dont la notion de
l'espèce a été conçue par chacun des naturalistes de tous
les temps, et l'exposé d'une théorie qui lui était propre
sur la « variabilité limitée », devant être substituée, suivant

---

(1) I. GEOFFROY SAINT-HILAIRE, *Hist. nat. génér. des règnes organiques*, t. II, p. 350. Paris, Victor Masson et fils, 1859.

lui, à « l'hypothèse de la fixité », il est arrivé à proposer, « en ne considérant, pour le moment, que l'ordre actuel des choses, » une définition nouvelle ainsi formulée :

« L'espèce est une collection ou une suite d'individus *caractérisés par un ensemble de traits distinctifs dont la transmission est naturelle, régulière et indéfinie dans l'ordre actuel des choses* (1). »

Envisagée absolument, cette définition serait jusqu'à un certain point acceptable, à la condition que l'on consentît à modifier d'une manière profonde les habitudes du langage zoologique et que l'on considérât l'espèce organique comme le dernier terme de toute classification, comme un groupe au delà duquel il n'y eût plus rien.

Ce n'est point ainsi que l'auteur l'a comprise. La théorie de la variabilité limitée, devenue commune à beaucoup d'autres naturalistes, s'y opposait. Il fallait une place pour la définition de la race, « variété constante et qui se conserve par la génération, » d'après Buffon ; il la trouve en considérant la race comme « une *déviation* constante du type », une « dégénération », suivant l'expression de Blumenbach, qui se transmet constamment, et il conclut, en définitive, que « la race est une collection ou une suite d'individus issus les uns des autres, distincte par des caractères *devenus constants* » (2).

Toutes nos études zootechniques antérieures, où la question a été envisagée en général, protestent contre la notion de la race ainsi entendue, notion qui paraît être adoptée par tous les naturalistes, sauf la substitution d'un mot. « Variété devenue permanente, » a dit, par exemple

(1) *Loc. cit.*, p. 437.
(2) *Loc. cit.*, p. 337.

de la race M. Godron (1). Les faits exposés dans l'étude particulière des races domestiques donneront, j'espère, à la contestation la valeur d'une démonstration inébranlable, en attestant la distinction originelle des types naturels et la fixité de leurs caractères distinctifs, dans la limite du temps que les observations rigoureusement recueillies nous permettent d'embrasser.

Mais, tel est, dans l'état actuel de la science, le peu de solidité de ces notions sur l'espèce et sur la race, et la confusion qui s'établit facilement entre elles, que, croyant néanmoins avoir apporté la clarté dans une matière si trouble, Isidore Geoffroy Saint-Hilaire, cité de préférence parce qu'il résume cet état, comme étant l'un des derniers auteurs qui aient écrit longuement sur le sujet, ajoute au texte de sa définition de la race la note suivante :

« On verra plus tard, dit-il, que cette définition serait applicable, à un seul mot près, à l'espèce aussi bien qu'à la race, et qu'elle l'est même, au moins très-vraisemblablement, à un grand nombre des collections ou suites que nous appelons espèces. La race touche de si près à l'espèce, qu'il est impossible de ne pas accepter pour l'une et pour l'autre des définitions très-peu différentes, à moins toutefois de quitter le terrain des faits et de l'observation pour se jeter dans les hypothèses et les idées métaphysiques (2). »

Eh bien, non, cela n'est pas acceptable, en restant sur le terrain des faits et de l'observation. Les idées qui correspondent aux deux termes sont nettement distinctes, ou ces termes n'expriment pas des réalités, et alors il n'y a

______

(1) *De l'espèce et des races.* In-8º. Nancy, 1848, p. 63.
(2) *Hist. natur. génér.*, etc., t. II, p. 337, en note.

point lieu de les définir. Or, les faits prouvent, nous le verrons amplement par la suite, que l'espèce et la race sont au même titre des réalités naturelles, correspondant chacune à sa loi.

Ce qui paraît avoir obscurci, en zoologie, les notions que nous examinons, c'est que les mots adoptés pour les exprimer y ont été détournés de leur sens général, on peut même dire de leur sens primitif. Les premiers naturalistes, en se servant du terme d'espèce (*species*), n'entendaient pas désigner autre chose que l'ensemble des caractères visibles, les formes, l'apparence, par lesquels l'objet envisagé se distinguait des autres. Dans le langage commun, c'est là le sens universel du mot. Les naturalistes modernes l'en ont détourné, en y ajoutant l'idée d'origine commune, de communauté de souche qui, dans le génie de notre langue comme dans la réalité physiologique, ne convient qu'au terme de race.

La confusion tout à l'heure signalée et les incertitudes de définition qui en résultent dérivent évidemment de cette impropriété des termes consacrés par l'usage, en histoire naturelle.

Il serait sans doute téméraire de prétendre à faire prévaloir une réforme à cet égard, en présence de l'unanimité qui semble régner parmi les naturalistes, touchant la notion de l'espèce, pourtant fautive. Telle que l'observation et l'expérimentation la montrent, l'idée que l'on doit se faire de l'espèce, pour laquelle l'expression de race eût été préférable, implique purement et simplement la succession des générations dans le temps, sans qu'il soit nécessaire d'y joindre aucune forme particulière ; c'est-à-dire que la faculté de se féconder indéfiniment entre eux suffit pour que des individus soient considérés comme étant de la même espèce zoologique ; seule l'idée de race comporte en même temps l'unité d'origine et la transmission héréditaire des caractères typiques.

D'après cela, pour ne point changer au delà de l'indispensable les habitudes du langage zoologique, il faut donc dire que l'espèce représente, dans le genre naturel, la collection des individus capables de reproduire entre eux d'autres individus indéfiniment féconds ; que la race représente, dans l'espèce, la collection des individus capables de se reproduire indéfiniment suivant un type déterminé. Il est bien entendu que la reproduction indéfinie doit être ici comprise sous réserve des causes d'extinction comme celles qui ont agi dans les âges passés de notre globe et qui ont peuplé la croûte terrestre de fossiles.

La reproduction indéfinie : voilà l'espèce ; la reproduction dans le type déterminé : voilà la race.

Que les deux idées ne soient pas exactement rendues par les deux termes, c'est ce qui ne paraît point douteux ; mais ces termes ont cours dans la science. L'important est de renoncer, dans la notion de l'espèce, à la conception de l'unité de souche originelle, qui ferait considérer les races plus ou moins nombreuses dont l'ensemble constitue cette espèce, comme en étant nécessairement dérivées. C'est là une erreur, en histoire naturelle, qui ne résistera pas, j'espère, à l'étude approfondie des races domestiques, telle que peut la comporter l'état actuel de la zootechnie.

Appliquant maintenant à l'espèce chevaline les considérations qui précèdent, et qu'il était utile de développer au début de nos applications des principes généraux posés antérieurement, nous verrons qu'une fois distraits les caractères de l'embranchement, c'est-à-dire la présence des vertèbres ; ceux de la classe, c'est-à-dire la présence des mamelles; celui de la famille, ou l'existence d'un seul doigt à chaque pied; enfin ceux du genre, ou le nombre et la forme des dents; il ne reste, après ces soustractions, en vérité plus rien de nettement tranché pour les caractères spécifiques, autre que le fait physiologique de la fécondité continue des individus entre eux, sans distinction de race ou de type morphologique.

Ainsi qu'on l'a déjà fait remarquer, il y a certainement, dans les formes fondamentales, des différences plus tranchées entre individus de certaines races distinctes de la même espèce du cheval, qu'entre d'autres individus appartenant notoirement à deux espèces du genre. En exemple on peut citer le nombre des vertèbres, qui ne paraît pas être toujours le même dans toutes les races; et il en est certainement ainsi pour le type crânien et pour le type facial, d'où se tire avec certitude la caractéristique de la race.

Quant aux mœurs et aux mérites spécifiques du cheval, il n'y a rien à en dire après Buffon. Il a traité la noble bête de telle sorte, qu'il faudrait être bien osé pour tenter même seulement d'y revenir.

Origines. — C'est une légende fort répandue, que l'espèce du cheval serait originaire du grand plateau central de l'Asie et de l'Afrique orientale, de l'Arabie heureuse, en un mot, ainsi du reste que tous les autres animaux domestiques. Les traditions, l'histoire écrite, la linguistique et la philologie comparée, tout semble concourir pour l'établir.

Chacun a brodé sur ce thème commun, suivant la richesse de son imagination ou les ressources de son esprit, les poëtes en tenant le fait pour certain, les hommes de la science en cherchant des preuves pour l'appuyer.

Les hippologues tiennent le cheval arabe pour le cheval primitif, pour le pur sang immaculé ; c'est pour certains un dogme ; mais tandis que les uns attribuent purement et simplement les hauts mérites qui le distinguent à sa pureté originelle et primitive, le noble animal ayant été, pour eux, doué dès sa naissance première de tous les attributs que nous lui voyons, pour d'autres, ce ne serait là qu'une erreur et même qu'une « grossière méprise ». Ils n'hésitent pas à soutenir que les attributs du pur sang sont choses acquises, le résultat d'une sélection attentive et prolongée en domesticité. Si vous leur demandiez des preuves, ils ne se croiraient pas obligés de vous en donner. Ils affirment, et c'est assez. Le cheval arabe, tel que nous le connaissons, s'il est le cheval primitif, n'est point le cheval de la nature ; le cheval de la nature n'est point le pur sang, le prototype de l'espèce. Dès que l'homme, qui l'a façonné par ses soins attentifs, l'abandonne aux seules influences naturelles, même dans son milieu originaire, il dégénère.

C'est sur cette hypothèse qu'est basée toute la théorie de la « dégénération » des animaux et celle aussi de la formation des races dérivées du type primitif.

Les naturalistes, moins portés à s'extasier sur le dogme du pur sang et plus enclins à baser leurs raisonnements sur des documents scientifiques, s'en tiennent à la question d'origine. La civilisation, disent-ils, a pris naissance en Orient ; elle nous est venue de là, et avec elle tous les animaux domestiques, par conséquent le cheval.

Dans son mémoire sur les origines des animaux domestiques, l'auteur cité plus haut paraît établir cela de la manière la plus formelle. « Parmi les huit mammifères possédés par l'homme de temps immémorial, il en est deux, dit-il, dont on peut encore déterminer, sans trop de difficulté, l'origine zoologique et géographique : tels sont le cheval et l'âne.

« Dès la plus haute antiquité, nous voyons le premier au pouvoir des cinq grands peuples de l'Orient : les Chinois, les Indiens, les Perses, en ont souvent parlé dans leurs anciens livres, et il est très-fréquemment figuré sur les monuments de l'Assyrie et de l'Égypte.

« En Asie, en particulier, la domestication du cheval semble se perdre dans la plus profonde nuit des temps. Ainsi que nous l'avons dit ailleurs d'après le *Rig-Véda* et le *Chou-King*, les Indiens, aussi loin que peuvent remonter l'histoire et les traditions, avaient déjà des chevaux très-variés de couleur; et les Chinois chez lesquels le cheval avait été introduit (1), l'employaient deux mille ans avant notre ère dans les travaux de la guerre comme dans ceux de la paix. La domestication du cheval remonte de même très-haut chez les Perses : l'antique *Zend-Avesta*, et en particulier le *Vendidad*, ne nous laisse pas plus de doute pour les peuples en deçà de l'Indus que les *Védas* pour les Indiens (2). »

Et plus loin l'auteur conclut ainsi :

« Si l'Asie centrale et orientale, d'une part, le sud-ouest de l'Asie et le nord-est de l'Afrique, de l'autre, sont les régions dans lesquelles le cheval et l'âne ont été primitivement ou principalement domestiques, nous sommes conduits, par une induction légitime, à chercher dans ces

______

(1) Nous lisons en effet dans le *Chou-King* : « Le *Taï-pao* (grand personnage) dit : « Un chien, un *cheval* sont des animaux *étrangers* « à notre pays. Il n'en faut pas nourrir. » (Traduction du P. GAUBIL, in-4°, 1770, p. 175.)   (*Note de l'auteur cité.*)

(2) ISID. GEOFFROY SAINT-HILAIRE, *loc. cit.*, t. III, p. 76.

mêmes régions les patries originaires de nos deux solipèdes. Or c'est précisément là que nous les trouvons établis de temps immémorial : le cheval sauvage habite l'Asie
centrale, particulièrement la Tartarie ; et l'onagre s'étend
de l'Asie jusque dans le nord-est de l'Afrique. Il est vrai
que des animaux domestiques viennent parfois recruter
les troupes sauvages » (n'est-ce pas plutôt libres qu'il faudrait dire ?) ; « mais rien n'autorise à croire qu'elles n'aient
pour origines, comme on l'a supposé, que des chevaux et
des ânes échappés. Ajoutons que la situation des lieux où
vivent le cheval et l'âne sauvage concorde parfaitement
avec ce que nous savons de la distribution géographique
de l'ensemble des solipèdes. C'est l'Afrique qui est, sans
exception, la patrie des espèces zébrées ; l'Asie, de celles
qui ont le pelage uniforme. Où donc, à ce point de vue
encore, devions-nous chercher les patries primitives du
cheval et de l'âne, si ce n'est précisément où nous venons
de les trouver? Le cheval, de couleur uniforme, est asiatique; l'âne, intermédiaire entre les espèces concolores et
les espèces zébrées, est aussi intermédiairement placé,
partie en Asie, partie en Afrique (1). »

Voilà qui est tout à fait affirmatif. Pourtant, l'origine
asiatique de tous nos chevaux de l'Occident, pris en bloc,
a été mise quelquefois en doute, notamment, si j'ai bonne
mémoire, par l'élégant écrivain Pariset, secrétaire perpé-
tuel de l'Académie de médecine, dans l'éloge du célèbre
vétérinaire Huzard, qui fut à la fois son collègue à cette
Académie et à l'Institut.

I. Geoffroy Saint-Hilaire repousse lui-même sommairement une hypothèse émise par Hamilton Smith (2), qui,

(1) *Loc. cit.*, p.78.
(2) *Horses*, dans *The naturalist's Library*. Edimbourg, in-12, 1841.

pour expliquer la très-grande diversité de caractères, et particulièrement de couleurs, qu'on observe chez les chevaux, fait descendre ceux-ci de plusieurs souches ou espèces primitives, aujourd'hui confondues entre elles, par suite d'innombrables croisements. « Parmi ces espèces primitives, dit notre auteur, Smith a été jusqu'à en imaginer une *panachée*, qu'il appelle *Equus varius !* »

« Un savant d'une plus grande autorité, ajoute-t-il, M. Fitzinger, a récemment repris, en la modifiant, mais sans la justifier davantage, l'hypothèse de la multiplicité des origines du cheval domestique. » (Voy. *Versuch über die Abstammung des zahmen Pferdes*, dans les *Sitzungsberichte der Akademie der Wissenschaften* de Vienne, t. XXI, n° 19, juillet 1858.) (1).

Ce ne sont en effet, de part et d'autre, que de pures hypothèses, que des inductions auxquelles la consistance fait défaut. Aux preuves historiques de l'origine asiatique unique de l'espèce du cheval, il manque le contrôle physiologique. C'est ce dont on ne s'est point embarrassé. N'y a-t-il point, entre les chevaux d'Asie et ceux d'Europe, par exemple, entre les races d'Orient et celles d'Occident, des différences fondamentales dans la constitution anatomique, de ces différences telles que le changement de milieu, lors de la migration, n'ait pas pu les produire?

Là est toute la question. On l'a résolue par des textes ; le scalpel eût mieux valu.

Or, cette question, fort intéressante assurément, à plus d'un point de vue, nos études zootechniques fourniront les éléments de sa solution irréfutable. Elles mettront en évi-

(1) *Loc. cit.*, p. 79, en note.

dence, dans les formes typiques du squelette des diverses races chevalines, des caractères différentiels dont la fixité est attestée par toutes les observations et par toutes les expériences, depuis que l'on a pu en recueillir ou en effectuer sérieusement. Pour être autorisé à soutenir désormais l'hypothèse de la souche unique de l'espèce du cheval, il faudrait être en mesure de nier justement le principe acquis de la subordination des caractères et de démontrer, par exemple, qu'en passant d'Orient en Occident, le crâne et la face peuvent voir changer leur type et varier leurs proportions relatives.

Il y a plus, selon toute apparence. Un certain nombre de faits constatés me paraissent établir qu'il y a, dans la constitution du rachis, entre les chevaux d'Orient et ceux de l'Occident, une différence de nombre. Les chevaux de toutes les races occidentales ont six vertèbres lombaires. S'il en est de tous les chevaux de l'Orient comme de ceux dont j'ai pu voir jusqu'à présent le squelette, le nombre de ces vertèbres ne serait chez eux que de cinq seulement.

Ce fait est-il général, ainsi que tout porte à l'admettre? Pour en douter il faut pousser à l'extrême la prudence scientifique, l'exception étant impossible en ces matières régies par des lois immuables, et le hasard qui aurait réuni dans les galeries du Muséum d'histoire naturelle de Paris et dans celui de Londres rien que des squelettes de chevaux orientaux à cinq vertèbres lombaires ne paraissant guère probable. S'il est exact, ce fait ôterait out prétexte à la contestation et clorait d'une manière définitive la controverse. Personne n'oserait en effet soutenir, parmi les naturalistes surtout, qu'en changeant de longitude, le cheval ait pu gagner une vertèbre de plus.

Certes, en la question qui nous occupe, les documents

historiques ne sont pas à dédaigner. Ils facilitent grandement l'étude de chaque race particulière, et nous comptons bien en tirer parti. Ils établissent qu'à diverses époques, des migrations, liées à celles des peuples euxmêmes, ont amené dans nos climats les races chevalines du continent oriental. A l'aide précisément de nos méthodes de détermination zoologique, nous les y retrouverons avec la plus grande facilité; mais ces méthodes nous montrent avec la même certitude qu'elles y ont trouvé préétablies des races autochtones du continent occidental, comme elles sont elles-mêmes originaires du grand plateau central du continent asiatique. Les unes et les autres se sont mêlées sans se confondre. Elles demeurent distinctes comme au premier jour. Une loi naturelle, la loi de réversion, découlant de la loi de permanence, expérimentalement démontrée, conserve leur type inaltéré. Le changement de milieu n'agit que sur les caractères secondaires, dans une mesure que nous avons déterminée.

Il y a donc, en somme, autant d'origines distinctes et primitives que de races, et non pas une seule origine pour chaque espèce animale. Le plateau central de l'Asie est la patrie originaire du cheval de race arabe, voilà tout.

La science ne permet pas de conclure autrement.

CHAPITRE II

FONCTIONS ÉCONOMIQUES ET TYPES DE CONFORMATION

1. Fonctions économiques.

Spécialités de service. — Les diverses fonctions économiques de l'espèce chevaline ont été indiquées et considérées dans leurs rapports avec les conditions générales

de la situation où cette espèce est exploitée (1); nous n'a-
vons donc qu'à les rappeler ici, pour qu'elles puissent
servir de base aux types de conformation et d'aptitude
auxquels elles correspondent.

Cette manière d'envisager le sujet introduit, ce semble, dans l'étude de la conformation extérieure du cheval, une réforme aussi logique que vraiment utile. Les auteurs qui en ont traité, à commencer par Bourgelat, au
lieu d'embrasser l'harmonie de l'ensemble, se sont bornés
à soumettre chacune des régions du corps à une stérile
analyse, au point de vue d'un unique type idéal conçu arbitrairement.

Une telle façon de procéder, aussi fatigante à suivre que
peu profitable pour celui qui veut s'initier à la connaissance des formes les plus favorables pour chaque spécialité de service, doit être décidément abandonnée. La notion des fonctions économiques exclut l'idée d'un type
absolu de la belle conformation, dans l'espèce chevaline.
Il y a, dans cette espèce, des beautés organiques absolues
que nous indiquerons; mais l'ensemble de l'individu ne
comporte qu'une perfection relative, eu égard à la fonction
économique ou à la spécialité de service qu'il doit accomplir. Il faut donc admettre un type idéal de perfection pour
chaque spécialité.

On sait que le cheval, par ses aptitudes de moteur, est
propre à deux fonctions, qui s'exercent en modes divers.

Il porte un cavalier pour le voyage, la guerre, l'agrément ou l'exercice salutaire de la promenade, la chasse
ou la course de vitesse : dans tous ces cas il est *cheval*

(1) Voy. *Principes gén.*, etc , ch. II, p. 21.

de selle avant tout; l'adaptation à son mode particulier d'emploi n'est plus qu'une affaire de détail.

Il traîne des fardeaux de divers genres et aussi suivant divers modes: *cheval d'attelage* ou *carrossier*, s'il est attelé à une voiture légère, de luxe ou de service personnel, seul ou accouplé, il devient *cheval de trait léger* si le véhicule, traîné aux allures rapides comme le premier, diligence, fourgon ou pièce d'artillerie, nécessite l'emploi d'une force puissante combinée avec la vitesse; enfin, il est *cheval de gros trait*, pour faire mouvoir au pas un véhicule lourdement chargé.

Les races chevalines se classent par groupes propres à chacune de ces spécialités de service ou fonctions économiques. Ces spécialités, ayant leur raison dans la nature des choses, doivent dominer impérieusement toute la zootechnie de l'espèce.

C'est pour avoir été livrée trop longtemps à la direction arbitraire d'une doctrine exclusive, en vue d'un but unique, que la production chevaline de notre pays a subi un dommage dont elle aura peine à se relever. L'intervention de l'Etat dans cette production, ayant pour but d'assurer la remonte de l'armée, cavalerie de ligne et de réserve, artillerie et train, sans aucun souci des conditions économiques, l'a poussée partout à élever la taille des chevaux de selle et à rendre moins lourds les plus robustes chevaux de trait, par le seul choix des étalons fournis par l'Etat. Nous en verrons plus loin les regrettables résultats. En attendant, contentons-nous de constater en principe que les fonctions économiques plus haut rappelées, correspondant à des nécessités permanentes de situation et par conséquent en possession de débouchés assurés, doivent être soigneusement conservées. Cela sera démontré pour chaque cas particulier.

En somme, quatre spécialités de service entraînent chacune un type idéal de conformation, représentant la perfection que l'éleveur doit se proposer d'atteindre au moyen des méthodes zootechniques. Il convient de décrire es types spéciaux à prendre pour termes de comparaison. Ce ne sont pas là, qu'on le remarque bien, des peintures de fantaisie. Il n'est aucune des beautés de détail dont ils se composent qui n'existe dans la nature. On peut même dire que s'il est extrêmement rare de les rencontrer toutes réunies sur un seul et même individu, cela n'est cependant pas absolument inouï. Chose curieuse, aussi bien, à l'inverse de ce que nous observons pour la beauté idéale humaine, aucun peintre n'a jamais encore réussi complétement à rendre les beautés de l'espèce chevaline. Serait-ce que la tâche est plus difficile pour l'art, ou bien plutôt que les modèles ont été moins étudiés?

2. Types de conformation.

Beautés absolues. — En décrivant l'organisation anatomique du cheval, nous n'avons jamais manqué d'indiquer, pour chaque organe, les conditions de sa meilleure constitution et les dispositions les plus propres à favoriser son fonctionnement complet et régulier. Les défectuosités naturelles et les détériorations accidentelles ont été de même mentionnées et expliquées. On trouve, en conséquence, dans la première partie de notre ouvrage, un cours complet sur ce que l'école appelle, depuis Bourgelat, son fondateur, la *conformation extérieure*, ou simplement l'*extérieur du cheval*. Seulement ce cours, directement rattaché aux connaissances anatomiques et physiologiques qui en forment la base logique, y est mieux à sa place et plus facilement compréhensible que si, conformément à la tradition, nous en avions fait un corps d'ouvrage séparé.

Le lecteur qui a pris connaissance de notre travail sur ce sujet, et qui l'a étudié avec quelque attention, est donc fixé sur ce qui doit être considéré comme des beautés absolues, comme des dispositions à rechercher toujours dans la conformation du cheval, quelle que soit sa fonction économique ou sa spécialité de service. Néanmoins, il ne sera pas tout à fait superflu de rappeler ici ces dispositions, en les considérant dans leur ensemble.

En première ligne, il faut placer l'agencement général de l'appareil locomoteur, d'après la loi de similitude des angles, sur lequel nous avons insisté (1). Les conditions de cette loi étant satisfaites, les proportions relatives du corps et les aplombs des membres sont en réalité parfaits. La puissance musculaire, appliquée aux résistances dans les conditions mécaniques les plus rapprochées de la normale, produit la plus forte somme possible de travail utile. Pour une quantité déterminée de force vive, représentée par la longueur du muscle multipliée par sa masse, l'effet de la contraction produit sur le levier à déplacer se mesure par le degré de l'angle qu'il s'agit d'ouvrir ou de fermer. Or, en étudiant la mécanique animale, il est facile de s'apercevoir que, dans les limites où se maintiennent les angles formés par les articulations des leviers obliques en sens opposés, c'est l'angle droit qui donne les résultats les plus favorables. L'obliquité de ces

____

(1) Voy. *Organisation et fonctions physiologiques*, p. 45.

leviers formant des lignes brisées est donc véritablement normale, lorsqu'elle est de 45 degrés.

A cet égard, il y a une remarque importante à faire. Elle est nécessaire surtout pour les personnes qui ne sont pas bien au courant des démonstrations de la mécanique élémentaire. Pour apprécier la direction réelle d'un levier osseux, dont la figure est souvent fort irrégulière, formée de courbes ou de lignes brisées, il est absolument indispensable de ne considérer que la droite imaginaire qui passe par son axe fictif. Cette droite a pour extrémités le centre de chacune des deux articulations ou points d'appui du levier. La direction des lignes intermédiaires est indifférente.

La nécessité de cette remarque m'a été révélée par des objections opposées à la loi de similitude des angles, et basées sur des déterminations fautives de la direction des leviers, par exemple de celle du levier représenté dans l'os si compliqué de la hanche et du bassin, qui contribue à la direction de la croupe. On doit savoir que l'axe de cet os part du centre de son attache à la colonne vertébrale, pour aboutir au centre de l'articulation coxo-fémorale, vulgairement connue sous le nom de noix.

L'œil s'habitue facilement à triompher des difficultés de même nature que présente l'application de la loi, pour peu qu'il s'y exerce. Plus je soumets, pour mon compte, d'individus au contrôle de cette application, plus je demeure convaincu de la réalité de la loi. Satisfaite par l'ensemble du squelette du cheval, elle donne assurément la perfection théorique ou idéale. Et son second terme, celui de la corrélation des directions osseuses, est également si vrai, qu'étant donnée une déviation naturelle, on peut sans crainte de se tromper en conclure toutes les autres.

Voilà donc un terme absolu de comparaison pour l'ensemble de la belle conformation du cheval, quelle que soit son aptitude particulière. Pour toutes les spécialités de service, celui-là sera nécessairement le mieux conformé, dont tous les leviers osseux obliques des membres se rapprocheront le plus de l'inclinaison de 45 degrés sur le plan vertical, de telle sorte que l'intersection réelle ou imaginaire de leurs axes forme des angles droits. Qu'on y ajoute, pour les leviers similaires ou congénères, d'être situés dans des plans parallèles, et l'on aura les conditions complètes de perfection de la machine animale sous ce rapport.

Ceci, je le répète, a été développé et la démonstration en a été figurée dans la première partie de cet ouvrage. La question étant encore neuve et peu discutée, j'ai cru toutefois qu'il ne serait pas inutile d'y revenir. La pratique ne peut que gagner à substituer des déterminations rigoureuses, mathématiques, aux appréciations instinctives ou aux semblants de termes exacts trop longtemps usités dans les traités spéciaux. La mécanique ne nous aurait certainement point dotés de ces machines puissantes par la force qu'elles déploient ou par l'étonnante précision qu'elles atteignent dans leurs mouvements, si au lieu d'en soumettre les organes à des calculs rigoureux, elle s'était tenue aux tâtonnements et aux à-peu-près de l'observation superficielle. Or, l'éleveur est, aussi lui, l'ingénieur des machines animales ; et dans une certaine mesure les méthodes zootechniques mettent à sa disposition les moyens de perfectionner l'œuvre naturelle dont il a pris la direction. C'est ce que nous n'avons plus à démontrer. Il faut donc lui fournir, pour son entreprise difficile mais non impossible, des bases vraiment scientifiques.

Indépendamment des conditions de direction des leviers osseux sur lesquelles l'attention vient d'être appelée et qui se rapportent à l'ensemble harmonique du cheval, il est des beautés absolues de détail dont s'accommodent également toutes les fonctions économiques. Rappelons-les de même en ce moment, sans insister sur des explications qui ont été déjà données.

Il n'y a pas, dans la nature, de garrot trop élevé, pourvu qu'il ne soit point tranchant; non plus que des reins trop larges ni de croupe trop horizontale. Un thorax aussi profond que possible, pourvu que les parois ou les côtes en soient bien arrondies régulièrement et sans dépression en arrière des coudes, dépression dont l'existence fait dire que le cheval est *sanglé*, est une condition à rechercher toujours. On ne saurait redouter à cet égard aucune exagération. L'ampleur de la poitrine, chez l'animal moteur, est à la fois une garantie de puissance mécanique et de santé. De plus, elle commande le développement général de la machine, à ce point qu'elle implique l'existence de la plupart des autres beautés. Ce ne serait peut-être pas aller trop loin, de dire qu'un cheval dont la cavité thoracique est très-spacieuse, se trouve en même temps doué de toutes les autres conditions de la belle et bonne conformation.

Sans entrer dans de longs développements sur les appareils circulatoire et respiratoire, il suffira de dire que la cavité thoracique loge à la fois le cœur et le poumon, qui sont les foyers de la force mécanique, pour faire saisir tout de suite l'importance de l'ampleur de cette cavité. Le volume et la puissance du contenu, sont nécessairement en rapport avec l'étendue du contenant, qui ne comporte point de vide. La vaste poitrine est donc pour le cheval une beauté de premier ordre, la condition première de toute perfection.

Entre autres conditions qu'elle entraîne, se trouve celle d'un système musculaire bien développé et puissant dans toutes les régions, notamment dans celles de l'épaule, du bras, de l'avant-bras, de la croupe et de la cuisse, où se trouvent les principaux organes mécaniques de la locomotion.

Dans la nature on ne rencontre point non plus d'avant-bras trop long, de genoux, de jarrets trop larges, trop exempts des tares osseuses décrites ailleurs, ni de canons trop courts, dont les tendons soient trop nets, trop volumineux et trop détachés de l'os, qui n'est jamais davantage d'une épaisseur exagérée. Cette épaisseur entraîne celle de l'articulation du boulet, qui, en raison de l'importance de sa fonction, ne saurait jamais être en aucun cas trop résistante. C'est par là que la plupart des chevaux s'usent au travail. On ne saurait, pour ce motif, y insister outre mesure dans le choix qu'on en fait. De toutes les articulations, c'est celle-là dont la largeur a le plus d'importance, sans excepter même celle du jarret, pourtant d'un intérêt considérable aussi.

Mais toutes les beautés énumérées demeureraient sans valeur effective en l'absence d'une autre qu'il reste à examiner.

A quoi servirait, en effet, au cheval d'avoir des organes locomoteurs parfaits et une poitrine vigoureuse, si l'organe essentiel de la marche lui faisait défaut? si chacun de ses mouvements de progression était l'occasion d'une souffrance ou seulement d'une gêne? si l'extrémité de chacun de ses membres, à la fois organe de tact et de progression, et si finement organisée pour ce double usage, pourvue en abondance de filets nerveux, avait à subir les endolorissements d'une boîte cornée trop étroite ou vicieuse dans ses dispositions, ou seulement disproportionnée avec le poids dont tous les chocs et toutes les réactions y ont leur retentissement? Il est donc d'un intérêt de premier ordre que le sabot ou le pied réunisse le plus possible des conditions de la beauté absolue, qui vont être indiquées.

Le sabot est beau par ses dimensions, par les proportions relatives de ses parties, et par la qualité de la corne qui le constitue.

Il doit représenter exactement un tronçon de cône, dont les parois soient lisses et luisantes, sans solution de continuité d'aucune sorte. Ouvert en arrière pour loger à l'aise l'appareil élastique qui protége l'articulation sésamoïdienne et termine la fourchette, dont il va être parlé, le cercle interrompu du bord plantaire doit avoir des proportions telles, qu'il se joigne au cercle supérieur ou coronnaire par une paroi inclinée, dans la région centrale ou de la pince, de manière à former avec le plan vertical un angle de 45 degrés.

Si l'angle est plus ouvert, le pied est trop large normalement, ou altéré par des circonstances accidentelles, et les aplombs sont faussés; s'il l'est moins, le pied devient étroit, ce qui est encore plus grave. L'usage d'une mauvaise ferrure, hélas! trop répandu, produit souvent de ces altérations, dont la plus fréquente est le resserrement de la boîte cornée, dans la région des talons principalement, ce qui met bientôt le cheval hors de service.

La surface plantaire du pied bien conformé est légèrement incurvée ou creuse; une fourchette volumineuse et saine, élastique, dont les lacunes, latérales et médiane, sont bien accusées, se trouve logée à l'aise entre les replis de la paroi, qui constituent les barres et forment des talons écartés et droits.

La meilleure qualité de corne est celle qui se présente avec une coloration d'un gris foncé, qui est toujours humide et non pas sèche ou écailleuse. La corne blanche est ordinairement faible et peu solide. Les pieds pourvus de cette sorte de corne sont surtout sujets aux bleimes, qui occasionnent des claudications plus ou moins intenses, suivant la gravité de la contusion.

Enfin, comme dernier trait, parlons de l'expression de la physionomie, où se laisse voir le degré d'énergie, de vigueur morale, si l'on peut ainsi dire, dont l'animal est doué, et qui féconde tout le reste en l'animant. C'est dans les attitudes de la tête et dans l'éclat du regard, que se trahit la puissance nerveuse, source de cette vigueur.

Les auteurs d'hippologie, toujours placés au point de vue de l'absolu, sont tombés en décrivant les conditions de leur type idéal de beauté, quant à la tête du cheval, dans une complète erreur. Cette erreur s'explique, on en doit convenir, et ils étaient jusqu'à un certain point excusables. La caractéristique de la race n'était point connue, lorsqu'ils ont écrit. Ils ignoraient que chaque race tire cette caractéristique des formes indélébiles du crâne et de la face, que l'individu apporte en naissant, dont il hérite de ses ascendants et que rien ne saurait modifier.

Ces formes peuvent, dans telle ou telle race, se rapprocher ou s'éloigner davantage du type de beauté artistique dont nous avons l'idéal; mais ce serait évidemment restreindre outre mesure le champ dans lequel nous pouvons choisir des chevaux pour la satisfaction de nos besoins, de poser comme devant être recherché, pour toutes les spécialités de service, ce type idéal de conformation de la tête.

Sous ce rapport, les races sont ce qu'elles sont; on n'y peut rien changer. Il n'y a pas dans la même race des individus dont le front soit large, et d'autres chez lesquels il soit étroit; il n'y en a pas non plus au chanfrein droit et d'autres au chanfrein busqué, aux arcades orbitaires saillantes ou effacées. Ce sont là des caractères typiques de la race. Ils se rencontrent uniformément et infailliblement chez tous les sujets de même souche. Ils peuvent guider dans le choix de la race, non dans celui de l'individu.

C'est un point que nos études ont mis hors de contestation et que nous recommanderons aux partisans de la tradition routinière, en matière de plastique chevaline. Leur analyse arbitraire des beautés de la tête du cheval ne peut en rien servir de guide dans l'application de la méthode de sélection. Elle était tout au plus bonne, lorsque la doctrine absolue de l'amélioration des races par le croisement était en honneur. Aujourd'hui, nous savons ce que cette doctrine vaut.

Il faut donc laisser de côté, à notre point de vue actuel, ce qui peut se rapporter à la brachycéphalie ou à la dolichocéphalie, au type crânien ou au type facial, et ne point parler de ce que les hippologues ont appelé la *tête carrée*, la *tête longue*, *étroite*, de *vieille*, de *lièvre*, *busquée*, *moutonnée*, *camuse*, etc. Ces formes sont des caractères de la race, qui la font accepter ou rejeter, mais qu'on ne modifie point.

Autrement il en est d'autres caractères de la tête, qui sont l'expression de l'état des fonctions. Par exemple : un chanfrein relativement large, indice de cavités nasales spacieuses; des naseaux bien ouverts, aux ailes rigides et mobiles; des lèvres fermes et fortement contractiles; des ganaches nettes, pour loger à l'aise un larynx volumineux, et facilitant les mouvements de la tête sur l'encolure; tout cela constitue des beautés absolues, compatibles avec tous les caractères de race.

Ces beautés accompagnent du reste toujours l'ampleur de la poitrine, dont nous avons parlé plus haut, en vertu de la loi de corrélation anatomique et physiologique. La gymnastique fonctionnelle, en développant le thorax, développe aussi tous les autres organes de l'appareil respiratoire. Là, les méthodes zootechniques peuvent se donner carrière. Il est en leur pouvoir d'atteindre le but.

Nous aurons dit tout ce qui, dans les formes de la tête, est à rechercher comme beautés absolues, lorsqu'aux choses précédentes seront ajoutés des yeux grands, bien ouverts, placés à fleur de tête, au regard limpide et doux, et aussi des oreilles petites et droites, bien plantées et mobiles sous l'influence des impressions que trahit en même temps le regard, ce véritable miroir de l'impressionnabilité nerveuse.

La vivacité du regard est peut-être ce qu'il importe le plus de considérer. Elle imprime à la physionomie ce je ne sais quoi que l'on se sent disposé à mettre au-dessus de tout le reste, et qui vous ferait volontiers passer sur des imperfections plastiques, chez les animaux comme dans l'espèce humaine. Là est, assurément, la véritable beauté suprême, parce qu'elle exprime quelque chose qui tient du mystère et de l'enchantement, qui est une sorte d'émanation de l'intelligence et de la force insaisissable, de cette chose merveilleuse que nous appelons la volonté, qui est avant tout un langage à l'aide duquel nous échangeons, les animaux et nous, nos sentiments et nos pensées. Pour ceux qui savent y lire, n'y a-t-il pas quelquefois tout un poëme, dans un seul regard du cheval ou du chien qui est notre compagnon et notre ami? Est-il rien de plus expressif?

Mais c'est à un autre titre que nous devons l'envisager ici. Je ne saurais mieux faire que de citer un passage écrit il y a quelques années sur le même sujet :

« Dans le regard du cheval se reflète, disais-je, pour l'homme exercé, la puissance de son système nerveux, source de la force qu'il est appelé à développer. C'est là, plus que dans l'examen des organes mécaniques, que se devine ce cachet de supériorité native, cette vigueur de volonté, que l'on appelle improprement le *sang*, dans le langage courant, et qui supplée si souvent à l'insuffisance de ces organes, sauf à précipiter leur ruine en raison même de son intensité. C'est ainsi que l'on voit tous les jours dans les rues de Paris, par exemple, de malheureux chevaux exténués de fatigue, pouvant à peine se tenir debout au repos, tant leurs membres usés de bonne heure sont dégradés par des tares de toute sorte; c'est ainsi qu'on les voit néanmoins traîner clopin-clopant des voitures de régie, par cela seul que leur père les a doués de cet attribut de la volonté dont nous venons de parler. Ces chevaux sont, en effet, des produits mal venus du croisement anglais. Avec une constitution physique insuffisante, ils ont hérité de leur père de l'énergie qui le caractérise à un si haut degré, et que nous qualifierions volontiers de morale. Sous l'excitation de la volonté, leur œil s'anime, et ils vont jusqu'à la fin sans consulter leurs forces.

« Il convient donc de rechercher dans tous les cas cette expression de la physionomie, qui, lorsqu'elle est jointe à une conformation d'ailleurs appropriée aux exigences du service spécial, fait le cheval de **premier mérite**. Pour être l'attribut constant du cheval anglais de race, de même que du cheval arabe, dont elle constitue le principal élément de supériorité, elle ne leur est assurément pas exclusive. Elle se rencontre assez fréquemment chez un grand nombre d'individus de nos races dites communes, à des degrés divers (1). »

Voilà donc passées en revue toutes les beautés absolues de la conformation et de la physionomie du cheval. Pour compléter le tableau des modèles de l'espèce à proposer aux éleveurs comme devant constituer l'idéal de leurs opérations, il ne reste plus qu'à y joindre la description des types spéciaux appropriés à chacune des fonctions économiques. En procédant ainsi, nous demeurons fidèles à la doctrine de la spécialisation, inconnue de nos devanciers, mais qui domine la zootechnie sur laquelle elle a jeté une si éclatante lumière.

Cheval de selle (grav. 1). — D'après ce qui a été dit, on comprendra facilement que nous n'entreprenions pas de tracer un portrait complet du cheval propre à fournir le type idéal pour le service de la selle. Les caractères généraux en sont encore ici imposés par ceux des races dites légères, qu'il ne nous est pas donné de pouvoir modifier au delà de certaines limites. Nous avons seulement à signaler les qualités qui, se trouvant réunies dans le groupe de ces races, constituent par leur ensemble les conditions les plus convenables pour l'exécution du service dont il s'agit, soit que ces qualités, étant naturelles à certains individus, puissent être multipliées par la sélection, soit que, dépendant de l'aptitude,

1) *Livre de la ferme*, t. Ier, p. 499.

Grav. 1. — Type idéal du cheval de selle.

elles soient susceptibles d'être développées par la gymnastique fonctionnelle.

Les beautés absolues signalées plus haut sont comprises, chez le cheval de selle, dans des formes sveltes. Le service de ce cheval nécessite avant tout de l'élégance et de la souplesse dans les mouvements, surtout de la souplesse dans tous les cas. Il doit pouvoir obéir immédiatement à la volonté du cavalier, manifestée par ce qu'on appelle les *aides* en terme d'équitation. Les aplombs étant supposés irréprochables, ainsi que les proportions relatives de la tige dorso-lombaire, indiquées exactement par ce fait que le tronc et les membres peuvent être inscrits dans un carré parfait, ce qui assure à la fois aux reins la force et la souplesse, l'obéissance immédiate aux aides dépend principalement de la forme de l'encolure et de l'attache de la tête.

Le meilleur mode d'attache de la tête est au nombre des beautés absolues de la conformation. Il est seulement plus impérieusement nécessaire au type dont nous nous occupons maintenant. Quant à l'encolure, une forme spéciale lui est ici tout à fait nécessaire. Pour qu'il puisse exécuter avec promptitude et précision les déplacements en divers sens, et sur un espace restreint, que comporte son service, il faut que le centre de gravité du cheval soit à chaque instant déplacé. L'encolure est, pour cet usage, une sorte de balancier que le cavalier tient pour ainsi dire dans sa main, au moyen de la bride. Elle remplit d'autant mieux son office qu'elle est plus souple, que ses mouvements sont plus faciles et plus étendus, et qu'elle s'harmonise davantage avec le reste du corps.

Il la faut considérer encore à un autre point de vue. L'étude du système musculaire nous a appris que certains muscles de l'encolure ont un rôle considérable dans le jeu des épaules. La puissance de ces muscles est en rapport avec leur longueur et par conséquent avec celle de l'encolure. L'amplitude des mouvements de progression en avant dépend donc, pour une part, de ces muscles qui relèvent la pointe de l'épaule et concourent à projeter le membre tout entier en avant. Leur fonction est surtout sensible chez les grands trotteurs, qui joignent dans leur allure l'élégance à la vitesse. Elle ne l'est pas moins dans les bonds qu'exécute en son galop à deux temps le cheval de course.

C'est là surtout, où il ne s'agit que de progresser en droite ligne avec la plus grande vitesse possible, que la puissance musculaire de l'encolure est importante. La souplesse peut être sans inconvénient sacrifiée, et elle l'est le plus souvent, à la force et à l'étendue. L'encolure du cheval de course ne saurait jamais être trop longue, à la condition qu'elle soit suffisamment musclée. Pourvu qu'elle soit souple, elle ne l'est jamais trop non plus, au reste, pour le cheval de selle en général, dont le cheval de course (*Horse-Race*) peut être considéré, moins son entraînement spécial et par ses seules qualités de conformation, comme l'un des types les plus parfaits. Ceux qui le contestent confondent la forme avec le fond, l'aptitude naturelle avec la fonction économique. Ils ne tiennent pas compte des effets de l'entraînement, qui ont une importance capitale dans la question. L'observation des chevaux de luxe, leur donne du reste de nombreux démentis, aussi bien d'ailleurs que celle des chevaux arabes.

La forme pyramidale, avec une base sortant du tronc sans dépression latérale sensible, dont le bord supérieur soit mince, légèrement curviligne et pourvu de crins longs et fins sans être abondants, le bord inférieur épais et l'extrémité supérieure s'unissant avec la tête par des lignes élégamment arrondies : voilà quels sont les caractères à rechercher pour l'encolure du cheval de selle. Ils n'ont pas seulement l'avantage d'offrir à l'œil un aspect agréable, flattant le goût de l'artiste. Ainsi que nous l'avons déjà dit, l'action de la sorte de gouvernail flexible représenté par l'encolure dans l'ensemble du moteur, en est considérablement facilitée. Grêle ou mal attachée, outre qu'elle est disgracieuse, l'encolure manque à la fois de la puissance nécessaire pour déplacer instantanément le centre de gravité de l'animal et pour donner à la tête le degré de fixité qui favorise l'exécution des grandes allures.

La souplesse seule ne suffit pas. Chez les chevaux où l'encolure est mince et fortement déprimée en avant du garrot, où elle porte ce que l'on appelle le *coup de hache*, caractérisant l'*encolure renversée* ou *encolure de cerf*, ces chevaux étant pour la plupart irritables et faciles à s'emporter, la tête ainsi *portée au vent* ne laisse plus à la main du cavalier l'appui suffisant pour maîtriser sa monture. Celle-ci devient dangereuse aux allures rapides, car une fois excitée, il n'y a plus moyen d'agir efficacement sur la bouche pour la ramener.

C'est surtout pour le cheval de guerre qu'une telle disposition de l'encolure est défectueuse. Là plus que dans aucun autre cas le cavalier a besoin d'être toujours maître de son cheval. Son salut en dépend. Qu'il pointe à outrance, dans une charge, par le fait de l'absence ou de l'excès de souplesse à faire demi-tour, et le cavalier est perdu. Prisonnier ou exterminé, voilà son lot. En consultant mes propres instincts, si le soldat n'était au demeurant un homme, j'aurais peine pour mon compte à prendre souci de son sort en cette occasion, car le penseur, à ce qu'il me semble, ne saurait trop flétrir ce jeu stupidement féroce de la guerre, et ce n'est pas sans répugnance que je m'arrête à signaler les qualités du cheval qu'il lui faut; mais nous ne pouvons, sans risque d'être incomplet, méconnaître ce qui est. Puisqu'il est encore vrai que la remonte de la cavalerie offre à la production chevaline un de ses débouchés, nous sommes bien forcés de tenir compte des conditions qu'elle lui impose.

Le type dont nous nous occupons en ce moment ne convient qu'à l'arme de la cavalerie légère, et tout au plus à celle de la cavalerie de ligne. Par la taille et la corpulence qu'elle exige, la cavalerie de réserve ou grosse cavalerie peut être assimilée à l'attelage du carrosse dont nous allons parler. Bien qu'il porte un cavalier, le cheval du cuirassier ne peut passer à juste titre pour un cheval de selle. C'est parmi les carrossiers qu'il doit être recruté.

Quant au cheval de chasse, qui accomplit dans son service le plus rude de tous les modes de la fonction économique ici considérée, nous aurons fait comprendre les qualités qu'il doit présenter en disant qu'aux beautés absolues et aux beautés relatives du cheval de selle, en général, se joint l'ampleur des formes, l'aspect vigoureusement trapu dont le hunter anglais fournit le type accompli. C'est en même temps le cheval de voyage ou le double poney, en argot hippique, modèle d'endurance, d'adresse, de hardiesse et de fond, dont nos steeple-chasers, pour la plupart rebuts des courses de vitesse, sont loin de donner une idée exacte, qui ne se trouve représentée que par quelques vainqueurs fameux.

En résumé, le type du cheval de selle (grav. 1), tout

caractère de race mis de côté, se rencontre à l'état parfait dans le beau coursier arabe, aux mouvements souples et aux attitudes élégantes, qui, l'œil fier et les narines frémissantes, la queue touffue et portée haut, dès qu'il sent la pression des jambes de son cavalier semble impatient de dévorer l'espace au premier signe du maître auquel sa soumission intelligente l'a attaché. Dans un ensemble plus ou moins développé, voilà le modèle dont l'éleveur doit faire son idéal, voilà son terme de comparaison pour l'application des méthodes zootechniques, dans la limite de leur puissance.

Cheval d'attelage (grav. 2). — Nous n'avons rien dit de la taille qui convient au cheval de selle. Sous ce rapport, il n'y a pas de règle à poser. Cela dépend des convenances individuelles, ou des exigences réglementaires, pour ce qui concerne la cavalerie. Ces exigences sont du reste basées sur la moyenne normale des races qui alimentent ou plutôt remontent nos régiments. En nous occupant de nos races légères, dont la taille est peu élevée, nous aurons occasion de montrer où les a conduites la préoccupation qu'on a eue de viser avant tout à l'augmenter par le croisement.

Quoi qu'il en soit, la fonction du cheval de selle s'accommode de tailles très-diverses, parce que la taille de l'homme varie, elle aussi, beaucoup, et qu'il doit y avoir une certaine harmonie entre les deux. Il n'en est plus de même pour la spécialité de l'attelage. Une taille plus élevée, un corps plus étoffé et plus *près de terre*, des membres plus volumineux, plus de force et plus de figure, en un mot, tels sont les seuls caractères qui différencient le beau cheval d'attelage du beau cheval de selle.

En ne considérant que les besoins du luxe, on est forcé

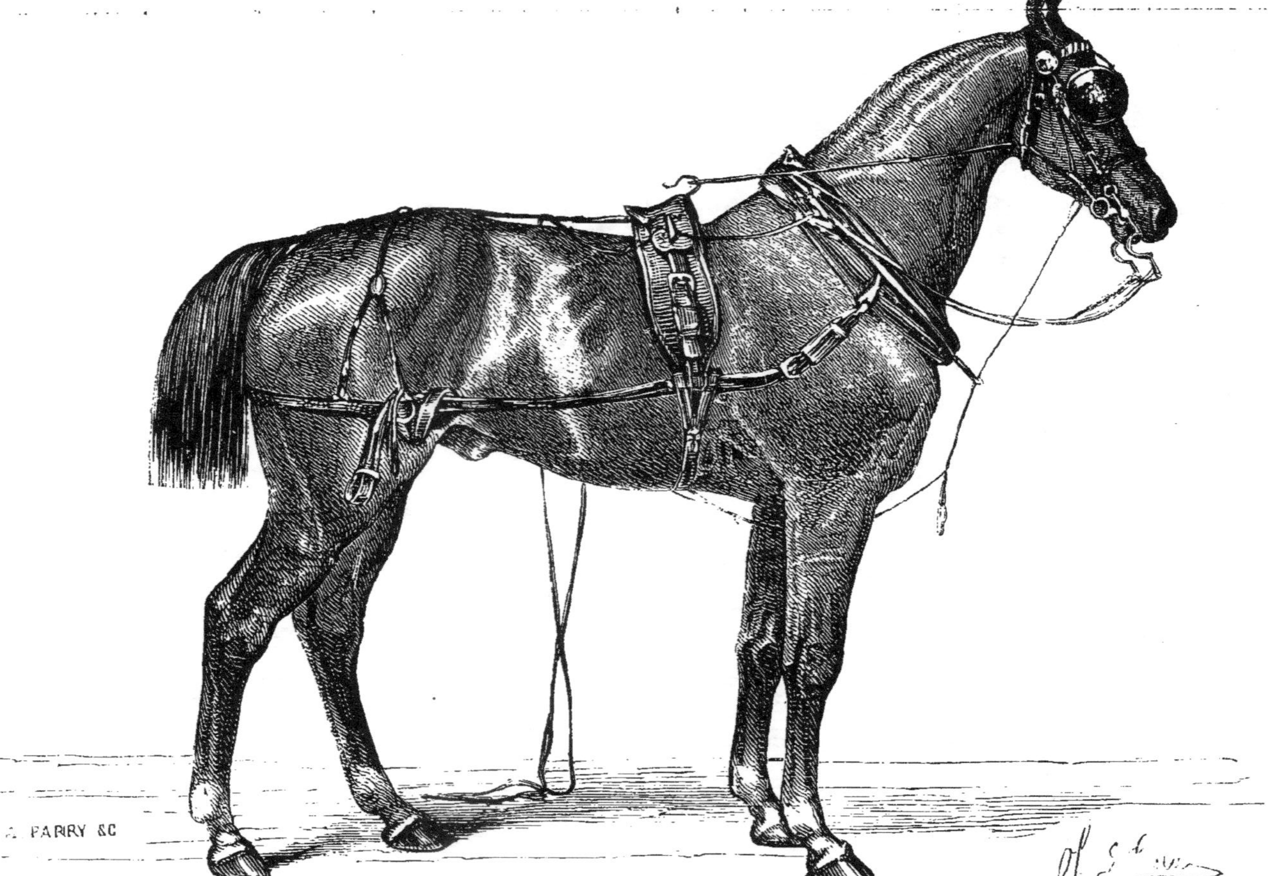

Grav. 2. — Type idéal du cheval d'attelage.

de s'en tenir sur ce sujet à des généralités, car la mode est ici absolument souveraine. Au temps présent, c'est le carrossier anglais qui domine; naguère c'était le mecklembourgeois ou le frison, l'allemand enfin; le métis normand, par réaction nationale, tend à prendre faveur, et ce sera, encore sous cette nouvelle forme, l'anglais qui dominera, du moins de race, sinon de nationalité.

Peu importe. Il n'en est pas moins vrai que sous ces diverses formes, ce que l'on recherche dans le cheval attelé seul ou par couple aux voitures de luxe, c'est la force et le volume unis à l'élégance. Ce cheval est donc, par nature et par destination, un cheval de selle plus grand, avec plus d'étoffe dans toutes ses parties, plus de *gros*, comme disent les amateurs. Une encolure plus musclée, un poitrail plus large, une croupe plus charnue, une cuisse plus descendue, des avant-bras plus volumineux, tout ce qui, en lui conservant des formes élégantes, donne au cheval plus de poids et une puissance plus considérable de traction, différencie le type dont il s'agit du précédent.

Ici, la souplesse des mouvements est moins indispensable que leur étendue. Le cheval d'attelage n'a pas à exécuter des évolutions sur place, il lui faut seulement de la force, de belles allures et de la figure. Pour déplacer le véhicule auquel il est attelé, les changements de direction s'exécutent toujours nécessairement suivant une courbe assez allongée. Un beau jeu d'épaule, un poser du pied franc et sans hésitation, conditions des allures brillantes, une harmonie complète, dans le trot, entre le train antérieur et le train postérieur, résultant elle-même de la conformation harmonieuse du corps, telles sont les qualités essentielles du type.

Ce type est celui qui nous manque le plus en France. Nous n'avons pas de race qui le présente à aucun degré, ainsi que nous le verrons plus loin. Nous avons à le fabriquer, c'est le mot, par le croisement et le métissage, et il y aura lieu de montrer que nous sommes en mesure pour cela.

Cheval de trait. — Entre les formes du cheval propre à l'un ou à l'autre des services de la selle et de l'attelage et celles du cheval de trait, il y a une démarcation bien tranchée. Nous ne parlons, bien entendu, que pour les types de perfection, car toutes les fonctions se confondent parfois dans la pratique, où la spécialisation n'est point encore réalisée.

Ce qui établit le mieux cette démarcation, c'est la corpulence, ce sont les lignes plus arrondies de toutes les régions, surtout le volume des membres, l'abondance des crins et l'épaisseur de la peau. En somme, le cheval de trait peut être beau, de ce que nous appellerons la beauté zootechnique ; il peut provoquer une sorte d'admiration technique, portant sur sa constitution athlétique, son air de vigueur et de courage au travail ; on ne saurait trouver en lui le cachet de ce je ne sais quoi que nous appelons la noblesse, ni même de la simple distinction.

Le propre du cheval de trait, c'est d'être commun. L'usage, du reste, a fait appliquer l'épithète de communes aux races dans lesquelles ce cheval se recrute.

Je me hâte d'ajouter, que dans mon esprit il s'en faut bien que cela soit un reproche. Habitués à juger de la valeur des individus par les services qu'ils rendent, à ce titre les races de chevaux de trait ont droit à notre plus haute estime. Quelques-unes nous sont enviées par l'Europe entière, qui le prouve en faisant chez nous des achats aux prix les plus élevés.

L'appréciation que nous faisons du type propre au service du trait n'a d'autre but que de concourir à en établir la caractéristique. Or, l'absence de distinction en est le trait le plus saillant. Elle est due à des formes massives et un peu empâtées, mais surtout à une encolure courte, épaisse, surchargée de crins un peu grossiers, comme la queue et les régions inférieures des membres ; toutes choses qui ne sont point incompatibles avec les beautés absolues indiquées plus haut.

Maintenant, avec ces caractères, considérez un sujet de taille moyenne, ayant des allures aisées, pouvant soutenir en traînant un lourd fardeau l'allure du trot, ce qui résulte d'une corpulence également moyenme unie à l'énergie du tempérament, et vous aurez le type du cheval de trait léger (grav. 3).

Les nouvelles conditions créées par l'extension des chemins de fer, pour le transport rapide des marchandises et des voyageurs sur les voies de terre collatérales, qui alimentent le trafic des lignes ferrées, augmentent chaque jour l'utilité de la fonction économique de ce type, qui est celui du cheval de poste, de diligence ou d'artillerie. Ses meilleurs sujets se recrutent dans les races du littoral de la Bretagne et dans la race percheronne, qui n'est pas, il faut y prendre garde, indistinctement représentée par tous les chevaux élevés dans le Perche et la Beauce chartraine, où les chevaux de gros trait sont au contraire plus en faveur.

C'est dans les limites des caractères fondamentaux de ces races et de quelques autres analogues que se peut concevoir le type idéal dont nous nous occupons. On peut le doter, par la pensée, de toutes les beautés absolues dont le développement dépend de l'application des méthodes zoo-

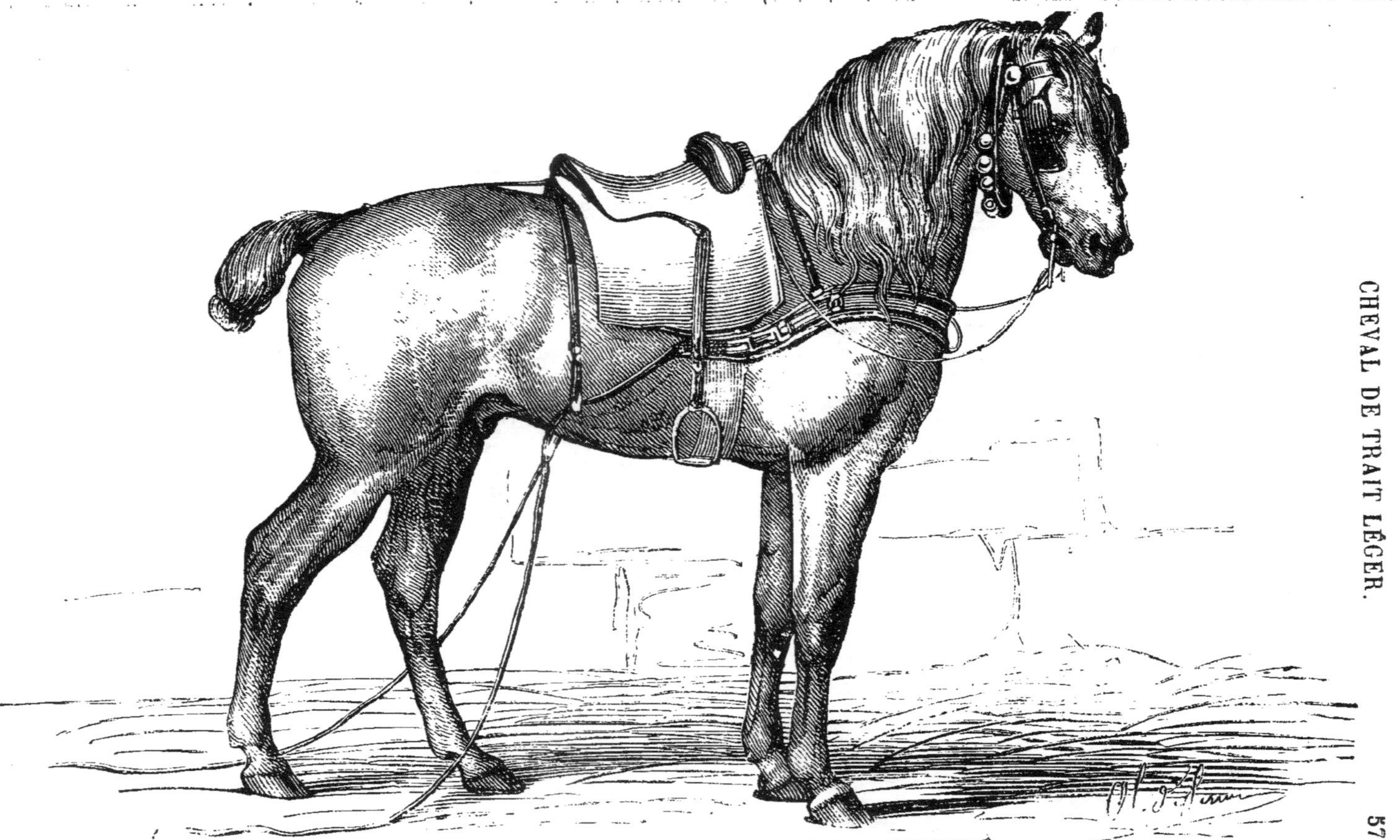

Grav. 3. — Type idéal du cheval de trait léger.

techniques et notamment de la gymnastique fonctionnelle.
La fonction du cheval de trait léger, et même celle du cheval de gros trait dont nous allons parler, s'accommoderait
sans difficulté des caractères généraux de la conformation
du cheval d'attelage, pourvu que la forte corpulence, l'a-
bondance des masses musculaires y fût, et il n'est nullement insensé de viser à leur réalisation. Ce doit être, bien
au contraire, le but du progrès; mais, en attendant, il y a
lieu de se contenter de ce qui s'en écarte le moins, et surtout de renoncer à la doctrine trop longtemps en faveur,
qui consistait à chercher cette réalisation de la distinction
relative jointe à la puissante corpulence, dans des mariages par trop mal assortis entre les grosses races de trait et
le prototype de toute beauté absolue, entre ces races et le
cheval anglais dit de pur sang, sorte de régénérateur métaphysique de l'espèce chevaline en général.

Ceci dit en passant, pour ne pas sortir de notre objet
actuel, passons au dernier terme de notre examen. Encore
ici, quelques traits suffiront, et pour les crayonner nous
n'avons qu'à faire poser devant nous un modèle presque
parfait que possède notre pays (grav. 4).

La race boulonnaise, en effet, nous offre dans un grand
nombre de ses sujets tout ce qui caractérise au plus haut
degré la beauté relative que nous cherchons. Elle fournit
incontestablement le premier cheval de gros trait de
l'Europe. J'en reproduis la description sommaire, telle
que je l'ai déjà écrite, au même point de vue, dans le
travail précédemment cité : « Sa taille peut varier entre
1^{m}.60 et 1^{m}.70 ; mais sa puissance, comme machine mo-
trice, étant nécessairement en raison de sa masse, il ne
saurait être considéré comme tout à fait beau, si la taille
est au-dessous de la moins élevée de ces mesures. Ses

Grav. 4. — Type idéal du cheval de gros trait.

masses musculaires sont énormes ; elles forment, par leur proéminence, un sillon sur sa croupe, et sur ses reins qui doivent être larges et courts, en vue de résister aux secousses si violentes qu'ils ont à supporter, chez les chevaux employés à la fonction si pénible de limonnier. Un poitrail volumineux et ouvert, des membres et des articulations en rapport avec le volume du corps, et surtout des jarrets irréprochablement conformés, pour soutenir sans dommage les efforts de traction ou les mouvements de recul dans lesquels tout le poids de la charge vient en définitive aboutir sur eux : voilà les mérites de premier ordre qu'il faut d'abord rechercher dans le cheval de gros trait.

« L'aspect de ce type spécial du beau a quelque chose d'imposant par sa masse, par sa taille, par la puissance qu'il fait supposer. C'est la grâce dans la force, sous ses dehors les plus saisissants. Avec son encolure forte, ornée d'une crinière double et abondante, et terminée par une tête relativement petite et à la physionomie intelligente et douce, le type de la beauté du cheval de gros trait est le vivant emblème de la bonté débonnaire des forts. »

Il n'y a rien à ajouter à cette esquisse. Faisons seulement remarquer, en la rapprochant de ce que nous avons dit du cheval de selle, combien elle fait éclater l'absence de valeur pratique dont se trouvent entachés les travaux des auteurs spéciaux qui ont cru pouvoir rester, à notre époque, dans la tradition léguée par le fondateur des écoles vétérinaires, en continuant d'émietter, pour ainsi dire, la conformation extérieure du cheval, pour en indiquer d'une façon en quelque sorte abstraite les meilleures conditions. La seule méthode véritablement utile est celle que nous avons adoptée. Elle consiste à étudier les détails de la belle conformation, en même temps que ceux de la constitution anatomique et de la fonction physiologique des organes considérés chacun en particulier, puis à embrasser dans leur ensemble les harmonies de l'organisme entier, en se plaçant au point de vue relatif de la fonction économique que cet organisme doit remplir. Ainsi seulement peut se concevoir et se graver dans la mémoire chacun des types vers la réalisation desquels l'application des méthodes doit être dirigée.

On aura remarqué sans doute que dans la description de ces types, nous n'avons tenu aucun compte de la couleur de la robe. Ceci n'est pas une omission involontaire. Il y a, pour la motiver, des raisons de deux ordres.

D'abord, les races en général ont une couleur de robe assez uniforme, qui ne varie que par les nuances et qui nous est imposée dans une certaine mesure. Elle est d'ailleurs indifférente le plus ordinairement, lorsqu'il s'agit d'animaux de service. Ensuite, dans le cas où elle a quelque importance, ce qui arrive pour les chevaux de luxe, la mode à son égard règne en souveraine, et comme le caprice dont celle-ci dépend, les décrets en sont on ne peut plus divers. C'est donc à les observer et à les suivre qu'il faut s'appliquer. Rien n'est davantage relatif. Il n'y a pas d'autre principe spécial à poser à cet égard. La préférence d'aujourd'hui peut fort bien n'être plus celle de demain. Les robes foncées sont présentement les plus estimées ; un caprice de la mode les détrônera peut-être au profit des robes claires, un jour ou l'autre.

Quant à l'idée souvent soutenue dans les ouvrages dont les auteurs se sont copiés les uns les autres sans aucune espèce de contrôle, et en vertu de laquelle les chevaux de robe claire devraient être considérés comme les moins robustes et les moins énergiques, on a peine à comprendre qu'une pareille idée ait pu avoir quelque crédit. Il suffit de l'observation même superficielle des races entières, de selle ou de trait, qui sont dans ce cas presque sans exception, telles que celles des chevaux arabes, des bretons du littoral, des percherons, etc., pour s'apercevoir du peu de fondement de l'assertion. Cette assertion, basée sur une vue toute spéculative, est absolument sans valeur. Il n'y a aucun rapport physiologique nécessaire entre la couleur de la robe et la vigueur du tempérament. On observe seulement, ainsi que nous l'avons dit en nous occupant, au point de vue de l'hygiène, des caractères de la santé, une relation entre le bon état de celle-ci et l'éclat de la nuance du poil. Vive ou terne, cette nuance indique la bonne ou la mauvaise exécution des fonctions ; mais la couleur n'y est pour rien ; c'est purement et simplement une question de ton.

CHAPITRE III

DES RACES CHEVALINES ET DE L'AMÉLIORATION DE LEURS PRODUITS

Classification des races. — Il n'entre pas dans notre plan d'entreprendre la description générale des races chevalines connues. Un tel travail serait du ressort de la zoologie, qui ne s'en est point encore occupée, pour ce motif que les zoologistes n'ont accordé jusqu'à présent aucune importance à la race, en histoire naturelle. J'espère, pour mon compte, les amener à d'autres idées, en démontrant cette importance, qu'ils accordent seulement à l'espèce, assez mal déterminée à l'aide de la méthode usitée ; mais ce n'est pas ici le lieu.

Nous devons nous borner à l'étude de la population chevaline de la France. Les principes généraux exposés dans la deuxième partie de cet ouvrage sont applicables à la zootechnie de tous les pays, mais il convient d'en borner ici l'application à celle du nôtre, pour ne pas dépasser les limites dans lesquelles nous avons à nous maintenir. C'est une tâche suffisante d'envisager ce qui concerne les chevaux produits par les éleveurs français. Nous signalerons aussi brièvement que possible leurs principaux caractères, les conditions de la situation économique, climatérique et agricole, dans lesquelles ils se trouvent, afin d'en déduire l'indication des méthodes zootechniques à appliquer pour arriver à leur amélioration.

Si, pour écrire ce chapitre, nous nous placions au point de vue de la science zoologique pure, il y aurait lieu de se préoccuper avant tout de rechercher les types des races chevalines de notre pays, quelque peu nombreux que fussent les représentants purs de ces races. C'est ce que nous ferions s'il s'agissait de les reconstituer ; mais dans l'état de notre population de chevaux, pour l'objet qui doit nous préoccuper surtout, cela ne serait que d'un médiocre intérêt. Cet objet est d'indiquer le meilleur parti qu'il est possible d'en tirer désormais. Force nous est donc de prendre la population chevaline telle qu'elle est, et de mentionner en même temps les races et leurs métis, si généralement mêlés par suite des opérations de croisement dont ces races ont depuis plus d'un demi-siècle fait les frais.

La situation, à beaucoup d'égards fâcheuse, ici mise en évidence, est particulièrement celle des chevaux de selle et d'attelage, qu'il est bon de réunir sous le titre générique de *chevaux fins*, pour des raisons à faire connaître tout à l'heure. Elle appartient moins, et dans plusieurs points elle n'appartient pas du tout, à ceux de trait, que nous qualifierons, selon l'usage, de *chevaux communs*.

Les dénominations précédentes ont l'avantage, pour la pratique, d'éluder la difficulté qui se présenterait, si nous devions faire dans nos descriptions l'application rigoureuse des déterminations théoriques des types propres à chacune des fonctions économiques de l'espèce.

1. Chevaux fins.

Considérations générales. — En consultant la série si nombreuse des écrits qui ont été consacrés à la production chevaline, et dont la seule énumération nécessiterait certainement tout un volume, on s'aperçoit que la préoccupation dominante, sinon même exclusive, de leurs auteurs, a été de pourvoir à la défense du pays, en le mettant en mesure de produire en nombre suffisant les chevaux propres à remonter sa cavalerie. Lors de sa création par Colbert, et lors de sa réorganisation par l'empereur Napoléon Ier, l'administration des haras de l'Etat n'a pas eu d'autre but. Aussi la littérature hippologique a-t-elle de tout temps été principalement cultivée par des militaires. Une doctrine unique règne sans partage dans cette littérature, où les brochures surtout pullulent. Il s'est toujours agi de régénérer nos races indigènes, en les croisant avec des étalons de race noble ; et la dispute n'a jamais porté que sur la question de savoir si cette race noble devait être l'arabe ou l'anglaise, en d'autres termes sur le choix de l'incarnation du pur sang.

Même de la part des hippologues de profession, officiers des haras pour le plus grand nombre, la question n'a jamais été envisagée que d'un point de vue absolu. Le plus distingué d'entre eux, sans contredit, M. Eugène Gayot, qui a dirigé l'administration des haras pendant plusieurs années, après avoir été longtemps un des principaux fonctionnaires de cette administration, et qui a élevé à l'hippologie française un véritable monument sous le titre de *La France chevaline*, en fournit dans tout son œuvre la preuve convaincante. D'un bout à l'autre de cet œuvre, il serait bien impossible de trouver, quelque recherche que l'on fît, la moindre considération tirée de la situation économique, intervenant dans la doctrine que l'auteur a cherché toute sa vie à faire prévaloir. Il pose à la base de cette doctrine ce qu'il appelle le dogme du pur sang, au service duquel il dépense toute la verve de sa prose élégante et colorée, et le reste n'est plus, pour les cas multiples qu'il envisage, qu'une affaire de dose et de procédés d'infusion et de mélange.

Nous ne nous arrêterons pas à discuter cette doctrine. Les principes posés et démontrés au chapitre du croisement (1) nous en dispenseront. Il fallait seulement la rappeler, pour qu'on y trouvât l'explication de la situation que nous allons rencontrer tout à l'heure, en passant la revue de notre population de chevaux fins.

Cette situation et la doctrine dont elle est la conséquence font comprendre comment un autre hippologue également distingué, M. Richard, a dû, de son côté, s'imposer la tâche unique de commenter sous toutes les formes cette proposition : que l'hippologie doit être basée sur l'étude de l'histoire naturelle du cheval.

C'est un signe curieux, qu'une telle propagande ait pu

____
(1) Voy. *Principes généraux*, p. 236.

être justement considérée comme nécessaire. Mais il n'en est pas moins vrai que le point de vue auquel M. Richard demeure placé, reste lui-même encore insuffisant, quelque juste qu'il soit. S'il tient compte du fait réel, oublié ou méconnu par toute l'école combattue par l'auteur, que le cheval est avant tout un objet d'histoire naturelle, il oublie et méconnaît de même qu'en économie rurale la production chevaline est en outre une opération industrielle. Pour être plus étendu et moins fautif, le point de vue n'en est pas moins encore beaucoup trop absolu. Il y a erreur, également des deux parts, sur le but immédiat que doit atteindre la production chevaline, ainsi que nous l'avons établi. Ce but n'est point de pourvoir, coûte que coûte, aux besoins de la cavalerie, du luxe ou des affaires, il est de procurer un bénéfice à l'éleveur.

Voilà ce qui a été constamment négligé, ou relégué au second plan, par les innombrables auteurs d'écrits sur la question chevaline, hippologues, militaires ou simples amateurs, dont les solutions se rattachent à la doctrine plus haut personnifiée dans ses deux représentants les plus éminents.

Plus récemment, à la suite d'une sorte de procès en règle, dont l'issue marque une nouvelle phase pour l'administration des haras, phase dite de conciliation ou d'éclectisme, l'objectif s'est étendu. La préoccupation des besoins du commerce des chevaux s'est jointe à celle des besoins de la cavalerie ; mais l'État n'en a pas moins conservé la haute direction de ce que ses fonctionnaires appellent l'émancipation graduelle de l'industrie privée, qu'ils émancipent pourvu qu'elle consente à marcher selon leurs vues, en lui accordant le partage des faveurs du budget dont ils disposent.

Mais, dans cette voie nouvelle, la production des chevaux fins n'a point cessé d'être dominée par la doctrine spéculative de la toute-puissance du pur sang, comme régénérateur des races françaises, et toutes les institutions hippiques sont conduites au fond, sinon dans la forme, absolument comme au temps où M. Gayot en avait la haute direction.

Que les étalons soient produits, fournis ou seulement subventionnés par l'Etat, du moment que l'absolu règne et gouverne en haut, du moment que la direction se centralise, la même doctrine fondamentale ne peut manquer d'amener les mêmes résultats. Tant qu'il y aura une administration des haras, cette administration devra obéir à un chef suprême et donner l'impulsion d'un système absolu. S'il en était autrement, l'institution n'aurait plus aucune raison de subsister et elle devrait disparaître. Les meilleures intentions, fussent-elles guidées par des connaissances scientifiques solides, ne sauraient vaincre la logique des choses. Si l'industrie des chevaux fins, en France, ne pouvait se suffire à elle-même ; si elle ne pouvait trouver en soi les éléments de sa prospérité ; si elle ne pouvait se passer des subventions directes du budget, en un mot, le plus sage serait d'y renoncer.

Qui oserait soutenir désormais, parmi les hommes éclairés sur les questions d'économie industrielle, qu'il en soit ainsi ? Invoquer sans cesse les nécessités de la défense nationale, pour justifier l'intervention de l'Etat, c'est tenir pour certain ce qui serait précisément à démontrer d'abord, et c'est prendre, en tout cas, la question par le côté qui est devenu le plus petit ; c'est fermer les yeux sur tous les progrès qui ont, depuis trente ans, transformé la politique des nations. Un tel raisonnement se comprend, à la rigueur, de la part d'un militaire ou d'un diplomate, habitués à ne considérer les questions que par un seul de leurs aspects. Dans la bouche ou sous la plume d'un savant ou d'un industriel, il ne se comprendrait plus. Les nations ne puisent leur force que dans leurs richesses naturelles normalement exploitées. Dès qu'il leur faut faire des sacrifices pour se les procurer, elles s'affaiblissent et s'épuisent.

Voilà la vérité; et cette vérité s'applique à la cavalerie de l'armée comme à tout le reste, dût-on considérer la guerre comme une éventualité toujours prête à se réaliser, même dans le siècle des chemins de fer, des télégraphes électriques, des expositions universelles, des traités de commerce internationaux ou du libre échange des idées et des produits.

Ces considérations générales étaient nécessaires, avant d'aborder l'examen détaillé de notre population chevaline. Elles ne font plus doute pour ce qui concerne la production des chevaux de trait, toujours prospère bien que l'Etat ne se soit jamais guère occupé de l'améliorer. Il faut espérer qu'elles seront enfin goûtées relativement aux chevaux de selle et d'attelage, et que les éleveurs de ces chevaux, au lieu de la rechercher et de la solliciter, sauront s'affranchir de la tutelle de l'Etat, pour prendre en mains la direction de leurs propres intérêts. Ils trouveront ici la preuve des avantages qu'ils en retireraient, en y voyant exposés les résultats peu favorables du système dont l'esprit vient d'être indiqué.

Pour le bon ordre de nos études, nous devons commencer par l'examen des sujets qui, en vertu de la doctrine, ont contribué à faire de la population chevaline de la France ce qu'elle est actuellement. Cette population étant en majorité composée de métis, quant aux chevaux fins dont nous nous occupons en ce moment, nous ne pourrions en parler clairement si nous ne décrivions d'abord les caractères des étalons dits régénérateurs, avec lesquels nos races indigènes ont été croisées. Ces étalons sont issus de la race arabe, avec tous ses attributs primitifs, mais surtout avec ceux qu'elle a pris en passant en Angleterre, pour y devenir, grâce aux procédés de l'entraînement des courses, le cheval anglais dit de pur sang.

Nous allons décrire la souche sous ses deux formes, en insistant particulièrement sur celle qui a été pour ainsi dire façonnée en Angleterre, parce qu'elle est à peu près seule reproduite chez nous, le type primitif y étant presque toujours exclusivement importé sous la forme de sujets mâles. Les Arabes, on le sait, ne se dessaisissent pas volontiers de leurs juments.

Race arabe. — Le cheval arabe pur de toute alliance hétérogène est le type achevé de la beauté plastique ou idéale dans son espèce. Nulle part ailleurs ne se trouve mieux réalisé l'ensemble harmonique de toutes les régions du corps. Le physique et le moral, tout est supérieur en lui.

Caractères typiques (grav. 5). — Brachycéphalie la plus prononcée qui soit dans l'espèce, accusée par un front très-large, plat, donnant la tête carrée des hippologues; protubérance occipitale longue et épaisse; arcades orbitaires saillantes; cavités orbitaires très-grandes et séparées l'une de l'autre par une forte distance, correspondant au diamètre transversal du crâne (la mesure exacte de ce diamètre et le rapport de cette mesure avec celle du diamètre longitudinal, d'où résulte la principale caractéristique scientifique des races, devraient être données, si

nous étions placés au point de vue zoologique); face courte,
à chanfrein droit, aplati et large, formant exactement un
triangle dont la ligne des orbites est la base; crête zygo-

Grav. 5. — *Émir*, étalon syrien de l'administration des haras, envoyé par Abd-el-Kader à l'empereur Napoléon III. (D'après une aquarelle de M. Audy.)

matique accusée;
maxillaire inférieur à
branches écartées, relevées à angle droit;
arcades incisives petites. Sur le vivant,
naseaux larges, très-ouverts; lèvres minces, bouche petite,
joues plates; oreilles
petites, droites, écartées, très-mobiles; œil
à fleur de tête, au regard vif et énergique; physionomie douce et fière.

Les caractères ostéologiques indiqués suffiraient à un œil
exercé pour qu'il pût déterminer la race arabe à la seule
inspection du squelette de la tête. Aucune autre race, en
effet, ne les présente au même degré. Mais le point de vue
zootechnique exige d'autres développements. Une étude
zoologique complète ne peut même pas s'en contenter.
Il faut mentionner, par exemple, que dans le type arabe
ou syrien, les vertèbres lombaires sont seulement au
nombre de cinq, tandis que ce nombre est de six dans
les races de nos climats (1).

Caractères secondaires. — Afin de ne pas répéter inutilement une description déjà faite, nous renverrons pour

(1) Du moins en est-il ainsi sur tous les squelettes de chevaux
arabes que j'ai pu voir dans les musées publics, notamment sur ceux
des galeries du Muséum d'histoire naturelle de Paris.

la plupart des caractères secondaires et des attributs de la
race arabe, à ce qui a été dit au chapitre précédent sur
les beautés du cheval de selle. Cette race les réalise le
plus souvent, surtout dans celles de ses familles qui habitent la Syrie. La taille varie, en Orient, entre 1 mèt. 45 et
1 mèt. 56, la moyenne se rapprochant plus du premier nombre que du second. La robe est le plus ordinairement blanche ou d'un gris très-clair ; mais les sujets de robe foncée,
noire, baie ou alezane, ne sont cependant pas rares.
Quant aux aptitudes de la race, leur haut degré de perfection s'explique par le mode d'éducation auquel les sujets
qui la composent sont soumis.

Historique. — Le lecteur comprendra facilement, ayant
pris connaissance du premier chapitre de ce volume que
nous rejetions sans autre examen la fable adoptée par
tous les hippologues, qui fait du cheval arabe le premier
né de l'espèce, le cheval primitif, d'où tous les autres seraient issus. Il y a, pour le cheval comme pour l'homme,
une doctrine monogéniste, et cela n'a rien qui doive sur-
prendre. Le sage, croyons-nous, lorsqu'il est sur le terrain
de la science, s'abstient de scruter l'origine des choses,
sur laquelle il lui est absolument impossible, dans l'état
actuel des connaissances, de rien démontrer. La vérité
scientifique est seulement, pour le cheval comme pour
l'homme, que les documents les plus anciens sur leur
civilisation nous viennent de l'Orient ; et c'est le propre
précisément de la civilisation orientale, de ne pas séparer
l'homme du cheval. Les hommes qui ont apporté dans
notre Occident leur langue et leurs lumières, dont les phi-
lologues retrouvent les traces avec tant d'habileté, n'eussent pu sans doute exécuter leurs migrations si loin-
taines, s'ils n'avaient eu le concours des jambes du cheval.

Il est démontré scientifiquement que rien n'a pu faire du cheval oriental, tel qu'il vit en Arabie heureuse et tel qu'il y a toujours vécu, sans aucun doute, la souche des races dolichocéphales que nous possédons en Occident. Les modifications que son type crânien aurait dû subir pour cela ne sont au pouvoir d'aucune influence naturelle ou artificielle, si grande que puisse être l'étendue de temps que l'on suppose pour son action. Cette influence n'aurait surtout pas pu lui ajouter une vertèbre lombaire de plus. Il faut donc laisser à la poésie légendaire ce qui est de son domaine, et ne pas l'introduire dans celui de la science positive, qui s'accommode seulement de l'histoire, chronologique ou naturelle.

Le cheval arabe a été introduit dans l'Europe occidentale, et il s'y est implanté, dès la plus haute antiquité, vraisemblablement dans la période historique qualifiée maintenant d'âge du bronze. Nous le retrouverons en France avec son type, sous les modifications considérables subies par ses caractères secondaires. Mais il n'est pas davantage douteux qu'il y a rencontré des types aborigènes, parmi lesquels il s'est établi avec son maître ou son cavalier. Pour l'étudier sérieusement, bornons- nous à le considérer dans son pays et dans les temps modernes, en négligeant, bien entendu, les détails qui ne seraient pas d'un intérêt direct pour notre sujet.

Mode d'élevage. — Chez les Sémites, le vrai croyant, défenseur de l'Islam, ne connaît d'autre vie, nécessairement, que la vie militante du guerrier. Il ne saurait être séparé de son cheval, instrument des anciennes conquêtes de sa race, comme son yatagan. Le coursier arabe fait partie intégrante de la famille nomade; il est le compagnon aimé du musulman, l'agent principal de sa puissance, et il

inspire aux poëtes de la tente leurs chants les plus enthousiastes. Abd-el-Kader, l'émir des croyants, dont les
poëmes nous ont été traduits, en fournit la preuve convaincante.

Il est donc naturel que le cheval arabe soit, de la part
du maître, et dès sa naissance, l'objet d'attentions et de
soins qui ne l'abandonnent jamais. Celui-ci n'y fût-il pas
porté par son goût et les habitudes de sa race, que l'intérêt ou l'instinct de sa propre conservation l'y pousserait.
L'Arabe nomade ne se conçoit qu'à cheval. Avec les conditions naturelles du climat, dans ces soins de tous les instants se trouve l'explication des qualités qui font du cheval arabe le plus sobre, le plus rustique, le plus apte aux
courses à la fois longues et rapides, de tous les chevaux.

Il n'y a, sur aucun point du globe et dans aucune espèce, un animal plus complétement domestique que
celui-là. Jeune poulain à la mamelle, en outre des caresses
constantes de tous les habitants de la tente, il reçoit, en
supplément du lait de sa mère, du lait de chamelle, et dès
que ses dents peuvent les triturer, des rations d'orge con-
cassée et ramollie, dont la quantité augmente à mesure
qu'il grandit. Après le sevrage, qui s'opère pour ainsi
dire naturellement, il paît les meilleures herbes autour de
la tente, mais l'orge devient sa principale nourriture. Dès
que ses reins offrent assez de résistance, il porte le cavalier et commence les exercices gradués qui doivent le conduire à ce haut degré de puissance qu'il atteint à l'âge
adulte. Monté d'abord par un enfant, pour de petites
courses, il devient ensuite la monture de l'adolescent,
puis de l'homme fait, du guerrier, ce qui est en quelque
sorte une éducation mutuelle de l'homme et du cheval. Il
est façonné peu à peu à endurer sans souffrance la soif et

la faim, condition indispensable des hasards de la vie nomade. Et ce qui domine dans tous ces exercices, c'est la
sollicitude constante dont ses membres, et surtout ses articulations, sont l'objet, pour leur éviter les accidents qui
pourraient en altérer l'intégrité.

Ne voit-on pas dans ces pratiques, si minutieusement
observées, une des formes les plus précises de la gymnastique fonctionnelle, dont nous avons constitué les principes à l'état de méthode zootechnique? L'Arabe a fait de
tout temps, pour le coursier qu'il élève en l'identifiant à
sa propre existence, ce que le jockey anglais exécute pour
préparer le sien aux luttes de l'hippodrome. Le mode varie;
la méthode, empirique dans les deux cas, ne diffère point.
Ce qui rend les résultats différents, ainsi que nous allons
le voir, c'est la qualité des aliments consommés et les propriétés du milieu dans lequel ces résultats ont été obtenus.

Cheval de course. — Le cheval anglais dit de pur sang
(*the Race-Horse*) provient de la race arabe implantée en
Angleterre et modifiée dans ses aptitudes fonctionnelles
par l'institution des courses. Il a été importé de là en
France, en même temps que cette institution. Il m'est
arrivé de lui contester cette origine, mais une étude plus
approfondie du sujet m'a fait penser qu'elle ne pouvait
l'être justement. Les raisonnements sur lesquels j'avais
basé mes doutes subsistent, mais ils doivent être appli-
qués aux caractères secondaires de la race, non aux caractères typiques. Ceux-ci, chez le coureur anglais, ne diffèrent en aucun point de ceux de l'arabe, plus haut décrits.
Deux crânes de cheval, venant l'un de Syrie et l'autre
ayant appartenu à l'un des vainqueurs les plus renommés
de l'hippodrome d'Epsom ou de New-Market, ne sauraient
être distingués.

C'est donc par erreur que l'on considère les chevaux de course, dont le nombre est relativement petit en Europe, comme formant une race distincte. Ils appartiennent tous, par leurs caractères zoologiques, à la race arabe, dont ils ne sont que des démembrements accommodés à une fonction spéciale et modifiés dans ceux de leurs caractères secondaires qui peuvent subir l'influence du milieu, sinon chez tous les individus, du moins chez un certain nombre.

On a pu voir il y a quelques années, au dépôt du bois de Boulogne (Saint-James), et l'on peut voir encore à Tarbes, où il se reproduit merveilleusement, dit-on, l'étalon syrien du nom d'*Émir*, envoyé de Damas à l'empereur Napo-

Grav. 6. — *Gladiateur*, cheval de course, vainqueur du grand prix de Paris, du derby anglais, etc. (D'après une aquarelle de M. Audy.)

léon III par Abd-el-Kader, son féal. Il serait bien impossible au connaisseur le plus exercé de distinguer cet étalon au milieu d'étalons anglais de même taille, bais comme lui, avec les mêmes particularités de robe ; et il y en a beaucoup qui, sous ces divers rapports, pourraient lui être comparés. (Voy. la grav. 5, représentant le type arabe, et la grav. 6, portrait de *Gladiateur*.)

Historique. — Ceci admis, l'histoire sommaire de l'implantation de la race arabe en Angleterre devient plus intelligible. Nous allons la retracer en peu de mots.

Le premier étalon étranger dont l'introduction soit mentionnée dans les anciennes chroniques saxonnes, est un cheval turc appelé *The White-Turk* (le turc blanc), acheté par Jacques Ier d'un sieur Place, qui devint plus tard, dit le chroniqueur, maître des haras d'Olivier Cromwell. Villiers, premier duc de Buckingham, introduisit ensuite *The Helmsley-Turk*, puis *Fairfax's Morocco*, étalon qualifié de barbe. Mais les historiens du *Race-Horse*, qui ont établi les généalogies de la tribu, ne tiennent guère compte de ces premières introductions et ne les font pas remonter si haut dans le temps. Le *Stud-Book* emprunte son premier document au commencement du dernier siècle seulement.

En tête du livre généalogique figure *Darley-Arabian*, étalon né en Syrie, dans le désert des environs de Palmyre, et qui a joui d'une grande réputation. Parmi ses descendants immédiats on cite *Devonshire* ou *Flying-Childers*, père d'une longue lignée de *Flying* célèbres, *Bleeding* ou *Bartlett's-Childers*. Ces derniers ont eu pour descendants un autre *Childers*, *Blaze*, *Snaps*, *Sampson* et le fameux *Eclipse*, qui est resté le type du beau cheval de course et le plus renommé de tous par ses succès d'hippodrome et ses admirables proportions.

C'est plus de vingt ans après l'introduction de *Darley-Arabian*, que lord Godolphin admit dans son haras le cheval, rencontré dans les rues de Paris traînant une charrette, qui est connu sous le nom de *Godolphin-Arabian*. On lui fait quelquefois l'honneur de le considérer comme le premier père, comme la souche de l'arbre généalogique des chevaux de course. C'est à tort, évidemment. Il mourut en 1753, âgé de vingt-neuf ans. Il ne devint célèbre, dit William Youatt, que par les mérites d'un de ses fils, *Lath*, l'un des premiers chevaux de son époque. « *Wellesley-Arabian*, autre cheval étranger importé en Angleterre, était le type du beau cheval sauvage du désert. On n'a jamais, ajoute le même auteur, déterminé exactement quel était le pays de son origine. Ce n'était évidemment ni un parfait barbe, ni un parfait arabe; il venait plutôt de quelque province voisine (pourquoi cette supposition?), où, soit le barbe, soit l'arabe, peuvent acquérir une plus grande ampleur de formes. Ce cheval avait été importé par erreur comme un modèle supérieur d'Arabie, mais il a laissé peu de produits sur lesquels sa réputation puisse se fonder (1). »

On a sans doute fait déjà la remarque, dans l'énumération précédente, que le nom d'aucune jument n'y figure, venant d'Arabie ou d'ailleurs. En aucun temps, en effet, il n'en a été introduit. Cette remarque a causé quelque embarras aux partisans du dogme du pur sang, dont la pureté immaculée disparaît sous la moindre souillure, ainsi que nous l'avons vu au chapitre du croisement déjà cité. Elle ne saurait, pour notre compte, nous causer aucun souci; et nous n'avons nul besoin, pour expliquer scientifiquement le fait de l'implantation de la race arabe en Angleterre, de supposer avec eux l'existence d'une population équestre tirée de l'Andalousie par les envahisseurs normands, et amenée par ces derniers sur le sol britannique lors de la conquête. Encore une fois, ce n'est point avec des légendes, ou même avec des à-peu-près historiques, que se peuvent résoudre les questions d'histoire naturelle.

---

(1) *Histoire du cheval anglais*, dans *The Horse*, Londres, 1846; traduction de H. Bouley, *Bibliothèque vétérinaire*. Paris, Labé, 1849.

Quelle que fût la race des premières mères des chevaux anglais de course, il nous suffit de savoir que les filles de ces mères ont été croisées avec des étalons arabes, jusqu'au delà d'une quatrième génération, et que les opérations de reproduction ont toujours été accompagnées d'une sélection attentive, pour être assurés que bientôt après l'introduction de ces étalons, il n'y eut plus dans leur descendance que des individus purs de leur race. Tel est infailliblement l'effet du procédé de croisement continu, s'il a été exactement suivi.

Voilà donc expliquée, par les données acquises à la science, la formation de la tribu arabe des chevaux anglais de course. Comment ces chevaux, avec les caractères typiques de leur race qu'ils ont nécessairement conservés, ont acquis les caractères secondaires à l'aide desquels on les distingue en général du type oriental dont ils dérivent, c'est ce qu'il nous reste à examiner. Disons d'abord quels sont ces caractères secondaires.

Caractères secondaires. — Presque toujours plus haut de taille, le cheval anglais a les lignes du corps plus allongées, moins arrondies, que celles de l'arabe. Moins souple, sinon moins élégant dans ses mouvements, il semble fait uniquement pour aller de l'avant. La gymnastique du galop de course, procédant par bonds, a imprimé à la direction de son fémur une déviation devenue héréditaire, et sur laquelle j'ai été le premier, vraisemblablement, à appeler l'attention. Cette direction du fémur, qui est moins oblique pour une longueur égale, allonge la cuisse, élève la croupe, et communique à ces régions une forme qui est tout à fait particulière au cheval anglais et à ceux de ses métis qui en ont hérité. Enfin, plus volumineux que l'arabe dans toutes ses parties, il en diffère encore par sa robe, où le bai et l'alezan, avec leurs diverses nuances, sont dominants, sinon tout à fait exclusifs. Du reste, toute la noblesse, toute la distinction et toute la finesse de l'arabe, ainsi que sa vigueur et son énergie foncière, moins la rusticité et la sobriété que ne comporte point le régime d'après lequel il est élevé.

Ceci est affaire d'éducation, et nous avons à parler maintenant de celle que reçoit le cheval anglais.

Mode d'élevage. — Les qualités spéciales de ce cheval sont évidemment le résultat de l'action combinée du climat britannique et de l'institution des courses, institution qui remonte bien au delà de l'introduction des étalons arabes plus haut nommés.

En effet, un récit de Fitz-Stephen, qui vivait au douzième siècle, montre que de son temps déjà des courses de chevaux étaient instituées à Smithfield, où il se faisait alors un grand commerce de ces animaux. L'auteur contemporain raconte d'abord les détails concernant les marchés hebdomadaires, qui se tenaient en ce lieu, puis les tournois auxquels y prenaient part les jeunes gens de la Cité, tous les dimanches de carême. « Ensuite, dit-il, la course commence, un cri se fait entendre, tous les chevaux communs doivent se retirer » (ce qui prouve qu'il en existait déjà de distingués). « Deux ou trois jockeys se préparent à se disputer le prix. Les chevaux eux-mêmes frémissent d'impatience sous le frein et s'agitent sans cesse. Enfin le signal du départ est donné, ils s'élancent, se précipitent et dévorent l'espace avec une rapidité sans pareille. Les jockeys, animés par le désir de la gloire et l'espérance du succès, poussent l'éperon dans les flancs de leurs ardents coursiers, brandissent leurs fouets et les excitent de leurs cris. »

Youatt, qui cite ce passage de Fitz-Stephen, y ajoute avec justesse : « Cette description animée, qui conviendrait encore aux courses de nos jours, fournit la preuve que, même avant l'introduction de la race orientale, les chevaux anglais étaient soumis à des épreuves de vitesse (1). »

Il serait bien difficile de ne pas reconnaître après cela, en vérité, que dès le douzième siècle l'Angleterre possédait des chevaux de course. Mais il n'en est pas moins avéré que l'institution régulière des courses, qu'on appelle peut-être bien un peu abusivement maintenant des épreuves, du moins en fait, ne date que du règne de Charles Ier. La promulgation des règlements qui les concernent est de la dernière année de celui de Jacques Ier, par conséquent postérieure, et dans tous les cas contemporaine de l'introduction du premier étalon arabe, *The White-Turk*. C'était alors des épreuves de vitesse et de fond, qui firent bientôt multiplier le nombre des chevaux propres à les subir avec succès. Elles n'ont pas été discontinuées depuis, et il est incontestable que les mérites particuliers des plus célèbres coureurs de l'Angleterre, inscrits au *Stud-Book*, sont dus au mode d'éducation qui leur est imposé pour les préparer aux exercices du turf, en un mot à l'entraînement méthodique, dont nous avons exposé les principes.

C'est l'avis de Percivall. « La grande cause du succès que nous avons obtenu, dit-il, est dans la direction savante et persévérante imprimée à l'élève du cheval. C'est par là que je m'explique, ajoute l'hippologue anglais, non-seulement que nous ayons trouvé une race primitive de qualité supérieure, mais encore que cette race ait été pro-

____

(1) *Histoire du cheval anglais. Loc. cit.*

gressivement et incessamment perfectionnée dans ses produits par la nourriture, l'éducation et la sélection la plus
scrupuleuse. Ces trois circonstances, la dernière surtout,
ont exercé plus d'influence sur les qualités de la race que
les caractères originels ou les attributs des parents. C'est
en suivant cette marche que nous avons successivement
progressé du bon vers le meilleur, sans perdre de vue les
moyens accessoires, jusqu'à ce que nous ayons enfin atteint dans la fabrication du cheval une perfection que le
monde ignorait avant nous (1). »

A part ce dernier trait de l'orgueil anglais, que mainte
défaite sur la terre d'Orient n'a point réussi à abattre, on
ne peut que souscrire au reste de l'appréciation. Mais il y
a lieu de dire aussi, que pour les mêmes motifs, le cheval
anglais est l'exacte expression du mode suivant lequel
l'institution des courses est pratiquée. S'il faut en croire
l'auteur de son histoire déjà plusieurs fois cité, ce mode mé-
riterait en Angleterre, depuis quelque temps, d'assez vives
critiques, qui expliqueraient, jusqu'à un certain point, les
récentes victoires remportées sur les hippodromes d'ou-
tre-Manche par des produits de notre élevage français. Fort
sévère dans l'appréciation qu'il donne des coureurs de son
époque, Youatt doit être cité tout au long ici, parce que,
non suspecte de partialité, sa parole porte avec elle un
enseignement dont les éleveurs français doivent profiter.
On nous pardonnera donc, en faveur de son importance,
l'étendue de la citation, dans laquelle ces coureurs sont
comparés à ceux des anciens temps.

« Que sont aujourd'hui, se demande William Youatt, nos

____

(1) *Leçon d'introduction au collège de l'Université de Londres*, en
1834, citation de Youatt, dans *The Horse. Loc. cit.*

chevaux de course? Ils sont plus rapides, ce serait une folie de le nier; ils sont plus longs, plus légers, encore bien musclés, quoique, à cet égard, ils aient perdu beaucoup de leurs qualités d'autrefois. Ce sont des animaux aussi beaux qu'il soit possible de les désirer, mais la plupart sont rendus avant que la moitié de la course soit achevée, et sur quinze ou vingt, il n'y en a que deux ou trois qui restent en pleine possession de leur énergie.

« Puis, que deviennent-ils une fois la lutte achevée? Dans ces rudes courses des premiers temps, le cheval se représentait dans l'arène sans qu'aucune de ses facultés eût souffert la moindre atteinte, et dans une longue série d'années il était prêt à entrer en lutte avec ses rivaux. Aujourd'hui, une seule course comme celle du Derby rend le gagnant incapable de courir jamais, et cependant la distance est seulement de un mille et demi. Celle du Saint-Léger est encore plus dommageable pour le vainqueur, quoique la distance ne soit que de moins de deux milles.

« Aujourd'hui, lorsque la course est achevée et que quelques gros enjeux ont été gagnés, l'animal vainqueur est emmené de l'hippodrome les flancs déchirés par l'éperon, les côtes ruisselant de sueur, les tendons forcés; et c'est une chance rare si jamais plus on entend parler de lui ou si l'on y pense : il a rempli le but pour lequel on l'avait élevé, et tout est dit.

« Et par quelle aberration tout cela s'est-il accompli? Comment se fait-il que des hommes honorables et pleins d'habileté aient conspiré ensemble pour altérer le caractère du cheval de course et, par son influence, celui des races anglaises en général? Ce n'est pas le fait d'une conspiration; c'est la conséquence de la marche naturelle des choses. Le cheval de course du commencement et même du milieu du dernier siècle était un puissant animal, aux formes élégantes, qui avait autant de vitesse qu'on en peut désirer, et qui joignait à cela une puissance d'action inépuisable. Celui qui élevait des chevaux pour le turf, à cette époque, pouvait avoir la conviction bien satisfaisante que l'animal avec lequel il espérait accomplir ses desseins rendrait en même temps d'utiles services à son pays; mais, en se proposant de faire des chevaux capables de gagner des prix, il fut naturellement conduit à essayer d'ajouter un peu de vitesse à la puissance d'action. Cette tendance à *alléger* produisit *Mambrino*, *Sweet-Briar* et d'autres, qui avaient perdu un peu de la compacité (*compactness*) de leurs formes; qui étaient débarrassés d'une partie de leur *étoffe* (*coarseness*), mais sans avoir perdu de la capacité de leur poitrine, de la *musculation* développée et puissante de leurs membres; animaux dont la vitesse était certainement accrue, sans que leur vigueur fût en rien diminuée.

« Il n'appartient pas à la nature humaine d'être satisfaite, même de la perfection. On essaya si l'on ne pourrait pas obtenir encore plus de vitesse. On réussit, mais cette fois ce ne fut pas sans amoindrir dans un certain degré la puissance d'action. Tels furent, par exemple, *Shark* et *Grimcrack*, dans lesquels la vitesse fut augmentée un peu aux dépens de la force. Il est facile de se figurer maintenant quelle a dû être la conséquence dernière de ce système.

« Le grand principe étant d'obtenir de la vitesse, c'est aux conditions de la vitesse qu'on s'est principalement attaché dans le choix des reproducteurs, celles d'où dépend la force étant placées en seconde ligne.

« La conséquence de ce système a été la création d'un

cheval aux formes allongées, aussi beau que ses prédécesseurs, sinon plus, mais laissant voir aux yeux du véritable
connaisseur des muscles moins développés, des tendons
moins saillants, un garrot plus tranchant, mais recouvert
de muscles moins puissants. La vitesse fut portée au degré
le plus extrême qui ait jamais pu être rêvé ; mais le fond, la
force de résistance à la fatigue, l'*endurance*, furent incroya-
blement diminués. On ne tarda pas à en avoir la preuve.
Ces chevaux de nouvelle création ne purent parcourir la
distance que leurs prédécesseurs franchissaient avec tant
de facilité. Les épreuves tombèrent de mode; on les qua-
lifia avec trop de vérité, hélas! de *dures* et de *cruelles*, et
force fut bien de raccourcir de moitié les distances consacrées aux épreuves ordinaires.

« Un tel résultat ne devait-il pas être suffisant pour convaincre les éleveurs de la marche vicieuse qu'ils avaient
suivie? Sans doute, pour peu qu'ils voulussent se donner
la peine de réfléchir. Mais le moyen de réparer cette
erreur? Comment retourner sur ses pas et en revenir à
l'élément fondamental du bon cheval, la force, la puissance
d'action, actuellement que l'élevage était poursuivi dans
de faux errements? Et puis les courses de peu de longueur
étaient devenues de mode; en deux ou trois minutes l'affaire était terminée; on échappait à ces longues heures
d'incertitude qu'exigeaient nécessairement les sept ou huit
épreuves de seconde main dans les luttes contestées. Et
puis enfin, comment lutter contre la toute-puissance de la
mode? Mais quelle force de résistance ont les chevaux?
Aucune. On les a élevés pour la vitesse; on l'a obtenue.
Les courses avec eux sont devenues populaires parce
qu'elles sont très-courtes; elles ne comportent plus de
marches alternées comme autrefois, si ce n'est pour les

prix du roi. Ces courses royales auraient dû être réservées, dans l'intérêt et pour l'honneur du pays, à l'encouragement de l'élevage de l'ancien cheval d'une supériorité
sans rivale. On aurait toujours ainsi le moyen de réparer
les erreurs commises aujourd'hui par les principaux personnages du sport; et, en vérité, lorsque l'on considère
l'état actuel du cheval de chasse et du cheval de route, on
voit qu'il y a bien des raisons qui militent en faveur de ce
retour vers les errements anciens.

« Il y a une conséquence particulière des courses de
peu de longueur qui n'a peut-être pas été suffisamment
prise en considération. Dans l'ancien système, les qualités
réelles *(trueness)* et la force assuraient presque constamment le prix au cheval qui le méritait le mieux; mais
avec les chevaux d'aujourd'hui et les courtes épreuves de
deux ou trois cents yards auxquelles on les soumet, le
jockey joue un rôle principal dans la lutte. Si les animaux
sont à peu près d'égale force, tout dépend de lui. Pour
peu qu'il ait confiance dans la force de son cheval, il peut
distancer tous ses compétiteurs; ou bien, ménageant sa
monture rapide mais sans fond jusqu'au dernier moment,
il peut atteindre le poteau avec la vitesse d'une flèche
avant que son rival ait eu le temps de rassembler son
cheval pour lui faire faire le dernier effort.

« On ne saurait nier que la conscience qu'a le jockey
de son pouvoir, et le compte qu'il sait être appelé à rendre
de la manière dont il en aura fait usage, ont conduit à
l'emploi de pratiques plus cruelles dans les courses de
nos jours que dans celles des anciens temps.

« L'habitude développait dans le cheval d'autrefois le
sentiment de l'émulation et celui de l'obéissance. Une
fois la course commencée, il comprenait ce que lui de-

mandait son cavalier, et il n'était pas nécessaire de recourir à l'usage du fouet ou de l'éperon pour le porter en avant s'il était capable de gagner.

« *Forester* est une preuve suffisante de ce que nous avançons. Il avait gagné plusieurs courses rudement contestées ; mais un jour malheureux il entra en lice avec un cheval extraordinaire, *Éléphant*, appartenant à sir Jennisson Shaftoc. La distance à parcourir était de quatre milles, en ligne droite. Ils avaient franchi la partie plate du terrain, et se trouvaient sur le même niveau à la montée. A peu de distance du poteau, *Éléphant* ayant en ce moment un peu gagné sur *Forester*, ce dernier fit tous les efforts possibles pour recouvrer le terrain perdu ; mais voyant qu'ils étaient sans résultat, d'un bond désespéré il se rapprocha de son antagoniste et le saisit par la mâchoire pour le maintenir en arrière ; on eut beaucoup de peine à lui faire lâcher prise.

« Un autre cheval, appartenant à M. Quin, en 1753, se voyant dépassé par son adversaire, le saisit par un membre, et les deux jockeys furent obligés de descendre de cheval afin de séparer leurs montures.

« Les chevaux de nos jours ne sont pas animés de ce sentiment d'émulation et disposés à épuiser toutes leurs forces dans un suprême effort, et il faut, pour que leurs propriétaires puissent gagner le prix de la course, qu'ils soient cruellement excités par leurs cavaliers, jusqu'à extinction de leurs forces ; aussi arrive-t-il souvent qu'ils sortent de l'hippodrome estropiés pour la vie.

« C'est là une conséquence fatale du système actuel ; ce sont là les fonctions des jockeys de nos jours, fonctions qu'un certain nombre d'entre eux accomplissent avec une sorte d'orgueil ; mais un tel état de choses ne devrait pas être toléré, et le système dont il est l'expression devrait être promptement et radicalement réformé (1). »

Règlements de courses. — La critique est dure. Si elle est fondée pour ce qui concerne les courses et les chevaux de l'Angleterre, comme on n'en saurait douter, en raison de l'autorité de Youatt en ces matières, peut-elle également s'appliquer aux courses et aux chevaux de notre pays? Je laisserai aux sportsmen le soin d'en décider. Mais étant admis que les qualités de ces chevaux sont sous la dépendance immédiate de l'institution des courses, et ces courses ne devant être considérées par nous que comme des épreuves pour juger de la capacité des étalons à choisir par les éleveurs de chevaux de services, nous devons cependant nous en enquérir. Les courses ne sont pas instituées seulement, en effet, à la seule fin de faire gagner des prix aux propriétaires des coureurs. D'un avis unanime, le gouvernement et ces propriétaires leur assignent le but d'assurer l'élevage des reproducteurs du plus haut mérite.

Eh bien, consultons à cet égard un auteur dont la compétence ne saurait être contestée. « Les règlements de courses, dit M. Gayot, ont une immense influence sur la forme des coureurs, ils sont l'étoffe dans laquelle on les taille, le patron sur lequel on les modèle, le moule dans lequel on les jette tous. De là vient que le cheval anglais a changé dans sa forme autant de fois que d'importantes modifications ont été introduites dans les conditions générales des courses (2). »

Avant de formuler cette proposition incontestable, l'an-

(1) *Hist. du cheval anglais. Loc. cit.*, p. 250.

(2) *Guide du sportsman*, 3ᵉ édit., p. 33. Pari*, Librairie agricole 1866.

cien directeur de l'administration des haras avait, dans une appréciation rapide, dit son mot sur l'état actuel des courses en Angleterre, en invoquant l'autorité d'un hippologue anglais, Stonehenge, qui corrobore de tous points le tableau déjà tracé par William Youatt. « La race, dit M. Gayot (p. 12), a donc été atteinte dans ses qualités les plus hautes, dans son fondement et son plus grand mérite , lorsqu'on a sacrifié l'institution rationnellement entendue aux fiévreuses exigences du jeu. — De ce chef le cheval de course de l'époque est notoirement inférieur au cheval de course d'il y a seulement vingt-cinq à trente ans. La décadence a été extrêmement rapide ; elle a marché dans une progression géométrique; elle se précipite, on pourrait le dire, en raison du carré des distances. »

Résumant ensuite son jugement sur les modifications que l'institution des courses, telle qu'elle est maintenant entendue, a fait subir à l'animal, l'auteur s'exprime ainsi (p. 14) : « Le cheval de pur sang a perdu la meilleure partie de lui-même en cessant d'être symétrique, en perdant ce qu'on nomme *le gros*, en achetant l'élégance au prix de l'ampleur. Il est plus fashionable, si l'on veut, il est moins fort de toute part, des os, des tendons et des muscles. Tout le système s'est atténué, aminci plutôt en s'allongeant; l'élongation s'est faite, répétons-le, aux dépens de la force ou de l'épaisseur de la charpente, aux dépens du volume, de la grosseur des muscles. »

M. Gayot entend que son sentiment sur le cheval anglais soit applicable à celui qui, élevé en France, paraît sur le turf français. Et, en effet, il n'y a point de différence entre les deux pays, quant à l'institution actuelle des courses. Les produits de l'un et de l'autre luttent fraternellement pour se disputer les prix offerts. On a fait grand bruit de victoires éclatantes remportées en Angleterre même par l'élevage français sur l'élevage anglais. Le nom de *Gladiateur* a été dans toutes les bouches. On l'a porté jusqu'à la hauteur d'une gloire nationale. Je n'y vois pas, pour ma part, d'inconvénients ; mais la gloire est nécessairement relative; et s'il est vrai, comme le soutiennent les hommes les plus compétents, que le cheval anglais soit en décadence dans le sens précédemment indiqué, nous pouvons vaincre les Anglais sans que nous soyons autorisés à nous flatter d'avoir atteint le but. « Le grand objet de nos jours, dit Stonehenge, cité par M. Gayot, est la production d'un grand nombre de chevaux de pur sang en état de produire de solides chevaux de route et de chasse. Maintenant, ce but est incompatible avec le système actuel; on doit s'attendre à les voir de jour en jour plus délicats et plus frêles. »

Sans doute, les amateurs du turf n'acceptent point ces critiques. Ils invoquent pour les combattre les formes de quelques sujets exceptionnels, à la vérité irréprochables. Mais ne suffit-il pas, pour les justifier, qu'on ne puisse les combattre que par des exceptions? Et puis, quel moyen a-t-on de vérifier si même, avec leurs qualités de conformation, ces sujets possèdent la puissance qu'on leur reproche d'avoir perdue? Aucun de leurs propriétaires consentirait-il à les soumettre à ces épreuves moins rapidement terminées, dont on regrette la disparition? Tout, dans cette question, n'est-il pas là?

La discussion ne peut donc porter que sur la réglementation des épreuves. Il s'agit de savoir si les courses sont faites ou non pour mettre en évidence les qualités du bon reproducteur dit de pur sang, ses qualités utiles, au point de vue des services à tirer de ses produits. On ne pense pas que personne ose répondre autrement que par l'affirmative. Or, cela étant, il faut examiner si des règlements faits pour favoriser par-dessus tout l'excessive vitesse d'une course aussi peu prolongée que possible, et l'excessive précocité des coureurs, peuvent conduire au but zootechnique ainsi indiqué.

On voit bien du premier coup ce qu'y gagne le jeu, dont les courses sont l'occasion et qui ne devrait être pour l'institution qu'un moyen. On aperçoit moins clairement le gain des qualités fondamentales du reproducteur. Pour l'admettre, il faudrait consentir à suivre les turfistes jusque dans la métaphysique du pur sang ; mais la physiologie s'y oppose de la manière la plus formelle. Ainsi que nous l'avons vu au chapitre de l'hérédité (1), il est trop certain qu'un reproducteur, comme une belle fille, ne peut donner ou transmettre que ce qu'il a, pour qu'on accorde un grand prix à la faculté de courir, durant un court instant, à une vitesse vertigineuse. Ce n'est point là, évidemment, ce qui peut donner la preuve incontestable d'une grande puissance à produire des chevaux de service énergiques et résistants.

Nous ne passerons pas en revue, dès à présent, les détails des règlements de course actuellement en vigueur sous l'influence triomphante du *Jockey-Club*. Ce n'est pas le moment de discuter l'institution au point de vue de ceux qui la dirigent, de blâmer le système des handicaps, celui des paris, et les abus du *Beetting-Room*. Nous consacrerons plus loin à ce sujet un chapitre particulier.

Au nom des principes de la zootechnie, il faut se borner à signaler, d'une part, l'usage des courses pour chevaux

____

(1) Voy. *Principes généraux*, p. 98.

de deux ans, qui se généralise de plus en plus, et, de
l'autre, la disparition complète des grandes distances et
des courses en partie liée. Faible parcours, faible poids
à porter et gros prix à gagner, voilà ce qui domine les
courses actuelles. Conçoit-on, par exemple, qu'en 1866
il ait pu être considéré comme digne de *Gladiateur*, du
vainqueur des Anglais, du vainqueur des vainqueurs, de
gagner un prix de 15,000 fr. (*Prix de l'Impératrice*), en
parcourant une distance de 5 kilomètres, chargé d'un
poids de 57 kilogrammes? et quelques jours après, une
autre valeur de plus de 20,000 fr., dont un objet d'art
estimé 10,000 fr. (*Prix de la Coupe*), pour une distance
de 3,200 mètres seulement, avec un poids de 66 kilog.
500 grammes? L'année précédente il avait gagné le Derby
anglais et le grand Prix de Paris (100,000 fr.), montant
ensemble à des sommes fabuleuses, dans des conditions
peu différentes?

Il n'y a qu'une seule course dont la distance atteigne
6,400 mètres. Tout est fini en une seule épreuve. Quelle
porte largement ouverte à l'aléat? Cela peut-il, en vérité,
être considéré comme sérieux, pour prouver la puissance
et la valeur d'un reproducteur, à moins qu'on le considère seulement comme devant engendrer des chevaux pour
courir dans les mêmes conditions?

On répondra sans doute que *Gladiateur*, ce magnifique
animal, ainsi que quelques autres, pourraient faire mieux.
Leurs qualités de conformation, la solidité de leur constitution, permettent assurément de l'admettre; mais en
est-il moins incontestable que l'institution des courses
ainsi comprise exerce sur l'ensemble des chevaux qui
paraissent sur le turf l'influence déplorable qui a été
signalée?

On ne peut donc approuver l'administration des haras d'employer ainsi les subventions dont elle dispose. Si tant est que son intervention soit nécessaire pour encourager la production des chevaux dits de pur sang, intervention qui ne peut s'expliquer autrement qu'en vue d'obtenir les étalons les plus capables, pour la fabrication des chevaux de service, elle doit exiger que leur capacité soit attestée par des épreuves véritablement sérieuses.

Dans ce cas, les préparations de l'entraînement, dont nous avons fait la théorie au chapitre de la gymnastique fonctionnelle et sur lesquelles il serait par conséquent superflu de revenir en ce moment, auraient pour but de développer les qualités de vigueur, d'énergie durable, qui sont le propre de la race, au lieu de l'excitabilité nerveuse passagère et des formes allongées du corps les plus favorables au gain d'une courte partie, comme celles dont les hippologues anglais et français, et même bon nombre d'écrivains du sport, ont fait la juste critique.

En somme, tel est l'état actuel du cheval anglais, produit direct de l'institution des courses. Que celles-ci aient été considérées comme un but, ainsi qu'on serait tenté de le penser, à les voir fonctionner, ou comme un moyen d'améliorer l'espèce chevaline en général, suivant la prétention de l'administration et des sportsmen du *Jockey-Club*, à l'heure présente parfaitement d'accord, peu importe; sous l'empire de la doctrine régnante, qui est celle du croisement anglais systématique, l'espèce des chevaux fins n'en est pas moins arrivée à ne plus compter dans notre pays que quelques rares débris des races indigènes, le reste y étant représenté par toute une population de métis, de mérites fort divers, et dont la description ne doit pas nous arrêter longtemps. Seulement, le fait rendait nécessaire que nous nous étendissions un peu sur ce qui concerne le prétendu régénérateur de nos races. Son emploi systématique a eu pour effet de les faire disparaître.

Mais cela ne veut pas dire qu'il ne puisse être fait un usage judicieux de l'étalon anglais dans notre pays, pour en obtenir des produits utiles par le croisement. L'examen de la population chevaline normande nous en fournira la preuve, et c'est par là que nous allons commencer.

Chevaux de la Normandie. — Avant la création de l'administration des haras, avant celle du haras du Pin, en particulier, il existait en Normandie une race de chevaux qui a longtemps fourni des attelages pour les carrosses des grands de l'ancienne monarchie. Les caractères typiques de cette race sont parfaitement connus. Ils se montrent encore sur un certain nombre de sujets de la population actuelle, en état de variabilité désordonnée, comme toute population entretenue par le croisement et le métissage. Mais par cela même on est autorisé à dire que la race n'existe plus à proprement parler, car il ne se rencontre nulle part, en Normandie, rien qui ressemble à l'agrégation uniforme et capable de durer indéfiniment, par laquelle une race est constituée.

Caractères. — Les hippologues du dernier siècle ne nous eussent-ils pas transmis la description fidèle de la race dite normande (rien ne prouve qu'elle fût propre à la Normandie, bien au contraire), en étudiant avec les données scientifiques que nous avons, la population actuelle, il serait facile d'en rétablir le type. C'était une race dolichocéphale, avec un chanfrein étroit et fortement busqué, ce qui entraînait des cavités nasales rétrécies. Ces dispositions, qui apparaissent encore chez certains sujets, parmi

les métis remplaçant l'ancienne race, ont pour conséquence assez fréquente le vice du cornage, et donnent à
la tête longue du cheval normand, dont les oreilles se
trouvent par là rapprochées, l'aspect d'une physionomie
peu intelligente, à moins que la vivacité du regard, due à
l'influence héréditaire de l'étalon étranger, n'en vienne
corriger les effets. Les formes du corps et ses proportions,
un peu fortes, laissaient en général à désirer sous le rapport de l'élégance. La robe baie de nuance foncée domi-
nait. En un mot, la race élevée dans les pâturages de la
Normandie était visiblement d'origine danoise. Le fait est
d'ailleurs corroboré par l'histoire des Northmans.

C'est à l'ancienne race ainsi caractérisée qu'a succédé
la population actuelle, improprement qualifiée de race
anglo-normande ou de demi-sang français, par les hippologues, parce qu'elle est le produit du croisement opéré
entre les juments normandes, ou danoises, et l'étalon anglais, dit de pur sang.

Il n'y a pas lieu d'insister sur la discussion de la qualification ici contestée. Les faits que nous allons examiner
plus en détail, ainsi que l'exécution de notre plan nous y
oblige, fortifieront le principe général acquis à la zootechnie
déjà sur ce point ; car on se souviendra que nous avons
eu l'occasion de les invoquer sommairement pour l'appuyer. Il suffirait, du reste, d'exposer seulement les arguments à l'aide desquels les partisans les plus autorisés de
la prétendue race de demi-sang veulent prouver son existence, pour que le lecteur éclairé fût en mesure de la
rejeter.

Mais nous avons avant tout à la décrire.

Considérée dans son ensemble, la première impression
que fait éprouver la population chevaline de la Normandie,

c'est celle du manque d'homogénéité. Lorsqu'on étudie individuellement un certain nombre de sujets, on a bientôt la raison de cette impression. En effet, on observe communément sur ces sujets le défaut d'harmonie entre les diverses parties de l'individu, et cela fournit au physiologiste qui veut étudier les questions d'hérédité de précieux enseignements. Les opérations de croisement, toujours difficiles à exé

Grav. 7. — *Château*, n° 174 du régimen des dragons de l'Impératrice ; cheval anglo-normand provenant du dépôt de remonte de Caen. (D'après un croquis pris sur nature par M. Mégnin.)

cuter, dans l'espèce chevaline surtout, ne produisent pas souvent la fusion des caractères que l'on cherche à réaliser. L'hérédité, nous devons le rappeler en cette circonstance, ne se prête point à satisfaire les théories spéculatives d'après lesquelles on préconise avec tant d'assurance la correction des caractères défectueux de la mère par ceux du père, mieux disposés dans le même

Grav. 8. — *Croate*, n° 560 du régiment des dragons de l'Impératrice ; cheval anglo-normand provenant du dépôt de remonte de Caen. (D'après un croquis pris sur nature par M. Mégnin.)

point. Aussi voit-on parfois réuni sur le même individu, le train antérieur du danois, dit ancien normand (grav. 7 et 8), avec le train postérieur de l'anglais, et réciproquement. Ceux-là méritent bien le titre qui leur est donné de demi-sang, en tant que l'expression puisse signifier qu'ils sont moitié normand, moitié anglais. Les familles anglo-normandes comptent assez souvent des rejetons *décousus*. C'est le mot vulgaire dont on se sert pour caractériser ces individus qui semblent faits de deux pièces mal soudées ensemble.

Toutefois, le plus grand nombre des métis anglo-normands, résultant, ainsi que nous le verrons tout à l'heure, d'un croisement conduit au delà de la première génération, sont remarquables par la beauté *du dessus*, pour nous servir encore d'un autre terme emprunté au langage courant de l'hippologie des amateurs. Ils sont, comme dit M. Gayot, très-près du sang. La tête (gr. 9) reproduit celle du type

Grav. 9. — *Chérubin*, n° 821 du régiment des dragons de l'Impératrice ; cheval anglo-normand provenant du dépôt de remonte de Caen. (D'après un croquis pris sur nature par M. Mégnin.)

anglais. Il en est de même pour l'encolure et pour le reste du corps, ou ce qui est appelé le dessus ; mais c'est par *le dessous* qu'ils pèchent en général. La bonne conformation des membres est fort rare chez eux. On les rencontre trop fréquemment grêles, démesurément longs, à tendons faillis, aux articulations faibles et tarées, surtout celles des jarrets. Le reproche qui leur est adressé par ceux-là même qui font le plus de cas du demi-sang, c'est d'être *enlevés, hauts montés*, c'est-à-dire de manquer de *gros*, d'avoir un corps svelte sur des membres faibles, ce qui est sans doute justement attribué à l'abus de l'étalon de courses tel que nous l'avons décrit précédemment.

Mais au milieu de ces produits manqués, à divers degrés, dont la sorte choisie peut être surtout étudiée dans nos régiments de cavalerie, il existe une élite dont les caractères, en vérité, sont ceux du cheval anglais non entraîné. Il serait superflu de la décrire autrement. C'est sur cette élite qu'on s'appuie pour chanter la louange de la prétendue race de demi-sang. Je n'ai pas à mêler, pour mon compte, une note discordante au concert. Je soutiens seulement que, dans ce cas, la race est de sang tout entier, et j'ai la prétention de l'avoir prouvé, en faisant cependant la réserve de l'atavisme propre aux produits d'un croisement qui se combine avec le métissage, avant d'avoir atteint le nombre de générations au delà duquel la loi de réversion ne se fait plus sentir.

Pour avoir des chiffres précis sur les proportions dans lesquelles, en vertu de cette loi, le retour aux souches ascendantes se produit, ainsi que je l'avais maintes fois observé sur les chevaux anglo-normands de notre cavalerie de réserve et de ligne, j'ai voulu faire un petit travail statistique dans le régiment des dragons de l'Impératrice, en garnison à Paris. Les résultats de ce travail ont été communiqués à l'académie des sciences (1), en même temps que les portraits de *Château* (grav. 7), de *Croate* (grav. 8) et de *Chérubin* (grav. 9), reproduits ici. C'était une suite à mes recherches zoologiques sur la variabilité des métis.

Grâce au concours obligeant de M. Liautard, alors vé-

____

(1) Séance du 24 décembre 1866. — *Comptes rendus*, t. LXIII, p. 1113.

térinaire à ce régiment, j'ai pu examiner d'abord trente-trois jeunes chevaux récemment arrivés des dépôts de remonte de la Normandie. Sur ce nombre, sept présentaient les caractères typiques de la race danoise, comme *Croate* et *Château* ; dix-sept offraient ceux du cheval anglais, comme *Chérubin*, en général avec un peu moins de longueur de la face ; neuf étaient un mélange des uns et des autres de ces caractères, et comme des intermédiaires variés entre les deux types naturels ; c'est-à-dire que, fils de métis ou de métisse seulement, ils étaient en voie de retour ou d'arrivée vers l'un ou vers l'autre. Sur vingt-six chevaux d'escadron, pris sans choix, dans l'ordre où ils se trouvaient placés à l'écurie, nous en avons trouvé onze du type danois, sept du type anglais et huit intermédiaires.

La différence des nombres, dans les deux groupes, qui peuvent être pris sans chance d'erreur pour l'expression du fait général, s'explique facilement par les procédés de reproduction que nous allons voir.

Mode d'élevage. — Tels sont les caractères pour ainsi dire génériques de la population chevaline de la Normandie. Au point de vue zootechnique, cette population se divise naturellement en deux groupes, correspondant chacun à un centre particulier d'élevage et à des conditions hygiéniques différentes.

Le premier, qui comprend la plaine de Caen, embrasse les herbages plantureux du Calvados et de la Manche : c'est la basse Normandie. Il produit des chevaux en général d'une taille élevée et d'une assez forte corpulence, particulièrement propres à l'attelage, lorsqu'ils ont une bonne conformation. La tendance est d'y améliorer ce genre de production par tous les moyens dont l'administration dispose, courses au trot, primes de dressage, écoles de dressage, etc. Mieux vaudrait, assurément, que les éleveurs apprissent leur métier, de manière à produire en plus grand nombre les beaux et bons chevaux que les consommateurs ne demanderaient pas mieux que de leur acheter, au lieu de les aller chercher à plus grands frais en Angleterre.

Le second centre d'élevage est situé dans cette partie du département de l'Orne qui porte le nom de Merlerault. M. Ch. du Hays lui a consacré récemment un intéressant volume, où le pittoresque de la forme le dispute à l'abondance des renseignements utiles (1). C'est là, ainsi que le fait remarquer l'auteur, c'est dans les herbages du Merlerault, qu'ont été produits coup sur coup *Capucine*, *Palestro*, *l'Africain*, *Surprise*, *Vermouth*, *Bois-Roussel*, *Fille-de-l'air*, *Magenta*, *Éclipse*, *Bayadère*, tous vainqueurs dans les courses de ces dernières années.

« Le sol, dit-il (p. 5), dont quelques parcelles gagneraient à être débarrassées par le drainage d'une surabondante humidité, ainsi que l'ont démontré plusieurs essais heureux, offre dans toute son étendue une constante uniformité et présente partout un calcaire argileux, légèrement mélangé de cailloux dans la partie nord-ouest. Seule, une petite plaine, située entre le Merlerault et Nonant, et complétement enchâssée dans les herbages, réunit le sable à l'argile et au calcaire et doit à cette composition une fertilité remarquable.

« Les eaux sont belles et contiennent de notables quantités de chaux et de fer, circonstances auxquelles il faut attribuer la densité des os et des muscles des animaux

____

(1) *Le Merlerault, ses éleveurs, ses chevaux et le haras du Pin*, etc., par Charles du Hays. Paris, Librairie agricole, 1866.

élevés dans le Merlerault, la netteté de leurs membres, la
vigueur, la longévité et la distinction dont ils sont toujours doués.

« Les affections qui désolent certaines autres contrées
d'élevage, le cornage, la fluxion périodique, les engor-
gements des jambes, etc., y sont complétement inconnus.
Les seules maladies qu'on y rencontre se bornent presque
toutes à quelques affections du larynx. Certains pays, renommés par l'ampleur séduisante de leurs races chevalines, ont des herbes molles et abondantes, des pâturages
plantureux, qui portent à la lymphe et entretiennent le cheval dans un état de somnolence voisin de l'inertie. Il n'y est
besoin que de simples fossés, que de clôtures légères pour
retenir les animaux dans les enclos qui leur sont assignés.
Il n'en est pas de même dans le Merlerault. Le cheval,
constamment excité par les herbes et l'action des eaux
qui composent son alimentation, est porté aux courses
échevelées au milieu des prairies, et souvent les meilleures clôtures sont impuissantes contre ses désirs de
l'inconnu, contre ses besoins de se visiter d'un herbage à
l'autre.

« Ces herbes vives, énergiques et nutritives, ces eaux
saines et toniques, qui donnent aux os du volume et de la
densité, aux muscles de la force et de la résistance, poussent assez peu à la taille. Aussi le Merlerault ne fait-il pas
indistinctement des chevaux de tous les genres. Voulez-
vous y trouver, ajoute M. du Hays, quelque chose de parfait ? ne demandez au sol que ce qu'il peut produire. Mais
depuis le cheval de sang nerveux et compacte, depuis le
cheval de selle fort et distingué, depuis le hunter solide et
musculeux, jusqu'au cheval brillant de phaéton et au petit
carrossier, le Merlerault ne redoute aucune rivalité.

« Exiger plus de taille, c'est forcer la nature, et tous ceux qui, dans cette contrée, ont voulu sacrifier à la mode du grand carrossier ont échoué complétement. L'éleveur intelligent n'y conservait autrefois que les poulinières de l'un des trois modèles qui conviennent à son sol, et il ne choisissait parmi les étalons que ceux appartenant à ces catégories. Trop souvent, de nos jours, on est sorti de cette sage réserve, et c'est à ces imprudences qu'il faut attribuer une bonne part des déceptions du Merlerault. Quelques éleveurs reviennent, il est vrai, en ce moment aux bonnes traditions; bientôt ils en recueilleront les fruits. »

Voilà de sages et judicieuses paroles. Nous les avons reproduites parce qu'elles font bien saisir la situation de la production chevaline dans le Merlerault, en même temps qu'elles éclairent sur les ressources de cette partie de la Normandie, qu'il est très-important de distinguer de l'autre, mentionnée d'abord. Appliquer en effet les mêmes procédés zootechniques dans les deux situations si essentiellement différentes, comme on l'a si souvent préconisé, c'est méconnaître les principes fondamentaux de la science. Par là s'expliquent les trop nombreux mécomptes des éleveurs normands, entraînés au courant d'une direction systématique, inspirée toujours par sa doctrine absolue.

Il n'est plus possible de songer à produire, dans les herbages de la Normandie, autre chose que des métis anglo-normands; mais toute l'affaire consiste à déterminer, pour chaque cas particulier, le degré de ces métis. C'est donc à étudier les principes généraux, les méthodes de croisement et de métissage, qu'il faut s'appliquer; car la mise en pratique de ces méthodes, surtout dans la reproduction de l'espèce chevaline, est ce qu'il y a de plus difficile en zootechnie.

Ce n'est certes point l'avis des amateurs d'hippologie qui les préconisent systématiquement. S'il s'agit de faire des phrases, assurément cela ne présente aucune difficulté; mais ceux qui ont mis la main à l'œuvre ou qui ont étudié sérieusement les questions zootechniques, savent par expérience combien il y a loin de la coupe aux lèvres. L'observation des faits, en Normandie, montre que les procédés doivent varier comme les localités, ainsi que nous le faisions dire tout à l'heure à M. Ch. du Hays, qui le répète après plusieurs autres hippologues des plus autorisés, parmi lesquels il faut citer en première ligne M. Gayot et M. le comte d'Osseville. On peut être d'un avis différent du leur, sur la signification qu'ils donnent aux produits du croisement anglais en Normandie; et l'on sait que cette signification n'est pas conforme à la science; mais on est obligé de reconnaître que les procédés préconisés par eux sont irréprochables au point de vue de la saine pratique.

Les éleveurs normands, en effet, n'ont plus le choix entre ces procédés et celui de la sélection absolue, qui leur a été également recommandé, en thèse générale, par des hippologues non moins systématiques, dont la doctrine consiste à ne considérer partout et quand même que ce procédé comme bon et utile. Evidemment, il n'est praticable que là où il existe une race locale dont les qualités correspondent aux besoins de la situation. Est-ce le cas de la race dite normande décrite en commençant, encore bien que les croisements auxquels elle a été soumise depuis si longtemps ne rendraient pas impossible sa restauration ?

Il ne sera point nécessaire d'insister, pour prouver

que cette restauration n'est à aucun titre désirable. La
population chevaline de la Normandie, du reste, est en
état de variabilité désordonnée, comme toute population métisse. La sélection absolue ne lui est aucunement
applicable. Sous ce nom, c'est du métissage que l'on ferait, avec tous ses hasards et ses éventualités; et c'est
aussi ce qui est le plus ordinairement pratiqué, puisque
les étalons les plus employés sont des sujets anglo-normands, dits de demi-sang, pour le maintien et la propaga-
tion desquels une société s'est dernièrement organisée,
sous le nom de Société hippique française.

Les mérites de la prétendue race de demi-sang ne se
peuvent maintenir, qu'à la condition de fréquents croisements de retour avec l'étalon anglais bien choisi. Après
quelques générations de métissage, les produits reviennent,
dans une certaine mesure, ainsi que nous l'avons vu plus
haut, aux formes vicieuses de l'ancienne race, ou bien ils
arrivent au type anglais, ou, comme le dit M. Gayot, trop
près du sang, c'est-à-dire qu'ils s'affinent et manquent de
gros. Dans l'un ou l'autre de ces cas, il y a lieu de se livrer à une sélection relative, dans un nouveau croisement,
que l'habile hippologue appelle croisement alternatif.

Sans discuter la valeur du terme, nous devons constater
seulement que le fait est exact et qu'il suffit à lui seul pour
démontrer l'erreur dans laquelle on tombe, lorsqu'on considère comme formant une race des individus qui présentent de tels attributs.

La vérité des choses autant que l'intérêt des éleveurs
exige que les chevaux normands soient pris pour ce qu'ils
sont, pour des métis dont les mérites ne peuvent être con-
testés, à la condition qu'ils soient réussis. Les procédés
compliqués de production à l'aide desquels le résultat

peut être obtenu, nécessitent une attention soutenue et une grande habileté de métier. Voilà ce dont il importe surtout de se bien pénétrer. Produire des métis est un art dans lequel on ne s'improvise pas. Il faut au préalable s'être imbu des principes généraux de la zootechnic. Cela est plus que partout ailleurs indispensable lorsque, comme dans le cas particulier, il s'agit de combiner l'emploi successif ou simultané des méthodes de croisement, de métissage, de sélection relative et de gymnastique fonctionnelle.

La production des bons chevaux, en Normandie, comporte en réalité la mise en œuvre de procédés empruntés à toutes ces méthodes : la sélection relative, en vue du type de conformation à reproduire, qui est, dans le Calvados et la Manche, celui du cheval d'attelage solide et corsé, dans le Merlerault, celui si bien indiqué tout à l'heure par M. du Hays; le croisement, parce que l'un et l'autre types sont empruntés d'abord à la race anglaise fournissant les étalons, auxquels il y a lieu de revenir de temps en temps; le métissage, parce que les métis représentant le type cherché peuvent se reproduire entre eux tant que ce type se maintient intact; enfin, la gymnastique fonctionnelle, pour ce motif que, dans tous les cas, elle donne le moyen certain d'améliorer à la fois la constitution et les aptitudes des individus, par conséquent leur valeur commerciale.

C'est par ce dernier point, assurément, que l'élevage normand laisse le plus à désirer. Les chevaux, en Normandie, sont en général élevés entièrement à l'herbage. C'est à peine si quelques éleveurs soigneux, durant les hivers rigoureux, donnent aux juments et aux poulains des rations de fourrage, à moins qu'il s'agisse de sujets d'élite, promettant de devenir des étalons; auquel cas ils sont de bonne heure mis à l'écurie et élevés à la manière anglaise.

Dans le Merlerault, l'avoine entre plus souvent dans la nourriture des chevaux. Ceux du Calvados et de la Manche, en sortant de l'herbage, vont dans la plaine de Caen, où ils pâturent au piquet les sainfoins cultivés en abondance. A quatre ans, ils sont engraissés avec des farineux, pour être mis en vente, sans avoir été soumis à aucun dressage, à aucun exercice méthodique, du moins pour le plus grand nombre. Les pouliches, elles, ont le plus habituellement fait un poulain avant d'être vendues à cet âge, car elles sont en général saillies de deux ans et demi à trois ans.

Ce sont les deux vices fondamentaux, répétons-le, de l'élevage normand. Tant qu'il n'y aura pas été remédié, on pourra faire de beaux chevaux, on n'en fera pas des bons, qui soient recherchés par le commerce. Ce qu'il faut aux consommateurs, ce sont des sujets qui puissent être mis en service tout de suite, sauf à ménager leurs forces. On l'a bien senti lorsqu'on a pris le parti d'instituer des écoles et des primes de dressage; mais, quelle que puisse être l'utilité de ces institutions, elles seront nécessairement toujours insuffisantes. C'est dans la ferme même de l'éleveur, qu'il serait désirable de voir introduire l'habitude de soumettre de bonne heure les élèves aux exercices de la gymnastique fonctionnelle, en tirant même un bénéfice direct de leur travail. Les bons chevaux ne se font pas seulement avec des poulinières, des étalons, des herbes et de l'eau. Ces divers éléments fournissent le moule et la matière première. L'intervention active et intelligente de l'artiste est indispensable pour fabriquer l'objet et le façonner à l'usage qu'il doit remplir. L'entraînement du cheval de course fournit le type de cette intervention. Il faut se reporter à ce que nous en avons dit. Et d'ailleurs, nous y reviendrons.

Bidets normands. — Pour compléter ce qui concerne les chevaux de la Normandie, il nous reste à signaler une excellente race propre au pays, dont la conservation est nécessaire, bien qu'elle soit peu nombreuse. Cette race se rencontre surtout dans l'arrondissement de Cherbourg. Les sujets qui la composent, connus sous le nom de bidets d'allure, parce qu'ils marchent au pas relevé, ont une constitution véritablement athlétique et une grande vigueur de résistance. Les juments sont encore appelées *cauchoises*. Ce sont elles qui portent au marché les belles fermières du pays de Caux. Avant les chemins de fer et la généralisation de l'usage du tilbury, les herbagers normands entreprenaient, montés sur leurs bidets, des voyages de plusieurs journées, pour aller acheter à de grandes distances les bœufs qu'ils destinaient à l'engraissement.

La race dont il s'agit, soigneusement entretenue à cause de ses qualités particulières d'allure, a échappé jusqu'à présent au croisement. Elle est reconnaissable à première vue par l'aspect de la forte corpulence de ses sujets, qui n'exclut pas une certaine élégance. L'usage fait écourter la queue de ceux-ci, qui conserve deux fortes mèches latérales de crins étalés en panache, lorsque l'animal est en action, la tête basse le plus souvent, et semblant toujours, dans son pas rapide, prêt à tomber en buttant sur le sol, bien que ses membres soient d'une solidité à toute épreuve. Plus d'un peintre a eu l'idée de représenter fa fermière normande, assise sur sa *bidette* et tricotant tranquillement, lorsque celle-ci, la bride sur le çou, l'emporte en la berçant au train accéléré de son pas relevé.

La perpétuation de l'allure propre aux familles de chevaux dont nous parlons, allure évidemment artificielle, est un remarquable exemple de l'hérédité des aptitudes acquises.

Chevaux des landes de Bretagne. — La vieille terre de Bretagne possède de temps immémorial une population d'une rusticité, d'une sobriété et d'une vigueur à toute épreuve, d'un aspect sauvage comme ses landes et ses halliers, qui se rattache en toute évidence au type arabe (grav. 5, p. 70).

Faire ici l'histoire de l'origine orientale du cheval breton des Landes, nous entraînerait trop loin. Le fait, d'ailleurs, n'étant pas contesté, toute dépense d'érudition pourrait être à bon droit considérée comme superflue. Il suffit de considérer d'un œil compétent la tête des petits chevaux de la Cornouaille, pour demeurer convaincu que l'assertion n'a pas besoin d'autre démonstration. Produits d'une nature agreste, ils ont au repos, lorsqu'ils sont purs de toute intervention étrangère, un aspect misérable. Soumis aux dures alternatives de la disette, les formes de leur corps manquent d'harmonie ; mais faut-il fournir une de ces courses auxquelles se défient, lors du Pardon, les gars en sabots qui les montent sans selle ni bride, on voit bientôt au feu de leur regard et à la rapidité de leurs membres de fer, que sous cette chétive apparence il y a chez le cheval breton quelque chose de l'énergie indomptable qui caractérise son rustique cavalier. Elle est du reste puisée à la même source.

Mode d'élevage. — Le cheval armoricain est de petite taille, et on le lui a reproché. Du reproche aux tentatives pour faire disparaître son motif, il n'y avait qu'un pas. On l'a franchi par les moyens qui ont paru les plus faciles et les plus prompts. En Bretagne, pas plus qu'ailleurs, l'espèce chevaline ne pouvait échapper à l'influence du système. C'est ainsi que les produits de croisement se sont multipliés et forment aujourd'hui la plus forte partie de la population. Seuls, les chevaux élevés dans la lande et en pleine liberté, produits à la grâce de Dieu, sous l'œil indifférent ou routinier du paysan attaché à ses vieilles traditions, ont conservé leur pureté native, leurs qualités et leurs défauts naturels, — leurs qualités surtout. Ailleurs, sur les collines des environs de Carhaix, de Loudéac, dans ce pays de Cornouaille qui est le plus grand centre de production chevaline et qui fournit les sujets les plus distingués, la doctrine de l'amélioration de la race en élevant sa taille par le croisement a prévalu. On ne s'est disputé que sur la question de savoir à qui donner la préférence, de l'étalon anglais, arabe ou anglo-arabe. Plus ou moins, les trois l'ont obtenue alternativement, mais l'arabe moins que l'anglais. L'administration des haras a un dépôt à Lamballe. Ce dépôt a fait son œuvre.

Si bien qu'il ne faut plus guère parler maintenant de la rusticité, de la sobriété, de la résistance des chevaux fins de la Bretagne, sans distinguer avec grand soin. Comme apparence, les ficelles dominent (parlant le langage du métier), nous voulons dire les individus à encolure légère, à croupe mince, à poitrine aplatie, haut montés sur des membres grêles et sans solidité, vigoureux en apparence et surtout très-irritables, mais incapables de résister à la fatigue ni aux moindres privations. C'est à quoi l'on aurait pu s'attendre en opérant des mariages autant disproportionnés par les mœurs que par les qualités physiques, en

tre les juments bretonnes et l'étalon anglais, quel qu'il
fût. Les rares bons sujets de taille moyenne qu'on rencontre sont le produit d'étalons arabes.

Il se trouve par là que les éleveurs qui ont voulu faire
du progrès ont contrevenu aux lois fondamentales de la
zootechnie. Je ne suis pas bien sûr qu'ils n'y aient point
été excités par la satisfaction de leur intérêt du moment.
Peut-être que le débouché offert à leurs produits par
l'établissement de remonte voisin, à la condition qu'ils
présentassent aux officiers acheteurs des chevaux ayant la
taille réglementaire, assuraient-ils des prix de vente plus
élevés. Or, s'il en est ainsi, et cela semble excessivement
probable, sinon tout à fait certain, la faute ne devrait
point leur être imputée. Rien de plus naturel, pour un
éleveur, que d'aller où le bénéfice l'appelle. Mais comment comprendre qu'une administration fasse ainsi des
sacrifices d'argent pour encourager la production des
chevaux bretons de taille au-dessus de la moyenne
du pays, lorsqu'on voit dans les statistiques qu'elle fait
elle-même dresser la mortalité de ces chevaux, à son service, atteindre les plus hauts chiffres de toute l'armée,
avant d'avoir dépassé l'âge de six ans? Qu'on ouvre le
premier volume venu du *Recueil* de la commission d'hygiène hippique, qui contient ces statistiques ; on y con-
statera que pour les armes de la cavalerie de ligne et de
la cavalerie de réserve, les chiffres qui concernent les
provenances des dépôts de Guingamp et de Morlaix dépassent dans une effrayante proportion tous les autres
comme mortalité générale, bien que ces provenances ne
soient point, à beaucoup près, celles qui fournissent le
plus aux effectifs.

Mais tel est le système : du moment que les dépôts

d'étalons poussent à la production, il faut bien que les dépôts de remonte, de leur côté, poussent à la consommation ; et ici l'on peut dire que jamais l'expression n'a été employée dans un sens plus exact.

Nous avons raisonné tout à l'heure dans l'hypothèse où tous les produits croisés des éleveurs bretons seraient achetés pour l'armée. Si peu difficiles que se montrent les commissions d'achat, il faut bien admettre, cependant, que quelques-uns leur restent pour compte. A quoi peuvent-ils être bons? Il est permis de le demander. Finalement, l'opération reste médiocre. Ce qui, en fait d'économie du bétail, est contraire aux principes fondamentaux de la zootechnie, ne se justifie en réalité jamais. « En somme, disais-je il y a quelques années (1), les parties centrales de la Bretagne sont des localités essentiellement propres à la production et à l'élevage lucratif des chevaux de selle. La nature du sol et l'état de la culture leur communiquent une constitution solide, nerveuse, fine, une sobriété et une rusticité qui les rendraient précieux, sous l'influence d'un système de multiplication et d'élevage bien entendu. Ce pays peut être considéré comme l'un des bons centres de production de l'espèce chevaline légère, qui y a compté de tout temps de nombreux et remarquables représentants. »

Pour réaliser ce système bien entendu de multiplication et d'élevage dont je parlais alors, ce n'est point au croisement qu'il faut demander les moyens d'améliorer la conformation des sujets de la race locale et d'élever leur taille sans troubler l'harmonie de cette conformation. La race doit être respectée dans sa pureté et améliorée seu-

____

(1) *Livre de la ferme*, t. Ier, p. 510.

lement par une combinaison de la sélection absolue avec
la gymnastique fonctionnelle. Seules ces deux méthodes
zootechniques sont applicables dans le cas, ainsi que dans
beaucoup d'autres que nous verrons ; en respectant les
harmonies économiques qui dominent, comme cela a été
établi, toutes les entreprises du même genre, elles peuvent seules conduire l'excellent cheval des landes de Bretagne vers le type de la belle conformation du cheval de
selle, décrit précédemment et proposé comme l'idéal de
la perfection.

Chevaux de l'Anjou.—En suivant les circonscriptions
géographiques dans l'ordre adopté, nous rencontrons la
population chevaline de l'Anjou, dont il ne peut être
parlé que pour mémoire. Là, tout a été importé récemment, les mères et les étalons, pour y fabriquer des métis
dont une partie sont exportés à l'état de poulains dans les
herbages de la Normandie, tandis que les autres, élevés
où ils sont nés, alimentent le dépôt de remonte d'Angers.

Les métis dont il s'agit, issus pour la plupart d'étalons
anglo-normands assez rapprochés du type anglais, sont en
général bons lorsqu'ils résultent d'une sélection relative
bien exercée, pourvu que le type anglais ne porte point
son influence au delà du premier degré de métissage.

Il s'agit, en définitive, d'une fabrication industrielle de
produits, qui rentre dans l'application générale des méthodes connues. Nous n'avons donc pas à nous y arrêter davantage, du moment qu'il n'est point question d'un type
local à décrire. Les éleveurs angevins ont de la nourriture, de l'argent pour acheter des poulinières, et des étalons de l'administration à leur disposition. Ils sont libres
dans leurs choix et le champ des méthodes zootechniques
leur est ouvert. Il doit suffire de les y renvoyer.

Chevaux du Centre-Ouest. — Sur le littoral, entre l'embouchure de la Loire et celle de la Gironde, il existait jadis de vastes étendues de marais, pour la plupart fort insalubres, qui sont aujourd'hui en grande partie desséchés et transformés en prairies consacrées à l'élevage du cheval. Le sol de ces prairies, constitué par des dépôts marins où domine une argile siliceuse et ferrugineuse, continue néanmoins d'être appelé, par les habitants du pays, *le Marais*. En Vendée, c'est le marais de Saint-Gervais ; dans la Charente-Inférieure, c'est le marais de Saint-Louis, qui avoisine Rochefort. Ce dernier produit des herbes fines et aromatiques qui, fauchées et desséchées, donnent un foin estimé. Le mode de dessèchement auquel il a été soumis est remarquable en ce que, divisé en pièces carrées de plusieurs hectares d'étendue, nommées *prises*, le sol y forme une sorte d'échiquier parcouru par de larges fossés, aboutissant à un canal central, dont les eaux se déversent dans la Charente. La terre des fossés et des canaux a été déposée sur les bords en jetées élevées, où pousse la moutarde, et qui entourent la prise de marais de quelque chose qui ressemble à une fortification.

Dans ces marais, avant leur dessèchement, il n'y avait point de bétail. L'insalubrité y faisait un vide naturel. Une population hâve et tremblant la fièvre, dont on retrouve encore çà et là quelques échantillons, dans les environs de Marennes, notamment, y traînait seule son existence misérable. C'est dire assez que l'espèce chevaline n'y compte point de race locale. Des juments à la forte corpulence, à la tête longue et étroite, aux membres volumineux et chargés de crins, que nous décrirons plus loin en nous occupant particulièrement des chevaux communs, y ont été introduites à la suite des dessécheurs ; puis l'administration des haras est venue, fidèle à son système de tous les temps, pour y stimuler la production des chevaux propres à remonter la cavalerie. Le haras de Saint-Maixent, les dépôts d'étalons de Fontenay et de Saintes, ont rendu nécessaires les dépôts de remonte de Saint-Maixent, de Saint-Jean-d'Angély et de Fontenay, ces deux derniers d'abord simples succursales du premier, supprimé ensuite, ainsi que le haras.

Il est à peine besoin d'ajouter, ces renseignements étant donnés, que la population chevaline des marais de Saint-Gervais et de Saint-Louis, de même que celle des parties intérieures des circonscriptions d'achat des dépôts de remonte, dans les Deux-Sèvres, la Charente-Inférieure et la Charente, n'est composée que de métis anglais à divers degrés, mâtinés en sus de normand, car les étalons employés le plus souvent ont été des demi-sang, comme disent messieurs des haras, ou des anglo-normands carrossiers. Il s'agissait, vu les ressources alimentaires du pays, de créer des chevaux pour la grosse cavalerie. Il en est résulté une population hétérogène et hétéroclite, forte de corps, haute de taille, grêle de membres et supportée par de larges pieds, livrée à la remonte à l'état brut et sauvage, pour payer en s'acclimatant à la vie militaire un large tribut à la maladie, dont les statistiques du ministère de la guerre font foi. Ceux qui en réchappent deviennent à la longue, lorsque l'avoine les a consolidés, de bons chevaux ; mais combien ont-ils coûté ! Je me rappelle, pour mon compte, un temps où le dépôt de Saint-Jean-d'Angély livrait à la réforme et à l'équarrisseur plus de sujets qu'il n'en envoyait dans les régiments, pour n'avoir pas compris les soins particuliers exigés par le tempérament peu robuste des chevaux qu'il achetait dans les prises du marais de Saint-Louis.

Quelques éleveurs intelligents de ce marais, instruits par l'expérience, se sont enfin décidés à suivre une autre voie que celle qui leur était indiquée par l'administration des haras. Ils ont mieux choisi leurs étalons, en évitant de conduire leurs juments à ceux qui étaient de trop haute taille, et ils ont joint aux herbes rares ou trop humides dans la saison d'hiver, des rations de fourrage sec et même d'avoine mises à la disposition des poulains sous des abris installés dans la prairie. Par une sélection relative, ils ont réussi à constituer des familles d'où sortent maintenant assez souvent des sujets distingués, près de terre, bien proportionnés et se rapprochant du type anglais de service.

Mode d'élevage. — Par une combinaison judicieuse des méthodes zootechniques qui doivent présider partout à la fabrication des métis, on ferait là comme ailleurs, et plus qu'ailleurs même, de bons chevaux. Ce qui manque le plus, c'est le souci de la gymnastique fonctionnelle, qui ne saurait être remplacé par la création officielle des écoles de dressage, dont l'institution a eu plus en vue, il faut le répéter en cette occasion, l'apprentissage du cheval que le développement de ses aptitudes et des formes que leur exercice entraîne. L'influence zootechnique du dressage n'a pas été comprise, et c'est pour cela qu'elle est appliquée tardivement, alors qu'elle ne peut plus guère avoir d'effet, autrement que pour tirer un meilleur parti commercial de l'individu tel qu'un élevage vicieux et par trop naturel l'a fait.

Les anciens marais desséchés du Centre-Ouest ne devraient nourrir que des poulinières et des poulains âgés de moins de deux ans. Passé cet âge, les poulains s'en iraient dans les mains d'autres éleveurs qui, en leur donnant à l'écurie une bonne nourriture et des soins intelligents, achèveraient leur éducation en tirant parti méthodiquement de leur force naissante. La constitution économique du pays se prêterait admirablement à cette combinaison d'un élevage bien entendu. La propriété y est divisée et les propriétaires aisés y abondent. Les poulains seraient pour leurs jeunes fils des montures agréables et même luxueuses, pour les petites courses auxquelles les plaisirs de leur âge les convient et pour leurs récréations. Plus tard, ils y trouveraient eux-mêmes le cheval de tilbury qui les conduirait à la foire ou à la ville voisine; et l'âge venu, ils pourraient livrer au commerce ou à la remonte un jeune cheval qui, après avoir rendu des services, ferait entrer dans leur bourse un bénéfice en rapport avec les soins attentifs dont ils auraient entouré son éducation.

Cette pratique, quelques-uns la suivent depuis longtemps, sans avoir conscience toutefois de ses avantages pour l'amélioration des chevaux dont nous nous occupons. Les officiers de la remonte, qui sont les principaux acheteurs du pays, ne l'encouragent point, il est vrai. Ils préfèrent avoir directement affaire avec les éleveurs des marais, sauf à n'acheter que des chevaux bruts, à l'aspect et au caractère sauvage, n'ayant jamais connu ni la brosse ni l'étrille, ni la forge du maréchal, qui vont ensuite dans les régiments se faire décimer par les affections typhoïdes, et tout au moins n'y être propres à aucun service actif avant une couple d'années de séjour.

Mais si les propriétaires poitevins et charentais, tous plus ou moins commerçants de leurs denrées, bestiaux ou eaux-de-vie, et qui ont pour ce motif besoin de chevaux de selle ou de tilbury, comprenaient bien leur intérêt, ils demanderaient des poulains aux éleveurs des marais, qui rentreraient ainsi dans la véritable et seule réellement lucrative spécialité de leur industrie. Les risques, par là, se diviseraient, et les bénéfices des deux côtés par conséquent, en même temps que la population chevaline s'améliorerait, pourvu que les opérations de son élevage fussent conduites de part et d'autre en appliquant judicieusement les méthodes zootechniques.

Chevaux lorrains et alsaciens. — Remontons vers le nord-est de la France, pour regagner par là le Centre, en passant par les populations chevalines que nous rencontrerons sur notre route, avant d'arriver aux quelques races d'antique réputation dont notre pays conserve encore le souvenir.

Les prairies des bords de la Moselle, qui fournissent un foin renommé, nourrissent des chevaux dont la doctrine du croisement a bien terni la célébrité locale, mais qui cependant méritent encore une mention, malgré cela. Les petites bêtes lorraines ne le cédaient jadis à aucune pour leur courage inépuisable, leur résistance à la fatigue et surtout leur longévité. De formes très-irrégulières, à la croupe avalée et aux jarrets crochus, l'absence de toute élégance était rachetée chez les chevaux de l'ancienne province de Lorraine par des qualités de fond fort appréciées lorsque, attelés jusqu'à quatre de front à la charrue, ils en défrichaient le sol si compacte. A l'heure qu'il est, la race en est à peu près perdue. C'est à peine si l'on en rencontre encore quelques rares débris, chez les plus pauvres paysans du pays. Il a fallu, là comme ailleurs, subir la loi du système qui englobe la France dans l'idée unique

et dominante de ramener l'espèce chevaline au type prétendu nécessaire à la défense nationale. L'Etat s'y est
abattu, armé de ses deux institutions. Le moyen de résister à son entraînement irrésistible?

Le résultat a été fatal à l'ancienne population chevaline ; mais il n'en subsiste pas moins, dans la circonscription des prairies de la Moselle, quelques éleveurs
enamourés de ce qu'ils appellent le sang anglais, qui se
félicitent et se flattent des bénéfices produits par l'élevage
des métis. Grand bien leur fasse ! Toutefois, nous serions
bien aise de compter quelque peu avec eux, et de savoir
aussi ce qu'il adviendrait de leur industrie, si l'État, peu
difficile sur la qualité, parce que ses agents n'ont point à
juger directement des services que l'on obtient des chevaux qu'ils achètent, venait un jour, ainsi qu'il faut bien
l'espérer, à fermer tout à coup le débouché qu'il leur
ouvre. Le commerce, un peu plus méticuleux — pour
cause — laisserait assurément pour compte à chacun
d'eux ses produits.

Il convient d'établir une distinction entre la généralité
des produits de la Moselle, résultant d'accouplements disproportionnés avec l'étalon anglais, hauts sur jambes,
minces de corps et peu résistants pour ce double motif,
et quelques sujets laissés par des étalons provenant du
haras grand-ducal de Deux-Ponts. Ces derniers, près de
terre et trapus, avec une certaine distinction de formes,
dans le train antérieur surtout, qui rappelle à quelques
égards le type arabe, ont du moins certaines qualités de
résistance. Mais pour se faire une idée de leur proportion
dans le chiffre de la population, il suffit de se renseigner
à la source déjà indiquée et qui est précieuse pour cela.
Dans les statistiques de mortalité de la cavalerie, les pro-

venances du dépôt de remonte de Sampigny, que les métis lorrains alimentent, occupent un des derniers rangs.

C'est que, là comme partout, on s'est figuré qu'il suffisait, pour améliorer la population chevaline, d'introduire des étalons ayant de la taille et des formes élégantes, voire même ce que les amateurs appellent du sang. On y a poursuivi, selon le système, la recherche de l'absolu. On y a implanté l'anglais, sans le faire suivre des méthodes qui assurent le maintien de ses qualités, et sans lesquelles les aptitudes qu'il transmet à sa descendance sont un présent funeste. Mieux eût valu sans doute s'abstenir et demander à la seule sélection le développement régulier des mérites natifs de la race locale, en améliorant ses conditions de production ; mais puisque le mal est fait, le seul moyen d'y remédier est de soumettre les métis aux procédés d'élevage indiqués déjà pour les groupes précédents et sur lesquels il n'est pas besoin de revenir.

Quant aux chevaux de l'Alsace, je ne saurais mieux faire que de reproduire textuellement ici l'article que je leur ai consacré dans une autre publication, il y a quelques années : « Il n'y a pas, en Alsace, ai-je dit, de race de chevaux. On a voulu, à toute force, établir dans les arrondissements de Wissembourg et de Strasbourg un centre de production. Sous l'empire de cette idée d'une économie politique étroite, que chaque contrée doit suffire à ses besoins, et en outre, en raison de cette autre conception malheureuse que le cheval de guerre doit être produit partout, au point de vue de la défense nationale, on en est venu à faire naître en Alsace des chevaux, dans un pays où tout est mieux disposé pour les cultures industrielles avantageuses que pour les cultures fourragères et les prairies. L'administration des haras a institué un dépôt d'étalons à Strasbourg, et sous l'influence de ressources fourragères misérables, à tel point que les magasins destinés à l'entretien des garnisons de cavalerie ne peuvent jamais s'approvisionner, même pour une faible partie, dans toute l'étendue de l'Alsace, on est arrivé à ce résultat de produire des poulains si généralement mauvais, qu'à peine si on en pourrait rencontrer un passable sur cent. Grêles, décousus, aux aplombs toujours vicieux et aux membres tarés de bonne heure, les produits croisés de l'Alsace, provenant de juments de hasard, témoignent d'une industrie déplorable, sans raison d'être sérieuse.

En présence de pareils résultats, les hommes spéciaux du pays discutent sur la question de savoir s'il ne vaudrait pas mieux produire des chevaux propres aux travaux agricoles, plutôt que des sujets pour la cavalerie, des chevaux de trait plutôt que des chevaux de selle. S'il était vrai que l'on dût absolument produire des chevaux en Alsace, peut-être serions-nous de ceux qui se prononcent pour le cheval de trait. Il nous paraît que le mieux serait de n'en pas produire du tout, et d'employer le peu de ressources fourragères dont les cultivateurs alsaciens peuvent disposer, au bon entretien des animaux nécessaires pour leurs travaux et achetés dans les pays mieux favorisés. Avec le prix si largement rémunérateur de leurs garances, de leurs houblons et de leurs tabacs, qu'ils achètent des chevaux ; ils y auront plus de bénéfice. Quant à la défense nationale, elle n'aura sans doute point à souffrir de l'absence du piètre concours qu'ils peuvent lui prêter (1). »

Qu'il nous soit permis d'ajouter, à cette occasion, qu'il serait bien temps, au reste, de ne se plus tant préoccu-

____

(1) *Livre de la ferme*, t. Ier, p. 511.

per de la défense d'une nation dont les chances d'être attaquée s'en vont grand train, en même temps qu'elle renonce de plus en plus, de son côté, à la politique de la guerre, pour adopter celle de la lutte industrielle et commerciale, substituant la richesse et la gloire réelle à la ruine des finances et à l'affaiblissement de sa virilité. Dût la guerre, d'ailleurs, être encore nécessaire, c'est bien assez que l'agriculture soit forcée de lui fournir ses hommes ; en bonne justice, c'est exiger trop de son patriotisme, que d'assurer à ses dépens la remonte de la cavalerie. Faisons des vœux pour qu'elle comprenne cela. Le jour où elle l'aura compris, elle aura, en même temps qu'à soi, rendu un service à l'État ; car de ce chef elle l'aura forcé de réduire sa dépense par la suppression de bon nombre de dépôts de remonte et de dépôts d'étalons. L'industrie chevaline ne s'exercera plus que dans les lieux où cette industrie est réellement profitable, et où elle le deviendra par là même bien davantage pour tout le monde.

Chevaux du Nivernais, de la Champagne et de la Bourgogne. — La précédente remarque s'applique de tout point aux provinces dont il s'agit ici, et qui n'y figurent pas pour un autre motif. La production des chevaux, dans ces provinces et quelques autres voisines, n'a pas d'autre raison que celle fournie par l'existence de dépôts de remonte ayant pour but de l'y encourager. Le cheval de selle est un produit patriotique, dit-on. Chacun veut être patriote à sa façon, sauf à faire pour cela de la mauvaise besogne.

Quant aux chevaux que font naître les éleveurs nivernais, passés maîtres comme éleveurs de bœufs, ainsi que nous le verrons, les Champenois et les Bourguignons, non moins habiles dans l'élevage des moutons, il s'en faut de beaucoup qu'ils puissent ajouter à leur gloire. Ces chevaux forment une population hétéroclite, sans caractères propres, tenant de toutes les races et n'appartenant à aucune, bons par occasion, médiocres ou mauvais habituellement; il suffit de les mentionner en faisant des vœux pour que l'espèce s'en perde.

Nous ne parlons, bien entendu, que des chevaux de selle, métis anglais. Il faut faire une exception pour les petits chevaux des montagnes du Morvan, aux jarrets d'acier, à l'aspect sauvage comme l'est celui des sites qu'ils habitent et dont la race est entretenue par les charbonniers. Ceux-là, fort heureusement, personne n'a songé à les améliorer. Inconnus en dehors de leurs montagnes, serviteurs précieux et justement estimés de leurs maîtres, ils ont échappé à la dégradation dont l'objet eût été de les ennoblir. Si quelqu'un songe jamais à les tirer de leur modeste condition, pour profiter des mérites qui les distinguent à un si haut degré, mérites de fond et non d'apparence, qu'il améliore leur conformation sans altérer leur type par un croisement avec aucune autre race. La toute-puissance de la gymnastique fonctionnelle et de la sélection absolue suffira seule à la tâche.

Et ceci nous est une transition pour passer aux races que nous allons maintenant rencontrer, en descendant vers le Midi. Pour être plus exact, il faut dire à la race, car les chevaux du plateau central et ceux des vallées pyrénéennes, les chevaux limousins, auvergnats, navarrins, que nous allons examiner, dérivent tous incontestablement du type arabe. L'histoire l'établit, et l'étude zoologique de la population maintenant si hétérogène qui habite ces régions le confirme de la manière la plus certaine. Nous savons, en effet, que c'est le propre du métissage de faire apparaître infailliblement, sur des sujets isolés, les divers types qui ont concouru à diverses époques à leur formation. La loi naturelle de la race ne perd jamais ses droits.

Cela va être constaté, en faisant l'étude zootechnique de chacun des groupes nommés, ne différant que par leurs caractères secondaires, accommodés à l'habitat.

Chevaux limousins. — En parlant de ce qu'on appelle la race limousine, les hippologues pouvaient donner carrière à leur fantaisie; et ils ne s'en sont pas fait faute. Insuffisamment informés sur la caractéristique ou la définition du terme, ils ont considéré comme disparue une race qui n'a fait que subir, dans ses formes secondaires, des modifications dont la valeur sera tout à l'heure appréciée. Ce nous est une bonne occasion pour mettre en pleine lumière, par des applications directes, les principes scientifiques que nous nous sommes efforcé de dégager.

Que les tentatives d'amélioration dont la population chevaline du Limousin a été l'objet, depuis une trentaine d'années, sous l'influence du haras de Pompadour, aient été poursuivies à l'aide du prétendu croisement avec des étalons arabes, anglo-arabes ou pur sang français, selon l'expression de leur auteur, ou enfin anglais de course, peu importe; dans tous ces cas, ce n'en est pas moins toujours le type de la race arabe qui s'est reproduit par lui-même, dans le sens exact que nous accordons à la qualification zoologique dont il s'agit. Les qualités zootechniques, dépendant des proportions du corps et de l'aptitude, ont varié comme l'observance du principe de la sélection relative; mais le type identique des reproducteurs ne s'en est pas moins perpétué.

Caractères. — Ce type physique, qui est celui de l'arabe

(grav. 5, p. 70), et qu'il serait superflu de décrire une fois
de plus, pour ce motif, persiste inaltéré chez tous les chevaux produits en Limousin, dans la Creuse et la Corrèze,
comme dans la Haute-Vienne. Nous le constatons encore
il y a quelques années, en visitant attentivement les écuries du dépôt de remonte de Guéret. C'est un des lieux
les plus favorables pour une telle étude. Là, elle peut être
basée sur la comparaison d'un grand nombre de sujets
réunis et provenant de toutes les parties de la circonscription du dépôt.

L'histoire, d'ailleurs, nous rend facilement compte du
fait. On sait qu'après leur défaite par Charles-Martel, les
Sarrasins abandonnèrent en Limousin leur nombreuse
cavalerie, composée évidemment de chevaux arabes. C'est
ainsi que la province s'en trouva peuplée.

Tous les chevaux s'y montrent avec la même physionomie; le crâne et la face ont les mêmes caractères; on ne
saurait les distinguer en ne considérant que leur tête. Les
nuances par lesquelles ils diffèrent n'ont rien à voir avec
la question du type; mais ces nuances, purement zootechniques, n'en sont pas moins capitales, surtout si l'on prend
pour terme de comparaison le souvenir qui nous est resté
des mérites natifs de l'ancien cheval limousin, descendant
direct des chevaux sarrasins, auquel la population actuelle
a succédé.

Ce cheval, de taille peu élevée, svelte dans ses formes,
avait un cachet de haute distinction, comme son aïeul
oriental, bien que l'aplomb de ses membres laissât souvent à désirer; mais il rachetait ce défaut de constitution
mécanique par une adresse, par une sûreté de pied à
toute épreuve, par une rusticité et une longévité peu
communes. C'était le cheval de selle le plus élégant et le

plus estimé de nos pères. Il avait les membres fins et nerveux, d'une solidité comparable à celle de l'acier, et avec
cela un courage et une énergie sur lesquels son cavalier
pouvait toujours compter. Il tirait tous ces mérites du sol
agreste aux herbes fines et aromatiques, qui le nour-
rissait.

Mode d'élevage.—Pour vouloir l'améliorer, on a détruit
ses principales qualités. C'est l'éternelle histoire du faux
système que nous combattons. On a cru, là comme partout, qu'il suffirait d'accoupler les juments limousines
avec des étalons doués des mérites de conformation que
l'on recherchait, pour que leurs produits répétassent fidè-
lement ces mérites. Des aptitudes résultant d'une longue
civilisation ont été tout à coup imposées à ces sauvages,
sans aucun souci des moyens de les exercer. Autant vaudrait transporter le pionnier anglais, habitué dès longtemps à sa forte ration de viande, dans les sierras de
l'Espagne, pour s'y contenter du sobre repas qui suffit au
contemplatif Castillan. Ses forces, à coup sûr, en seraient
énervées, et sa descendance, si elle ne périssait pas, ne
serait plus que l'ombre de lui-même.

C'est ce qui ne pouvait manquer d'arriver aux rejetons
de l'étalon anglais dans le Limousin. La disproportion,
d'abord, entre la taille et la corpulence du père et celles
des mères, a produit des individus mal fondus, aux formes souvent disparates, aux parties mal soudées ensemble,
aux longues jambes dont les articulations faibles, par défaut de matière première, ne peuvent résister à la fatigue
la moins prolongée. De ce défaut, les plus beaux en apparence et les plus harmonieux de formes, les plus énergiques de tempérament, ne sont point exempts.

Durant les trois années qu'a duré ma carrière militaire,

j'ai monté une jument limousine achetée par le dépôt de
Guéret, qui, dans trois régiments et quatre garnisons suc-
cessives, a fait l'admiration de tous les amateurs par son
élégance et sa distinction. Ceux qui ne me connaissaient
pas par mon nom, voulant me désigner, parlaient de ma
monture. Eh bien, cette magnifique bête, superbe à la
promenade, était parfaite pour l'équitation, car son caractère
irritable nécessitait, de la part du cavalier, une attention
de tous les instants, qu'il pouvait employer à lui faire
exécuter des airs de manége dont elle s'acquittait, du
reste, à son honneur ; mais elle n'arrivait jamais à l'étape,
dans nos changements de garnison, sans que la faiblesse
de ses articulations du boulet ne se trahît par une souffrance dont ses allures se ressentaient beaucoup.

Elle exigeait, de ce côté, les plus grands ménagements ;
et par là, aussi bien que par son caractère facile à s'ef-
frayer du moindre bruit, ou à s'impatienter sous la moindre attaque, elle eût fait un triste cheval de guerre, absolument impossible et en tout cas dangereux pour un
officier combattant. L'inexpérience équestre de mon successeur, à qui je la transmis en quittant l'armée, la rendit
bientôt impropre à tout service. J'appris, sans en être trop
surpris, qu'elle était devenue entre ses mains complétement indomptable. Il y avait, sans doute, entre mon
Adeline et son nouveau maître incompatibilité d'humeur :
il la faisait trop souffrir, en traitant sa noblesse sans
égards, comme il eût fait d'une grossière servante. Je dois
pourtant à la vérité de dire que nous deux, nous ne nous
étions jamais fâchés, bien qu'elle m'eût, un jour, parfaitement déposé sur le sable du champ de manœuvre de Ha-
guenau.

Puisque j'ai été amené à réveiller ces souvenirs du seul

objet qui m'ait laissé des regrets, en quittant un métier
pour lequel je n'avais point les qualités nécessaires, qu'il
me soit permis, pour sa décharge, de conter l'anecdote.
Elle se rapporte d'ailleurs à une thèse d'équitation, qui
n'est point tout à fait en dehors de notre sujet.

Que faire sur un terrain de manœuvre de cavalerie, entre
deux reprises, lorsqu'on est simple aide vétérinaire de
deuxième classe et sans fanatisme aucun pour le métier,
à moins que l'on ne cause ? et quoi de mieux, en pareille
occurrence, que de parler avec les gens de ce qui les occupe
et les intéresse le plus ? Je saisissais donc toutes les occasions de discuter, avec les officiers qui voulaient bien me
faire l'honneur de leur entretien, les thèses d'équitation
dont ils s'étaient imbus à l'École de Saumur. Ces thèses
ramenant toujours le cheval à une sorte de machine auto-
matique, n'obéissant à son cavalier que par suite des déplacements d'équilibre qu'il lui imprimerait, à l'aide d'im-
pulsions purement physiques, ne m'ont jamais paru conformes à l'observation; elles me semblent en outre bles-
santes pour la dignité du cheval, que l'on proclame du
reste, chez les écuyers militaires, une bête inepte, sans
initiative ni raisonnement. Je défendais en toute rencontre
le noble animal. C'était mon rôle, devant bien le connaître
sous tous ses aspects. Et je remarque, en passant, qu'on
l'ignore sur un point essentiel, si l'on ne sait le monter.

Donc, ce jour-là, nous discutions avec un jeune officier
fort distingué — et il l'a bien prouvé, car alors simple
sous-lieutenant récemment sorti de l'École de Saumur, il
est devenu en dix ans chef d'escadron, après avoir été ca-
pitaine-instructeur à cette École, puis capitaine-écuyer à
celle de Saint-Cyr — nous discutions sur le mode de production de ce mouvement gracieux des membres anté-

rieurs, qu'en terme de manége on appelle le passage. Mon interlocuteur me soutenait que ce mouvement était produit simplement par la contraction d'un des muscles qui unissent le bras au tronc, et qu'il suffisait, pour l'obtenir de tous les chevaux, sans aucune éducation préalable, de piquer avec l'éperon, en arrière du coude, la peau qui recouvre ce muscle.

Adeline exécutait parfaitement le passage, lorsque je le lui demandais dans la langue dont nous étions convenus tous les deux, et cela sans aucun secours de l'éperon, dont la noble bête connaissait à peine l'usage, brutal pour elle surtout. Dans l'ardeur de la discussion, et suivant une trop grande habitude de procéder par la preuve expérimentale, je voulus, sachant bien toutefois à quoi je m'exposais, convaincre sur-le-champ mon adversaire d'erreur. Après avoir fait exécuter à ma jument le passage par mes moyens habituels, je piquai de l'éperon, aussi légèrement que possible, l'endroit du fameux muscle. Il n'en fallut pas davantage pour l'exaspérer, et au lieu de faire du passage, elle se cabra de la belle façon, pour bondir. La connaissant, je n'essayai pas de lui résister, et l'abandonnant à sa colère, je me laissai glisser et choir sur le sable, où, naturellement, je ne me fis aucun mal en tombant.

Pouvais-je, en bonne conscience, garder rancune à ma jument? Je confesse même que je lui en ai demandé pardon, et j'ajouterai qu'elle me l'a accordé, car nous avons fait ensemble depuis, en bons amis, plus d'une bonne partie. Elle m'en aura bien voulu, sans doute, de n'avoir pas mieux, en la quittant, choisi mon successeur. Je n'ai point été consulté : voilà mon excuse. Quand on est militaire, il faut obéir ou commander. C'est pour cela que je ne le suis plus.

Revenons aux chevaux limousins. La bête dont nous venons de parler est la fidèle image des plus distingués. Elle avait été classée, par les acheteurs de Guéret, comme cheval d'officier et payée en conséquence. Sa taille était celle de la cavalerie de ligne, et ainsi que la plupart de ses pareils, elle péchait par la solidité des membres, défaut d'autant plus grave qu'il s'allie avec un tempérament plus nerveux et plus irritable. Dans les tailles moins élevées, on rencontre communément des sujets plus solides, mieux proportionnés, peuplant nos régiments de cavalerie légère.

C'est seulement à la production de ces chevaux qu'il faudrait s'appliquer en Limousin. Rien ne serait plus facile, quoi qu'on en ait dit, que de faire revivre les mérites de l'ancienne race, dont le type zoologique n'a nullement été altéré, ainsi que nous l'avons montré. Il suffirait, pour cela, d'éloigner de la reproduction l'étalon anglais, qui ne peut en aucun cas, et sous aucun rapport, s'appareiller avec les juments limousines.

Le seul procédé de reproduction que la zootechnie puisse avouer ici, c'est celui de la sélection absolue, que le mâle soit choisi dans la population du pays, ou qu'on le demande à la souche orientale. Se préoccuper d'élever la taille des produits par l'influence exclusive de la génération, en d'autres termes, faire saillir les poulinières du Limousin par des étalons plus grands qu'elles, est une faute que nous n'avons plus à démontrer, et sur laquelle il est encore temps de revenir, dans l'intérêt d'un centre important de production. La taille s'élèvera proportionnellement à l'ampleur que prendront les formes, à mesure que la nourriture d'hiver sera, par le progrès agricole, mieux assurée aux poulains ; et tout marchera ainsi sui-

vant les harmonies naturelles, qu'on ne saurait enfreindre
sans en être puni.

Chevaux de l'Auvergne. — En quoi diffèrent des limousins les chevaux auvergnats? En rien, quant au type, mais
seulement par de légères modifications, accommodées au
séjour alpestre. Ils ont moins d'élégance dans la physionomie; leur tête paraît plus forte, parce qu'ils sont plus
petits; leur croupe est plus courte, plus anguleuse et plus
basse; leurs membres postérieurs sont moins longs, ils
ont les jarrets crochus et ils sont clos, avec des pâturons
courts, ainsi que le veut la loi de similitude des angles du
squelette.

Cela ne constitue point des caractères de race ; mais
tout simplement des caractères de montagnard. Élevez le
cheval d'Auvergne dans la plaine, dès la seconde génération, sinon à la première, il ne restera plus rien de ces
défauts relatifs de conformation, qui sont, pour le cheval
ayant à descendre des pentes rapides, de véritables qualités. Où il marche d'un pied solide et sans faire un faux
pas, l'élégant animal aux aplombs irréprochables ne pourrait cheminer cinq minutes sans rouler au fond du ravin.
« En général, a dit M. Gayot de ce cheval d'Auvergne, les
formes très-accentuées et le caractère difficile; un peu de
l'entêtement proverbial de l'auvergnat. » En somme, ajou-
terons-nous, un excellent serviteur, plein d'énergie et de
vivacité, sobre, rustique et inusable.

Ce qu'il est advenu en Auvergne dans la population chevaline, à la suite des théories administratives, n'est que la
répétition de ce que nous venons de voir en Limousin, si
ce n'est pis. Le dépôt de remonte d'Aurillac double parfaitement celui de Guéret. Les chevaux y sont tout aussi
faibles, mais encore plus quinteux. J'en ai monté un jeune,

en 1854, à Châteauroux, qui, las sans doute de n'avoir pu se débarrasser de son cavalier, pour aller à son caprice, refusa décidément de marcher et répondit à mes attaques en prenant le parti de se renverser. Il faillit me tuer, mais j'en fus heureusement quitte pour des entorses et de fortes contusions.

C'est un des effets ordinaires de l'*amélioration* des chevaux fins, par le système de l'administration des haras. Avec l'énergie native de ces chevaux, les produits héritent d'une constitution physique insuffisante, dont ils souffrent; leurs membres longs, grêles et mal articulés, ne peuvent répondre aux mouvements que commande la volonté; le caractère s'aigrit et ils deviennent promptement vicieux.

Sont-ce là des qualités qui puissent les rendre propres à un bon service ?

En priant le lecteur de se reporter à ce qui vient d'être dit tout à l'heure des procédés d'amélioration à mettre en pratique pour les chevaux limousins, et qui sont de même applicables aux auvergnats, nous ajouterons seulement que ceux-ci, dans leur état actuel, sont inférieurs sous tous les rapports aux premiers. M. Richard (du Cantal) déplore depuis longtemps, avec juste raison, les résultats pernicieux produits par les étalons anglais dans son pays. Son tort est peut-être d'avoir fait de ses justes griefs une thèse générale, en exagérant sans doute les mérites propres du cheval auvergnat. Mais quiconque étudiera sur place la question, d'un œil compétent, ne saurait manquer d'être de son avis.

Chevaux des Landes, de l'Aude et de la Camargue. — Nous réunissons ici les populations chevalines de ces trois localités, parce qu'en vérité il faudrait trop se répéter, si nous les considérions successivement. Non-seulement elles procèdent toutes du même type berbère (grav. 10) qui sera décrit plus loin (p. 139), et de l'arabe déjà connu (grav. 5, p. 70), mais la presque idendité des conditions de leur vie fait qu'elles diffèrent en réalité très-peu, par leurs caractères secondaires.

De taille plus petite encore que les limousins et les auvergnats, et de formes plus irrégulières, les chevaux dont il s'agit ont la même énergie, avec l'indépendance sauvage en plus. Ils habitent tous des pays voisins de la mer et plus ou moins incultes. Dans les landes de Gascogne, comme dans le delta du Rhône, les habitudes pastorales ont conservé l'usage des *ferrades*, ou courses pour marquer les taureaux, dans lesquelles les gardiens des troupeaux pratiquent une équitation instinctive où ils déploient autant d'audace que leurs chevaux dépensent de vigueur et d'adresse. Dans ces courses aussi, ces derniers font les preuves à la suite desquelles le plus digne est choisi comme étalon ou *grignon* de *manade*. On appelle ainsi, dans la Camargue et dans l'Aude, le troupeau de chevaux qui forme un véritable haras sauvage.

Caractères. — Je reproduis une description, donnée par M. Gayot, du cheval camargue. Elle convient à tous ceux dont il s'agit en ce moment, et je ne saurais la faire plus exacte et plus brève.

« Il est petit, sa taille varie peu et mesure de 1 m. 32 à 1 m. 34; rarement il grandit assez pour atteindre à l'arme de la cavalerie légère; il a toujours la robe gris blanc. Quoique grosse et parfois busquée, sa tête est généralement carrée et bien attachée; les oreilles sont courtes et écartées; l'œil est vif, à fleur de tête; l'encolure droite, grêle, parfois renversée; l'épaule est droite et courte, mais le garrot ne manque pas d'élévation; le

dos est saillant; le rein est large, mais long et mal attaché; la croupe est courte, avalée, souvent tranchante
comme chez le mulet; les cuisses sont maigres; les jarrets
sont étroits et clos, mais épais et forts; les extrémités
sont sèches, mais trop minces; l'articulation du genou est
faible et le tendon failli; les pâturons sont courts; le pied
est très-sûr et de bonne nature, mais large et quelquefois un peu plat. Le cheval camargue est agile, sobre, vif,
courageux, capable de résister aux longues abstinences
comme aux intempéries. Il se reproduit toujours le même
depuis des siècles, malgré l'état de détresse dans lequel
le retiennent l'oubli et l'incurie (1). »

S'il en est ainsi — et cela n'est point douteux — conçoit-on qu'on ait pu songer à chercher, en dehors d'eux-
mêmes, les moyens d'améliorer de tels chevaux, dont on
peut dire justement, considérés sur les bords de l'Océan
comme sur ceux de la Méditerranée, qu'ils sont agiles,
sobres, vifs, courageux et capables de résister aux longues abstinences comme aux intempéries! N'est-ce donc
point assez?

Mode d'élevage. — Ah! c'est qu'ils ne sont point beaux,
de la beauté plastique, et qu'ils n'ont que rarement assez
grandi « pour atteindre à l'arme de la cavalerie légère ».
Eh bien, admettons que ce soit un tort; qu'il ne faille pas
plus longtemps les priver de l'honneur de mener la vie
de garnison, au demeurant peu pénible pour un cheval,
même de cavalerie légère, quoique son flanc soit battu
par la sabretache, en outre du fourreau de sabre; admettons cela, et qu'il y ait lieu de les faire atteindre à cet
honneur; à quels procédés faudra-t-il s'arrêter?

____

(1) *Encyclopédie pratique de l'agriculteur.* Paris, Didot.

On emploie, en Gascogne, l'étalon anglais, comme partout, et l'on crée ce que messieurs.les officiers du dépôt
de remonte de Mérignac ont appelé le cheval médocain,
« émanation agrandie de la race landaise, mais animal plus
que médiocre sous tous les rapports : peu de formes et
pas du tout de fond ; organisation trop exigeante pour les
ressources communes de la localité, et par conséquent
produit manqué, voilà en général le cheval de la presqu'île bordelaise. »

Ainsi l'ai-je caractérisé, d'après de nombreuses observations recueillies où l'on peut bien le juger, c'est-à-
dire à l'œuvre. Le dépôt du 5e escadron du train des
équipages, où je servais en 1854, durant la guerre de
Crimée, en était infecté pour remonter ses sous-officiers et brigadiers, auxquels on ne donne pas, tant s'en
faut, l'élite de la cavalerie. Ces utiles soldats, qui ne
rendent que des services à tout le monde, sans faire métier de tuer, comme les autres, sont toujours traités avec
un certain dédain, par leurs brillants camarades.

Les susdits médocains, lorsqu'ils sortent des mains de
leurs producteurs, ont pris, à la faveur de l'engraissement
qui les prépare à la vente, des formes arrondies qui leur
donnent de l'apparence, ce que l'on appelle un beau dessus; mais on y chercherait en vain des membres solides
et de l'énergie : tout cela n'existe plus. La fierté sauvage
de la race primitive a fait place au caractère quinteux, qui
est le propre de la faiblesse corporelle, associée avec une
grande susceptibilité nerveuse, des natures nobles que la
misère a dégradées.

Il n'y a rien à rectifier de cette appréciation écrite déjà
dans le *Livre de la ferme*. Je ne puis que la confirmer, en
ajoutant que l'amélioration réelle de la population cheva-

line dont il s'agit ne peut être obtenue que de l'emploi méthodique des procédés préconisés pour celles du Limousin et de l'Auvergne, c'est-à-dire en appliquant la sélection absolue, secondée par une gymnastique fonctionnelle bien entendue, d'après les ressources des localités.

Chevaux des Pyrénées. — En s'implantant sur le versant septentrional des Pyrénées, en même temps, ou après, peu importe, que son introduction s'effectuait en Andalousie par la conquête des Maures, le type de la race berbère (grav. 10, p. 139) a subi, dans ses caractères secondaires, des modifications qui permettent aujourd'hui de distinguer trois groupes principaux, parmi ses descendants.

Caractères. — Dans les arrondissements de Bayonne, de Mauléon et d'Orthez, c'est-à-dire dans les Basses-Pyrénées, il se montre avec le modèle que nous avons déjà rencontré dans les Landes, un peu amplifié. A mesure que l'on remonte du pays landais vers le pays basque, la taille des chevaux suit une ascension insensible et leurs formes acquièrent de l'ampleur, mais en conservant les mêmes caractères et d'ailleurs les mêmes mérites. Ils n'en demeurent pas moins, au maximum, encore parmi les chevaux de taille moyenne tout au plus. Dans les Hautes-Pyrénées, et dans la plaine de Tarbes notamment, le type a donné naissance à la population si renommée sous le nom de race navarrine. Enfin, il se confond vers l'Orient, dans l'Ariége ou les Pyrénées ariégeoises, avec les sujets signalés déjà dans les manades de l'Aude.

Ces divers groupes sont importants. Il faut les étudier avec grand soin. Parlons d'abord des chevaux navarrins, dont l'ancienne réputation est aujourd'hui fort compromise.

Les rares échantillons qui restent encore de la race dite
navarrine, attestent à quel point était mérité le renom
d'élégance dont elle jouissait. Beaucoup des beautés absolues du cheval de selle lé plus léger, la finesse et la solidité des membres, jointes aux caractères typiques dus à
son origine, faisaient du cheval de Tarbes une des montures les plus agréables et les plus luxueuses que produi-
sît notre pays, avant que la mode eût mis au pinacle le
cheval anglais, avant qu'on eût perdu le goût de l'équitation et qu'on montât à cheval pour le seul plaisir d'aller
droit devant soi, les jambes écartées et les coudes en l'air,
le corps penché en avant, à la manière du jockey.

Le cheval navarrin, avec sa tête relativement un peu
forte, mais bien expressive, avec son encolure longue et
gracieusement recourbée dans l'action, avec son garrot
élevé, ses reins longs, ses membres forts mais secs, son
pied solide et sûr, était doué d'une souplesse dans ses allures cadencées, dont nos anciens écuyers de l'école française faisaient le plus grand cas. Mais il avait les formes
un peu anguleuses, dans la croupe surtout, qui était
courte ; la cuisse était plate et le poitrail peu ouvert. On
l'acceptait ainsi, tant ses autres mérites, ceux qui font
apprécier le cheval de service surtout, avaient de prix.

L'hippologue qui s'est le plus occupé pourtant de l'a-
méliorer (hélas !), M. Gayot, en a dit ceci : « Le cheval
navarrin, on le sait, a laissé un nom comme cheval d'armes essentiellement propre aux troupes légères. Il a été
estimé à ce point qu'on l'a placé sur les premiers degrés
de l'échelle hippique, tout à côté de l'andalous lui-même, ce
pur sang d'une autre époque. Il était alors, dit-on, épais et
membru. » En effet, c'était justice. Plus loin, le comparant
à celui du pays basque, le même auteur ajoute : « Le cheval

, des Basses-Pyrénées est plus paysan, moins avancé au point de vue de la race » (quest-ce à dire ?); « celui des Hautes-Pyrénées est plus aristocrate et occupe un rang plus élevé sur l'échelle (1). »

Telles sont les qualités du navarrin, produit naturel de la plaine de Tarbes. L'ariégeois, lui, est un montagnard; il se développe sur les hauts plateaux pyrénéens, à des altitudes de plus de mille mètres, dans les pâturages où il passe toute la belle saison, longue dans les régions méridionales. C'est un montagnard et il en a tous les caractères, déjà décrits à l'occasion du cheval auvergnat, ainsi qu'on va le voir.

L'auteur cité, et dont il est impossible de ne point parler souvent, lorsqu'il s'agit d'hippologie, parce que c'est un de nos plus célèbres maîtres français, en a tracé un portrait qui ne sera pas suspect. Il commence par les défauts. « La taille, dit-il, est petite, 1 m. 45 à 1 m. 50 au plus; la tête est lourde, souvent mal attachée et mal coiffée; l'encolure est grêle; tout le système musculaire participe de cette condition qui fait le cheval plat, mince et manquant de grâce; le garrot est bas comme chez tous les chevaux qui mangent habituellement à terre; la croupe est avalée. Les pieds antérieurs sont panards, les jarrets sont clos; les extrémités sont couvertes de poils; la physionomie est rude et le caractère assez ordinairement indocile. »

Tout cela est parfaitement exact. M. Gayot ne l'est pas moins lorsqu'il ajoute : « Toutes ces imperfections s'affaiblissent ou s'effacent sous l'influence d'une alimentation plus substantielle et plus égale, de quelques soins donnés

____

(1) *Encyclopédie pratique*, etc. *Loc. cit.*

aux produits et du choix judicieux des reproducteurs. Les qualités se développent alors avec une incroyable facilité et dominent vite dans ces natures généreuses, inépuisables et remplies de feu. On n'apprécie bien les chevaux de l'Ariége qu'après en avoir usé; mais alors on est étonné de la dépense d'énergie dont ils sont capables, de la dureté qu'ils montrent au travail le plus fatigant et le plus durable. Leur réputation est faite dans les régiments de cavalerie légère; ils y ont une excellente renommée, due aux excellents services qu'on en obtient. — Les postes et les messageries du pays se remontent exclusivement dans les rangs de cette population (ariégeoise). Quand on a, dit M. Gayot, traversé le département en chaise ou en diligence, on sait avec quelle ardeur et quelle rapidité ces animaux s'acquittent de leur pénible tâche. »

Cela, nous le savons par expérience personnelle. Nous avons traversé le département en diligence; nous avons eu chaque jour sous les yeux, à Toulouse, des chevaux ariégeois; bien plus, nous avons gravi, les ayant pour monture, quelques-unes des cimes les plus élevées de la chaîne pyrénéenne, et nous les avons surtout descendues; dans tous les cas, il nous a été permis de constater, avec M. Gayot, que le cheval de l'Ariége a « une grande agilité, beaucoup d'adresse, une merveilleuse sûreté dans la pose du pied, un tempérament robuste, une santé à toute épreuve, une ardeur infatigable ». Mais alors, s'il est vrai qu'avec la conservation d'avantages si précieux on peut faire disparaître si facilement les défauts par les moyens indiqués tout à l'heure, comment se fait-il que d'autres, à coup sûr moins efficaces, aient été par lui-même employés?

Mode d'élevage. — C'est apparemment l'influence irrésistible de l'esprit de système, dont il nous reste à faire

connaître les effets sur la population chevaline des Pyrénées. Le pur sang français, l'anglo-arabe, création de l'é-
minent directeur de l'administration des haras d'alors,
avait à faire son œuvre dans cette terre promise de la race
légère par excellence, où il avait été devancé, du reste,
dans une mesure, par le pur sang anglais. Les produits
élancés en sont mis, non sans quelque orgueil, par
M. Gayot, en regard de quelques portraits de sa prétendue
race Brigourdane améliorée, où s'est complue la fantaisie
du crayon de son dessinateur ordinaire, M. Lalaisse.

Pour être juste, il faut reconnaître que les produits
ainsi qualifiés, avaient une conformation du corps à peu
près irréprochable, que l'abus de l'étalon anglais leur a
fait perdre depuis, en élevant leur taille et en les amin-
cissant. Mais il n'en est pas moins vrai qu'un juge compétent et point partial, M. le professeur Lafosse, notre ancien collègue de l'École vétérinaire de Toulouse, a cru
pouvoir écrire ceci : « Il est temps que nos contrées irri-
guées songent à donner à leurs élèves le fond, la vigueur,
la largeur des membres qui leur manquent généralement (1). »

Ces élèves, ce sont des navarrins et des ariégeois, que
l'on qualifie d'améliorés ! Reportez-vous aux portraits
tracés tout à l'heure par M. Gayot. Les chevaux qu'ils représentent ne manquaient pas, eux, de fond, de vigueur, de
largeur des membres ; et l'habile hippologue a lui-même
dit que leurs imperfections s'affaiblissent ou s'effacent
sous l'influence d'une alimentation plus substantielle et plus
égale, de quelques soins donnés aux produits et du choix
judicieux des reproducteurs.

(1) *La Culture*, 1861, t. III, p. 156.

C'était définir exactement l'objet des procédés efficaces d'amélioration auxquels les chevaux des Pyrénées doivent être soumis, et le lecteur a reconnu la gymnastique fonctionnelle et la sélection déjà préconisées par nous pour toutes les autres populations chevalines du même type. Il serait donc superflu d'y insister.

Race berbère ou barbe. — L'Algérie est française; ses chevaux entrant pour une part de plus en plus grande dans la remonte de nos régiments de cavalerie légère, ils doivent donc avoir leur place ici, parmi les chevaux fins où ils occupent un rang des plus honorables.

En se plaçant au point de vue que la science indique pour étudier les races, on reconnaît dans la population chevaline de l'Algérie deux types bien déterminés.

Grav. 10. — Étalon barbe, de la tribu des Flittas. (D'après une photographie de M. Hugot, exécuté à Mostaganem.)

Le premier, qui habite principalement le Sahara algérien et dont la population est la moins nombreuse, est le type arabe déjà décrit. Le second, le plus répandu dans les tribus sédentaires, est le type barbe, ou berbère (grav. 10), qui présente des caractères différentiels très-accusés. C'est ce type qui, introduit en Espagne par les Maures, y a pris le nom de race andalouse, et qui se retrouve encore ainsi que nous l'avons déjà dit, dans nos régions méridionales des Landes, de l'Aude, de la Camargue, et dans les Pyrénées sous celui de race navarrine, mêlé au type arabe.

Caractères typiques.—Crâne brachycéphale; front large et légèrement bombé; arcades orbitaires saillantes; face courte, large, à chanfrein épais et fortement proéminent au niveau des orbites, avec des dépressions latérales très-accusées et des angles aigus; crête zygomatique fortement accentuée; maxillaire inférieur à branches écartées, relevées à angle un peu obtus; arcades incisives petites. Sur le vivant, nez légèrement busqué; naseaux peu ouverts; lèvres minces, bouche petite; joues fortes; oreille quelquefois un peu grande, mais toujours droite et mince; œil grand; physionomie très-calme au repos, mais s'animant bien vite pendant l'action. Vertèbres lombaires au nombre de cinq seulement, comme le type arabe.

Caractères secondaires. — Robe de couleur très-variable, comprenant toutes les combinaisons du noir, du blanc et du rouge, qui se montrent uniformes sur certains individus, mais la robe grise dominant, cependant; tête un peu forte; taille généralement petite ou moyenne; encolure forte, souvent rouée et abondamment fournie de crins longs et soyeux; garrot élevé et épais; dos et reins courts, larges; croupe souvent tranchante, toujours mince et courte; queue touffue; cuisse peu fournie; membres remarquablement forts, aux canons longs, n'ayant pas toujours des aplombs irréprochables, surtout les postérieurs dont les jarrets sont souvent clos, défaut racheté par des qualités de fond, par une vigueur, une rusticité et une sobriété dont la campagne de Crimée a pu donner la mesure.

Les régiments de chasseurs d'Afrique, montés en chevaux barbes, ont seuls résisté, dans cette campagne, tandis que les chevaux français et les chevaux anglais surtout, furent décimés.

Les auteurs distinguent encore en Algérie le cheval tunisien, habitant les plaines du Chéliff et des environs de Sétif. C'est tout simplement le barbe grandi et étoffé par le climat humide, mais salubre, de cette partie du littoral algérien.

Mode d'élevage. — On a institué en Algérie, à Mostaganem, un dépôt d'étalons ayant pour but d'améliorer la population chevaline. Tant qu'on s'y bornera au soin de fournir aux tribus de bons reproducteurs orientaux bien choisis, il n'y aura rien à dire. Puissent les militaires qui dirigent l'institution ne pas trop se figurer qu'ils sont les maîtres des Arabes, en fait de production chevaline! Faisons des vœux surtout pour qu'elle échappe à l'influence de l'administration des haras français. Le jour où elle passerait dans ses mains serait un jour de deuil pour l'Algérie. C'en serait fait de la méthode de sélection jusqu'à présent traditionnelle en ce pays, dont le soleil communique au cheval le feu de ses rayons et en fait le plus noble animal de l'univers.

Avant de quitter ce qui concerne les chevaux fins, répondons à une remarque qui n'aura sans doute point manqué d'être faite par le lecteur. En décrivant les divers groupes de ces chevaux qui peuplent la France et l'Algérie, nous n'avons qu'exceptionnellement fait mention de la couleur et de la nuance sous lesquelles se présente la robe de ces chevaux. Notre raison est que nous n'en connaissons guère où elle se montre avec le caractère de l'uniformité. Pour les populations dérivées du type arabe ou du barbe, en Limousin et en Auvergne, par exemple, ce sont les nuances foncées qui dominent, tandis qu'on rencontre au contraire plus de robes claires chez les navarrins. Les ariégeois, de leur côté, sont généralement bais. Mais partout le mélange existe. Il n'y a donc rien à tirer de la robe pour la caractéristique. Au pays même des individus purs, en Syrie et en Algérie, tantôt ils sont noirs, bais ou alezans, tantôt — et le plus souvent — des diverses nuances du gris ou du blanc.

Nous ne savons rien des influences qui président à l'apparition d'une couleur de poil plutôt que de l'autre; ce que nous n'ignorons pas, cependant, c'est que les préférences à cet égard sont servies par la sélection et que dans les races où l'on s'y applique, l'uniformité de robe prévaut. Les chevaux de course en fournissent une preuve convaincante; mais peu d'autres, il faut malheureusement le reconnaître, sont l'objet d'une sélection aussi attentive que l'est celle dont les familles dites de pur sang nous offrent l'exemple instructif.

2. Chevaux communs.

Considérations générales. — Notre tâche est ici moins longue et plus facile. L'examen de la population de la France en chevaux fins et celui des méthodes zootechniques applicables à l'amélioration de ces chevaux, ont dû nous conduire sur presque tous les points du pays; car tel a été le résultat amené par une doctrine en opposition avec les principes économiques les plus solidement établis, qu'on s'est cru obligé de produire des chevaux fins partout, sans songer à ce qu'il en pourrait coûter. Les dépôts d'étalons institués dans toutes les régions, pour exciter à cette production, les dépôts de remonte pour ouvrir aux produits des débouchés, entretenus par les fonds du budget de l'État, ont encouragé une industrie factice, au demeurant peu lucrative, de l'aveu de tous, et dont les contribuables font les principaux frais.

Il n'est point surprenant, après cela, que nous ayons eu plus à blâmer qu'à louer, dans notre longue revue de tant de fautes commises. On a toujours plus tôt fait, hélas ! lorsqu'il s'agit seulement de constater le bien. Les choses abandonnées à leurs lois naturelles, dans l'ordre économique, se présentent toujours dans des conditions d'une plus grande simplicité. Quand donc s'apercevra-t-on qu'elles vont ainsi beaucoup mieux, et que les harmonies économiques, dont nous avons essayé de faire sentir l'excellence, en exposant les principes généraux qui dominent toutes les entreprises zootechniques, se vengent toujours de ceux qui les transgressent dans leurs opérations !

Notre population de chevaux de trait, que nous qualifions de communs, nous fournit la preuve éclatante de ces vérités élémentaires. Elle a échappé à peu près complétement, pour un motif facile à comprendre, à l'intervention systématique d'une doctrine administrative quelconque. On lui a fait la guerre, au bénéfice intentionnel de la production des chevaux fins, mais du moins livrée aux seules forces des lois économiques qui la régissent, elle a pu se développer suivant le sens de son incontestable utilité. Aussi n'a-t-elle point franchi sensiblement les lieux où se trouvaient réunies les meilleures conditions de sa production normale. Elle s'est maintenue, avec ses caractères propres, et en suivant seulement les progrès réguliers des forces productives, dans les centres de son habitation immémoriale, lesquels, en France, ne dépassent pas la zone du Nord, limitée par le plateau central.

Là se trouvent plusieurs races estimées, qui nous sont

enviées par l'Europe entière, parce qu'aucun cheval de trait à l'étranger, même en Angleterre où nos hippologues amateurs vont si volontiers chercher tous leurs modèles, ne peut en réalité rivaliser avec les nôtres. Le clydesdale, le cheval noir *(Black Horse)* et le suffolk, ne valent point, de l'avis des Anglais eux-mêmes, le boulonnais ou le percheron. Et ce ne sont pas là nos seules richesses.

Ces richesses se bornent à quelques types bien déterminés, et c'est là leur principal mérite. Au point de vue zoologique, il y aurait lieu, ainsi que nous l'avons dit en commençant ce chapitre, de réviser la classification des races en lesquelles notre population de chevaux de trait est généralement divisée. Cette classification, adoptée par l'usage, est basée sur des modes de détermination que la science ne peut plus avouer.

Les races chevalines, non plus que celles des autres espèces, ne sont point si nombreuses qu'on le croit. Mais, sauf à réserver ce point de vue zoologique, dont l'importance est capitale en ce qui concerne les principes fondamentaux de la zootechnie dont nous avons à faire l'application, il n'y a pas de trop graves inconvénients à respecter, jusqu'à un certain point, les habitudes de description suivies par nos devanciers. Il suffit qu'on sache bien à l'avance que nous considérons nos termes comme sujets à révision. Nous aurons soin, d'ailleurs, d'indiquer le type auquel nous pensons que doivent être ramenés les groupes de chevaux qui ne constituent pas, à notre avis, des races distinctes. Le temps n'est peut-être pas encore venu, aussi bien, de réaliser complétement la réforme à laquelle nos principes nettement déduits de l'étude des faits doivent conduire. Il faut se contenter, quant à présent, de la préparer.

Nous allons donc, sous le bénéfice de ces réserves, faire l'inventaire des chevaux communs de notre pays, en suivant l'ordre géographique et en procédant du Nord vers l'Ouest, pour gagner l'Est après avoir passé par le Centre. Ainsi sera parcourue toute la zone indiquée plus haut.

Race flamande. — Aborigène dans les Flandres, par conséquent autant belge que français, le cheval flamand (grav. 11) que nous retrouverons ailleurs sous d'autres noms, a des caractères bien tranchés. Ce qui frappe au premier aspect c'est sa haute taille et sa forte corpulence.

Caractères typiques.— Crâne dolichocéphale ; face très-allongée, étroite, serrée à la région moyenne du chanfrein,

Grav. 11. — Jument mulassière (n° 101), de type flamand, 4° prix du concours de Niort en 1865. (D'après une photographie de l'album de M. Bourgoin).

puis busquée vers son extrémité; arcades orbitaires peu saillantes; crête zygomatique effacée ; maxillaire inférieur à branches peu écartées, relevées à angle droit; arcades incisives grandes. Sur le vivant, naseaux petits ; bouche grande; joues plates ; oreille épaisse, longue et un peu tombante; œil petit. Tout cela contribuant à donner à la tête, dans son ensemble, l'apparence d'une trop grande longueur, même eu égard au fort développement des sujets.

Caractères secondaires. — Taille de 1 m. 65 au moins, atteignant souvent au delà de 1 m. 70; encolure courte et surchargée de crins; poitrine profonde, à côtes plates;

corps long, garrot bas, croupe double, avec des hanches basses, mais très-musclées ; épaule courte et droite ; membres très-gros et abondamment pourvus de crins grossiers, comme la queue ; peau épaisse ; pieds toujours larges et souvent plats, comme tous ceux des chevaux habitant des contrées humides. Tempérament lymphatique ; froid au travail et sans vigueur, puisant sa force principalement dans son énorme masse.

Mode d'élevage. — Sous l'influence d'améliorations introduites dans la culture du sol, par l'assainissement préalable de celui-ci au moyen du drainage, les formes du corps se sont régularisées et harmonisées, chez quelques familles de la race flamande. Le changement s'est produit particulièrement dans les environs de Bourbourg, où les éleveurs plus éclairés et plus soigneux ont fait entrer l'avoine dans l'alimentation des poulains, en même temps que les reproducteurs ont été mieux choisis. Les familles bourbouriennes de la race flamande fournissent aux brasseurs de Paris ces colosses de l'espèce chevaline qui font l'étonnement et l'admiration des badauds, et que l'on appelle chevaux de brasseurs, pour ce motif.

Le résultat indique que pour améliorer les chevaux flamands, il y a lieu de généraliser en Flandre, purement et simplement, la pratique des éleveurs de Bourbourg, qui consiste dans l'application de la gymnastique fonctionnelle et de la sélection, en prenant pour but le type de la belle conformation du cheval de gros trait.

Race boulonnaise. — A la conformation du flamand bourbourien, joignez une tête d'un autre type (grav. 12), et vous aurez le boulonnais, moins toutefois la taille excessive du premier.

Caractères typiques. — Crâne brachycéphale, front

large ; arcades orbitaires peu saillantes, orbite petit ; face
courte à chanfrein droit ; crête zygomatique saillante ;
maxillaire inférieur aux branches écartées, relevées à angle
droit ; arcades incisives relativement petites. Sur le vivant,
naseaux peu ouverts ; bouche petite ; ganaches fortes : ce
qui fait paraître l'ensemble de la tête court et volumineux ;
oreille petite et dressée ; œil ouvert et vif.

Caractères secondaires. — Col épais donnant à l'attache
de la tête un empâtement peu gracieux ; encolure
forte, rouée, paraissant
courte ; crinière touffue
et double, rarement lon-
gue. Poitrail large et
très-proéminent ; poi-
trine ample et arron-
die ; garrot bas et noyé
dans les masses mus-
culaires latérales ; dos
un peu bas ; reins courts
et larges ; croupe courte
et arrondie, fortement
musclée, faisant saillie

Grav. 12. — Étalon boulonnais, mention
honorable du concours de Niort en 1865 ;
exposé comme mulassier, sous le n° 67.
(D'après une photographie de l'album de
M. Bourgoin.)

en arrière des lombes et divisée par un sillon médian ;
queue touffue mais courte et noyée entre les fesses. Ensemble du corps épais, arrondi, près de terre. Épaule
oblique, belle, bien unie à la naissance de l'encolure ;
membres forts, articulations puissantes et larges, tendons volumineux et bien écartés des canons courts
et solides ; bon pied. Maximum de la taille 1 mètre 66,
en conservant toujours de bonnes proportions. Aucune
uniformité dans la robe, qui est indifféremment claire ou
foncée. On trouve dans la race boulonnaise toutes les

couleurs et toutes les nuances, le bai, le rouan, le gris ardoisé ou pommelé, sans qu'on puisse dire ce qui domine.

On voit, par ces caractères, qu'il s'agit ici d'une constitution véritablement athlétique ; et il faut ajouter que le cheval boulonnais ne dément point, pour son compte, l'attribut habituel de l'Hercule antique : il est aussi débonnaire que fort ; on le renomme pour sa docilité. Il est, de plus, leste et agile pour un si volumineux personnage. C'est que chez lui le fond est à la hauteur de la forme, et qu'il est doué d'une vigueur et d'une énergie qui se reflètent dans la douceur de son regard résolu.

Mode d'élevage. — Le cheval boulonnais naît dans le département du Pas-de-Calais, principalement dans l'arrondissement de Boulogne, qui a donné son nom à la race, mais aussi dans ceux de Béthune et de Saint-Omer. Les pouliches restent dans ces arrondissements, mais les poulains vont dans ceux d'Arras, de Saint-Pol, d'Abbeville, de Péronne ; d'autres traversent la Somme, pour être élevés dans le Vimeux, dans le pays de Caux, et se répandre aussi dans les départements de l'Oise, de l'Aisne, de Seine-et-Marne, d'Eure-et-Loir et dans la Seine-Inférieure.

On voit par là que le Pas-de-Calais est plutôt un centre de production qu'un pays d'élevage considérable. Il se fait surtout dans ce département un grand commerce de poulains de la race boulonnaise, dont les mères y sont entretenues au pâturage. Les jeunes, aptes au travail de bonne heure, vont gagner leur vie ailleurs, où ils mangent de l'avoine en exécutant les travaux agricoles. Ce mode de production, conforme au principe économique de la division du travail industriel, est une des raisons essentielles de la prospérité de la race. Il réalise en effet la condition que nous avons déjà tant de fois recommandée. Il soumet les organes locomoteurs à une véritable gymnastique méthodique, en assurant une nourriture abondante et substantielle.

C'est à six ou huit mois que leurs premiers producteurs vendent les poulains aux éleveurs du sud du Pas-de-Calais et de la Somme. Ceux-ci les gardent jusqu'à l'âge de deux ans, trois ans au plus, et les livrent ensuite aux agriculteurs des localités sus-nommées, dans quelques-unes desquelles on se livre en même temps à la production des poulains de la race boulonnaise, sous un autre nom. Tel est le cas de la Beauce chartraine, où le type s'appelle *gros percheron*. Tel est aussi celui de certaines localités de la Normandie, notamment de la vallée d'Auge, dont les produits, élevés dans le Calvados, la Manche et l'Eure, dans les arrondissements de Pont-l'Évêque, de Lisieux, dans le Bessin, sont connus des marchands sous les noms de *Caenais*, de *Virois*, d'*Augerons*, de même que ceux élevés dans le pays de Caux et dans le Vimeux sont désignés comme *chevaux du bon pays*.

La variété des conditions climatériques et agricoles, imprime aux caractères secondaires de la race, dans ces diverses localités, des variations relatives principalement à la corpulence. L'uniformité de la robe, que les éleveurs de la Beauce, par exemple, et ceux de la Normandie, préfèrent grise parce que telle est celle de la race locale, contribue aussi à la confusion que les observateurs superficiels ont entretenue par les livres qu'ils ont écrits sur la matière. Mais les accommodations au milieu, laissent partout intact le type, qui est celui de la race boulonnaise bien caractérisée. Il importe autant à la pratique de l'élevage, à l'application des méthodes zootechniques, qu'à la vérité

scientifique, de ne point prendre des désignations commerciales pour des déterminations zoologiques exactes. C'est
seulement sur ces dernières, on le comprend, que les méthodes d'amélioration peuvent être basées solidement.
Dans le cas de sélection absolue, par exemple, cela permet de demander à la souche les types améliorateurs; et
le résultat est d'autant plus facile à réaliser, que le champ
des explorations est plus étendu.

Voilà pourquoi nous insistons, en toute occasion, sur
l'importance des principes posés relativement à la caractéristique des races que nous étudions. J'espère que les
avantages de notre insistance à cet égard seront compris.
Il n'y a peut-être pas de circonstance où son utilité puisse
être mieux saisie que dans celle d'une race douée d'autant
de force d'expansion que l'est la boulonnaise, dont les sujets, si répandus sur toute l'étendue des exploitations agricoles du bassin géologique de Paris, viennent presque
tous, en définitive, terminer leur carrière dans l'immense
centre de consommation qu'ouvre aux producteurs de chevaux de gros trait, l'activité de la grande ville.

Paris, dit-on, est le paradis des femmes et l'enfer des
chevaux. Il n'y a sans doute aucune ville au monde, si ce
n'est Londres peut-être, où l'industrie des transports pour
les personnes et pour les choses, utilise en effet un pareil
nombre de chevaux de toute sorte réunis, dans des
grandes administrations publiques ou privées, desser-
vant les gares des chemins de fer, les usines ou les besoins de la circulation intérieure. Nulle part ailleurs, soit
dit en passant, on ne peut mieux se livrer à des études
comparatives sur les races chevalines, ayant pour objet de
compléter et de corroborer celles faites dans les centres de
production. Là est, en réalité, le véritable pandémonium

de toutes ces races et de tous leurs dérivés, à tous les degrés de l'échelle, depuis le noble animal choyé, brillamment équipé, qui fait l'orgueil de son maître, jusqu'au misérable débris écloppé, gagnant péniblement sous le fouet sa journée, ce damné auquel on a certainement songé, en qualifiant Paris, où il abonde, d'enfer des chevaux.

Pour en revenir à la race boulonnaise, **qui** fournit certainement la plus forte partie, sinon la totalité, des chevaux employés à Paris à l'industrie si considérable des gros transports au pas, c'est là surtout qu'on peut bien juger de ses mérites. On ne saurait songer, après l'y avoir vue à l'œuvre, à conseiller autre chose aux producteurs que de la conserver pure de toute alliance. Elle n'a même pas sa pareille au monde. Aucune, par conséquent, ne pourrait donner avec elle des produits meilleurs que les siens. Le conseil, du reste, serait superflu. Personne ne s'avise plus d'améliorer le cheval boulonnais autrement que par la sélection dans la race.

Race picarde. — Ayons soin d'abord de faire une réserve formelle au sujet du titre que nous venons d'écrire. Ce titre ne figure ici que pour donner plus de relief à la contestation que je veux établir.

Il n'y a point de race picarde. Les sujets qui représentent, pour les auteurs, cette prétendue race, et qui, nés dans les environs de Compiègne, de Laon, de Vervins, sont élevés dans les arrondissements de Château-Thierry, de Senlis, de Soissons, ces sujets tendent même à disparaître devant les introductions de poulains boulonnais dont nous avons parlé plus haut. L'assainissement des prairies marécageuses de la vallée de la Somme amène de plus en plus la substitution.

Décrire le cheval considéré comme indigène en Picardie, ce serait répéter la description que nous avons donnée déjà du type de la race flamande (grav. 11, p. 145). Celle-ci, en effet, a tout simplement envoyé une colonie dans la province voisine, où ses défauts se sont exagérés, sous l'influence d'un habitat plus humide et plus mou. Nous en retrouverons une autre en Vendée et en Poitou, qui attirera notre attention à un titre tout spécial.

Nous parlons donc ici de la race picarde, admise par les hippologues, à la seule fin d'établir qu'elle n'existe pas en réalité. Il y a encore en Picardie des chevaux et des juments de la race flamande, auxquels la race boulonnaise dispute un terrain qu'elle aura bientôt conquis en les expulsant. C'est l'affaire du progrès agricole, très actif en ce pays.

Race ardennaise. — Comme la flamande, la race dite ardennaise est commune à la France et à la Belgique. Dans les deux pays, cependant, elle diffère par ses caractères secondaires. Dans l'Ardenne belge, le Brabant, la Hesbaye, le Condroz, ses représentants atteignent une haute taille, qui est beaucoup moins élevée dans nos arrondissements de Rethel et de Vouziers, centre de production des chevaux ardennais communs, dont la population est du reste assez restreinte.

Le type ardennais est caractérisé par un front large (brachycéphale), des arcades orbitaires saillantes, un chanfrein fortement déprimé, des ganaches écartées et fortes, une tête courte conséquemment. Il ne diffère en rien de celui du littoral breton, qui va être décrit plus en détail.

Cette tête est jointe, par une attache disgracieuse, à une encolure épaisse, courte, fortement arrondie à son bord supérieur et surchargée de crins. Dos et reins courts, hanches saillantes, et croupe avalée. Poitrine profonde, épaule longue; membres secs, solides, bien articulés, mais dont les aplombs sont souvent défectueux; comme tempérament beaucoup de force et de rusticité.

La population ardennaise fournit de bons serviteurs à l'artillerie. Elle n'a point de chances d'extension, ses qualités étant pour ainsi dire toutes morales. Il s'agirait d'améliorer ses formes sans altérer le fond de sa nature. Ce ne peut être que l'œuvre de la sélection. Les partisans systématiques du croisement ont tenté d'arriver au résultat en introduisant des étalons percherons et en donnant les juments ardennaises aux gros étalons rouleurs du Luxembourg, qui franchissent la frontière. Les tentatives ont échoué, ainsi qu'elles le devaient. Un dépôt d'étalons de l'administration des haras avait été établi à Charleville. La dernière réforme de cette administration en a amené la suppression. La mesure est sage. On ne peut que l'approuver.

Race bretonne. — Les chevaux de trait ou communs du littoral breton, forment des groupes parfaitement homogènes, encore connus sous les noms de *race de Léon* et de *race du Conquet*. Leurs principaux centres de production sont dans les arrondissements de Brest et de Morlaix (Finistère), entre Lannion et Saint-Malo, dans les Côtes-du-Nord, et aux environs du Conquet, où s'établit la transition des caractères secondaires entre les chevaux communs et les chevaux fins de la Bretagne. Ces caractères secondaires diffèrent par quelques points, celui de la taille surtout, entre les groupes qui viennent d'être énumérés. C'est ce qui a porté les observateurs superficiels ou mal informés sur la véritable caractéristique zoologique, à distinguer deux races où il n'y en a réellement qu'une dont le type (grav. 13) se trouve vers Saint-Pol-de-Léon.

Caractères typiques. — Crâne brachycéphale ; front plat et carré ; arcades orbitaires saillantes ; face courte à chanfrein déprimé (tête camuse) ; maxillaire inférieur à branches écartées, relevées à angle aigu. Sur le vivant, naseaux ouverts, bouche petite ; ganaches épaisses et joues grosses ; oreille petite et épaisse, dressée ; œil vif ; physionomie expressive.

Grav. 13. — Étalon breton, mention honorable comme mulassier, n° 46 du concours de Niort en 1865. (D'après une photographie de l'album de M. Bourgoin.)

Caractères secondaires. — Dans le pays de Léon, le type breton se présente avec une encolure épaisse, au col disgracieux, à la crinière double et très-fournie de crins. Le corps est court et trapu, avec des reins larges, la côte ronde, la croupe fortement musclée, double et avalée, la queue attachée bas et touffue. Membres forts, aux articulations larges et solides, mais épaules droites et pâturons courts, munis de crins abondants. Bon pied. La taille atteint souvent jusqu'à 1 m. 65 et ne descend jamais au-dessous de 1 m. 55. Les diverses nuances de la robe grise dominent, mais le rouan et le bai se rencontrent aussi ; plus rarement le noir.

Dans les Côtes-du-Nord, la conformation du breton subit des modifications qui la rapprochent de celle qui est propre au trait léger. Les chevaux élevés entre Lannion et Saint-Malo sont de taille moins élevée que ceux du pays de Léon ; elle oscille entre 1 m. 48 et 1 m. 58. L'encolure encore forte, est devenue moins disgracieuse ; la poitrine a pris de l'ampleur ; l'épaule s'est allongée, bien qu'elle soit encore insuffisamment oblique ; les membres, tout aussi vigoureux, sont plus secs, et les aplombs en sont meilleurs, même le plus souvent irréprochables. En somme, les chevaux des Côtes-du-Nord, « dont la physionomie accentuée respire l'énergie et la force, ainsi que l'a écrit M. Gayot, ont des allures courtes, il est vrai, mais vives et faciles ; une constitution excellente : ils sont doux de caractère, durs au travail et très-maniables. Malheureusement, ajoute avec raison le même auteur, ils sont sujets à la fluxion périodique. » C'est dans le groupe dont il s'agit que les robes grises dominent de beaucoup.

Dans celui dont le Conquet est le centre, il en est autrement. Ici, les chevaux sont le plus souvent bais ou alezans, quelquefois noirs. Leur taille ne dépasse pas le minimum indiqué tout à l'heure. Ils ont le train antérieur plus léger et plus distingué, le garrot élevé, le corps long, la croupe droite, souvent mince et pointue. Les membres, dont les aplombs sont moins réguliers, se montrent abondamment pourvus de crins sous lesquels le pied disparaît souvent. Mais on trouve à la fois chez les petits chevaux de trait du Conquet, la rusticité, la sobriété et l'énergie qui caractérisent le bidet des Landes bretonnes.

Origine. — Le type des chevaux du littoral armoricain est évidemment venu sur le continent avec les Bretons insulaires, dont la race peuple elle-même cette partie de notre pays. On trouve, en effet, dans les Iles-Britanniques, ce type chez les doubles poneys irlandais, notamment.

Mode d'élevage. — Comme dans tous les cas que nous avons déjà vus, on observe en Bretagne le phénomène économique de la division du travail, pour ce qui concerne la production et l'élevage des chevaux communs de la race de Léon. Nés dans l'arrondissement de Brest, les poulains passent dans celui de Morlaix vers l'âge de six à sept mois. A un an, ils sont conduits dans les Côtes-du-Nord et dans le département d'Ille-et-Vilaine, d'où ils passent ensuite en Eure-et-Loir, dès qu'ils peuvent fournir un travail un peu suivi. Ceci, bien entendu, ne concerne qu'une partie de la production; l'autre reste dans le pays natal, principalement les femelles, élevées en Bretagne jusqu'à quatre ans, pour être ensuite livrées au commerce, qui les répand surtout dans les dép. riements méridionaux.

La race bretonne est certainement la plus nombreuse de nos races communes et celle dont l'expansion, déjà la plus grande, a le plus d'avenir. Ses diverses variétés rencontrent des débouchés assurés à Paris, dans l'Ouest, dans le Centre et dans le Midi, pour l'industrie des transports à une certaine vitesse, dont le développement s'accroît, à mesure que le trafic des personnes et des choses devient plus actif sur les voies ferrées, desservies à leurs gares et à leurs stations si multipliées par des omnibus et des voitures publiques de toute sorte.

Il n'y a donc qu'à conserver cette précieuse race, en améliorant ses produits. Nous savons maintenant que, à la façon de toutes les autres dont il a été déjà parlé, la sélection absolue peut seule assurer sa conservation, et aussi que l'application de la gymnastique fonctionnelle de l'appareil locomoteur est seulement capable de faire acquérir aux dispositions de cet appareil, comme à chacun des organes qui le composent, les qualités propres à l'aptitude portée au plus haut degré.

On rencontre fréquemment, dans les rues de Paris, attelés seuls à des voitures de place, des métis anglo-bretons de robe grise ou blanche, reconnaissables à leur avant-main anglais, plus ou moins mal soudé à un train postérieur breton. Ces produits assez mal venus d'un croisement peu conforme aux principes de la zootechnie, laissent surtout à désirer, en général, par l'insuffisance de leurs membres. On ne saurait trop énergiquement détourner les éleveurs bretons d'opérer ce genre de croisement, auquel, du reste, l'administration des haras ne les incite guère plus, depuis la dernière réforme qu'elle a subie dans sa haute direction.

Race percheronne. — Par la raison que le pays beauceron élève beaucoup plus de chevaux qu'il n'en produit, bon nombre y étant introduits, ainsi que nous l'avons déjà dit, à l'état de poulains venus du Boulonnais et de la Bretagne, les hippologues plus ou moins autorisés ont entretenu, sur la caractéristique de la race percheronne, de regrettables confusions. Prenant pour percheronne toute la population chevaline du pays, ils on été conduits, par l'observation directe des seuls caractères secondaires, à admettre deux types distincts, qu'ils ont appelés *gros percheron* et *petit percheron*.

Sachant bien que le dernier seul est aborigène du Perche, ceux qui, dans ce pays, s'occupent d'améliorer la production chevaline — et parmi lesquels il faut placer en première ligne plusieurs vétérinaires distingués du département d'Eure-et-Loir — font la guerre, on peut le dire, au prétendu gros percheron. Partisans systématiques de la sélection, ils prétendent que ce type-là n'est point celui de la pure race locale.

Au point de vue zoologique, ils ont raison : ce n'est évidemment là qu'un percheron d'adoption ; sa souche vé-

ritable est dans le Boulonnais; mais il y a des motifs économiques pour que leur propagande demeure inefficace,
et c'est aux marchands qui vont s'approvisionner aux foires
de Chartres ou d'Illiers, qu'il conviendrait surtout de les
demander. En toute industrie, c'est le débouché qui fait
loi. Les considérations absolues ne sont pas de mise en ces
matières. Si les cultivateurs beaucerons préfèrent élever
des chevaux de gros trait plutôt que des chevaux de trait
léger, dût le type réel du percheron s'éteindre, c'est apparemment qu'ils y trouvent leur avantage; et il ne paraît
pas que personne ait réussi jusqu'à présent à leur démontrer qu'ils ont tort de préférer les gros bénéfices aux petits.

La question économique, par conséquent la question
zootechnique, se formule ainsi, paraît-il : Gros percheron, gros bénéfice; petit percheron, petit bénéfice. Il n'y
a point, en cette affaire, à invoquer des raisons de patriotisme ou d'amour-propre local : c'est peine perdue d'entreprendre de remonter les courants déterminés par la demande du commerce; on s'expose à dépenser au service
d'une pure utopie l'intelligence et l'activité dont un meilleur usage pourrait être fait.

Ces remarques ont une opportunité réelle, lorsqu'il s'a-
git de la zootechnie des chevaux percherons. Elles mettent
en lumière la tendance encore trop commune, parmi les
observateurs formés à l'ancienne école, et qui consiste à
envisager toujours les sujets zootechniques au point de vue
de l'absolu. Nous verrons comment la question se pose;
voyons d'abord quels sont les caractères du type percheron (grav. 14), en un mot établissons la caractéristique
de la race, qui n'est point, après tout, en danger de s'é-
teindre, ainsi que le croient trop facilement les personnes
à l'opinion desquelles nous venons de nous arrêter.

Caractères typiques. — Crâne dolichocéphale; front étroit, légèrement bombé entre les arcades orbitaires saillantes; face allongée, à chanfrein étroit, droit à sa base, mais légèrement busqué vers le bout du nez; crête zygomatique saillante ; maxillaire inférieur à branches peu écartées, relevées à angle obtus; arcades incisives larges. Sur le vivant, naseaux ouverts et mobiles; lèvres épaisses, bouche grande; joues moyennes et arrondies; oreille un peu

Grav. 14 — *Pamphile*, étalon percheron de Société hippique du Perche et de la Beauce. (D'après une photographie envoyée par M· Moisant, directeur de la Société.)

longue, mais dressée; œil vif, à paupière un peu forte; physionomie animée.

Caractères secondaires. — Encolure forte, un peu rouée, se joignant à la tête par une attache épaisse, à crinière moyennement fournie; poitrail ouvert; garrot élevé et épais; épaule longue et oblique; poitrine profonde et arrondie, charnue; queue attachée haut et touffue; hanches saillantes; membres forts, solidement articulés, à canons un peu longs, mais dépourvus de crins, l'articulation du boulet seule en portant une petite quantité, comme chez les chevaux fins; taille de 1 m. 55 à 1 m. 60; robe généralement gris pommelé.

On voit par ces caractères que le type percheron ne peut être confondu avec le breton ou le boulonnais, vivant avec lui en Beauce, que par les observateurs superficiels. Par son aptitude, c'est le modèle du cheval de trait léger;

il était, au temps des malles et des diligences, le cheval de poste par excellence ; aujourd'hui, il partage presque exclusivement avec le type breton le service des omnibus de Paris, et celui des transports de marchandises à grande vitesse. C'est ce qui fait qu'on ne cessera point de le produire et qu'il aura toujours sa place en Beauce, à côté de ceux que l'on craint de lui voir substituer, parce qu'il n'y est pas l'objet d'une préférence exclusive.

Il y a encore une autre raison, qui sera dite tout à l'heure, pour qu'il ne disparaisse point ; auparavant, il convient de revenir sur la question économique indiquée en commençant, pour montrer que les chevaux de gros trait, appelés improprement gros percherons, ont aussi leur raison d'être dans l'élevage du Perche. Cette raison ressortira de ce que nous allons dire sur l'industrie chevaline telle qu'elle s'est d'elle-même, et par la force des choses, organisée dans la région.

Mode d'élevage. — Les poulains du Perche naissent dans les environs de Mortagne, de Bellesme, de Saint-Calais, de Montdoubleau surtout et de Courtalin. Ils sont plus particulièrement élevés dans le département d'Eure-et-Loir, dans le canton d'Illiers et les cantons environnants. Illiers est le centre de la production chevaline du Perche et de la Beauce, ainsi que Montdoubleau. C'est dans ces deux localités qu'ont lieu les courses instituées en vue de l'amélioration de cette production.

La plaine de Chartres est plus particulièrement peuplée de poulains appartenant aux types boulonnais et breton, que comporte son mode de culture. Ces poulains, arrivés à l'âge adulte, trouvent dans le commerce un tel débouché, qu'il n'est point surprenant d'en voir la demande très-active, et par conséquent que les producteurs du voisinage, pour entrer avantageusement en concurrence avec ceux du Pas-de-Calais surtout, livrent leurs juments aux étalons boulonnais, dits gros percherons, qui leur sont offerts. Le désir de conserver dans sa pureté le type originel du percheron les touche peu, et cela se comprend : ils n'ont pas à faire de la zootechnie sentimentale, mais bien de l'industrie, dont la première condition est de travailler en vue de la plus forte demande et la plus lucrative.

Quant aux éleveurs, ils sont, eux, dans des conditions toutes particulières. L'élevage auquel ils se livrent est à la fois un moyen et un but. Les poulains qu'ils achètent, à l'âge de dix-huit à vingt mois, leur servent avant tout pour les travaux de leur culture, exigeant peu de force, en raison du peu de consistance du sol arable et de la facilité des façons qui lui sont données. La plaine de Chartres — et ce peut être l'objet d'un reproche à diriger contre ceux qui l'exploitent — n'en est pas arrivée encore à la culture intensive et aux labours profonds, qui nécessitent d'abondantes fumures. L'assolement triennal y règne en maître, les récoltes de céréales y dominent et les fourrages artificiels, introduits par Gilbert, y suffisent seulement à la nourriture des chevaux.

On s'y plaint de la sécheresse, qui décime les troupeaux de moutons mérinos, soumis au parcours, et réduit le rendement des céréales, sans paraître se douter que le défoncement du sol et l'assolement qu'il entraîne seraient le meilleur moyen d'en combattre l'influence.

Mais nous n'avons pas à tracer ici un programme de culture pour la Beauce ; bornons-nous à expliquer l'organisation de la production chevaline, en faisant remarquer que, parmi les céréales cultivées, l'avoine entre pour une forte proportion. C'est la principale source des mérites qui distinguent les chevaux élevés en ce pays, avec le léger travail auquel ils sont de bonne heure soumis.

Nourris abondamment de fourrages artificiels et d'avoine, exercés, en tirant la charrue et la herse, les poulains se développent dans les meilleures conditions, et ils acquièrent en croissant une constitution solide et vigoureuse. Le seul tort des éleveurs beaucerons est de se croire obligés d'engraisser leurs chevaux, en les laissant au repos, quelque temps avant de les mettre en vente. Mais ce tort cependant ne doit pas être imputé à eux seuls. Les acheteurs y ont aussi leur part, et s'ils comprenaient bien leur intérêt, l'abus que nous signalons disparaîtrait bientôt.

Quoi qu'il en soit, ajoutons que les éleveurs de la plaine de Chartres n'achètent que des poulains mâles, conservés entiers. Rien n'est donc plus facile que le choix des étalons, parmi cette population si nombreuse. Elle en fournit bon nombre, chaque année. La renommée du cheval percheron est européenne. On cherche à l'introduire dans divers États. Quelques départements français, entre autres celui de la Côte-d'Or — on ne sait trop pourquoi, par exemple — achètent périodiquement des étalons percherons, avec un fonds départemental ayant cette destination. Il y a là un débouché fort avantageux pour les plus beaux sujets de la race, qui sont l'objet d'une concurrence d'autant plus vive, que, dans le pays même, une société par actions s'est fondée, dite *Société hippique du Perche et de la Beauce*, pour fournir aux producteurs les plus beaux étalons. Cette Société, dirigée par un vétérinaire distingué de Châteaudun, M. Moisant, qui en a été du reste le promoteur, a montré déjà qu'elle

remplissait son objet, en obtenant dans les concours
annuels la plupart des primes décernées par le conseil
général d'Eure-et-Loir aux étalons les mieux conformés.

En même temps que ces faits donnent la raison de la
prospérité incontestable de l'industrie chevaline du Perche
et de la Beauce, en général, et de celle de la race percheronne, en particulier, ils indiquent donc la voie qu'il y a
lieu de suivre pour la maintenir et pour l'améliorer encore davantage. La Société hippique s'en est donné la
tâche ; elle est fondée sur les bons principes ; elle l'ac-
complira.

C'en est fini, là, de toute tentative de croisement anglais, et depuis longtemps. Le sens pratique des éleveurs
y a mis bon ordre, ne partageant point du tout l'avis des
régénérateurs quand même de nos races, dont l'un
écrivait naguère, à propos des chevaux percherons, que
« l'heureuse influence du sang n'est plus contestable
que par l'ignorance ou la mauvaise foi ». C'est, bien entendu, de sang anglais, de pur sang, qu'il s'agissait. Les
expressions sont dures pour ceux qui nient cette heureuse
influence, et qui ont fondé la Société hippique pour l'écarter à tout jamais, en si faible proportion que ce puisse
être ; mais il faut bien en passer à l'ardeur d'une conviction systématique. Le propre de la métaphysique, même
en fait de zootechnie, est d'être intolérante, en paroles
du moins.

Race poitevine. — Même réserve ici que pour la prétendue race picarde, mentionnée précédemment. Il n'y
a aucune différence caractéristique entre le type ainsi
nommé et celui de la race flamande, comme on va pouvoir en juger par sa description.

On ne sait au juste à quelle époque la race a été introduite dans les marais vendéens; probablement au moment des premiers essais de desséchement, qui remontent au temps de Henri IV et qui ont été exécutés par des familles de travailleurs venues des Flandres avec l'ingénieur Bradley, le *maître des digues*, mandé par Sully. En tout cas, cette race, dite *mulassière* parce qu'elle fournit principalement des juments pour la production des mulets si renommés du Poitou, dont nous nous occuperons plus loin, se présente avec les caractères suivants, qui, je le répète, sont ceux du type flamand (grav. 11, p. 145).

Caractères typiques. — Crâne dolichocéphale; front étroit; arcades orbitaires effacées; orbites petits; face longue, à chanfrein étroit, saillant et busqué; crête zygomatique peu accusée; maxillaire inférieur à branches peu écartées, relevées à angle droit; arcades incisives grandes. Sur le vivant, naseaux petits; lèvres épaisses, bouche grande; joues fortes mais plates; oreille longue et souvent tombante; œil petit; physionomie molle et peu intelligente.

Caractères secondaires. — Encolure forte et chargée de crins, mal attachée avec la tête; maigre chez la femelle; garrot élevé et épais; dos bas; hanches saillantes; croupe large et allongée; queue volumineuse, attachée haut; poitrine ample mais plate; corps long; membres très-gros; articulations larges; canons longs et surabondamment pourvus de crins depuis le genou, et qui recouvrent entièrement un pied large et souvent plat. Ces deux derniers caractères sont très-estimés en Poitou, en vue de la production des mulets. Les éleveurs disent alors que le cheval est bien *patté* (lisez, bien *pattu*). Taille très-élevée; robe variable, mais le bai ou le noir dominant.

Mode d'élevage. — La race dite mulassière va diminuant beaucoup dans le Poitou. C'est l'établissement du haras de Saint-Maixent qui a commencé, il y a longtemps, le mouvement de diminution, en multipliant les métis dont il a été parlé au paragraphe des chevaux fins. Jacques Bujault, dont l'enthousiasme était véritablement dithyrambique à l'endroit de la jument mulassière, a toute sa vie déploré en termes fort accentués le résultat constaté. La doctrine du laboureur de Chaloüe, sur laquelle nous nous expliquerons dans un autre chapitre, compte encore en Poitou et ailleurs quelques partisans convaincus ; mais ce sont des partisans qu'on peut qualifier de platoniques. Les éleveurs ne les suivent point. L'exposition d'étalons et de juments annexée, en 1865, au concours régional de Niort, en a fourni la preuve convaincante. Dans cette exposition si remarquable, où avaient été réunis les divers éléments de la production mulassière du pays, se trouvait assemblée l'élite des étalons qui font la monte en Poitou. Or, les chevaux, appartenant au type plus haut décrit, y étaient en très-faible minorité, et ce n'est point sur eux qu'a porté le choix du jury pour les premiers prix. Parmi les lauréats se trouvait même un magnifique cheval noir de Norfolk ; les autres étaient des boulonnais, des percherons ou des bretons. Nous en ferons le compte exact en nous occupant de la production des mulets. Ces choix, vivement critiqués par les derniers tenants de la doctrine de Jacques Bujault, n'en ont pas moins obtenu l'assentiment général, en cela conforme à l'avis des meilleurs juges, qui sont les étalonniers eux-mêmes, ainsi qu'on le voit.

Un des auteurs qui déplorent le plus la transformation qui s'est opérée dans la production chevaline du Poitou, M. Eugène Ayrault, vétérinaire distingué de Niort, le constate en ces termes : « L'éleveur poitevin, dit-il, qui

cherche chez sa poulinière de gros membres et beaucoup
de crins, et qui ne les trouve pas toujours chez la pouliche
du Marais, achète les plus fortes juments bretonnes de
trois à quatre ans, qui sont amenées dans le pays. C'est
ainsi que le sang breton s'est introduit dans notre race, et
c'est à lui que nous devons la tête carrée, l'encolure et les
oreilles courtes qui commencent à marquer dans la
race. »

Les expressions sont vicieuses, mais le fait est exact. Les
juments bretonnes se substituent presque partout aux juments poitevines, dont la race ne se modifie point, mais
disparaît, en Poitou comme en Picardie, et même dans la
Flandre française. Elle n'est regrettable à aucun titre. Les
qualités spéciales qu'on lui a prêtées pour la production
des mulets sont imaginaires, et son type, au point de vue
du service des transports ou des travaux agricoles, n'est
pas de ceux dont il faille désirer la conservation. Ni au
physique, ni au moral, il ne se recommande. Le cheval
poitevin est franchement laid, et son tempérament est
d'une mollesse peu commune.

Nous n'en devons pas moins indiquer les conditions de
la production chevaline du Poitou, qui ne périclite point,
tant s'en faut. Il s'y opère à grands pas seulement une
substitution de race.

Les poulains naissent dans le Marais et dans la plaine,
en Vendée et dans les Deux-Sèvres. Les premiers restent
au lieu de leur naissance jusqu'à l'âge de deux ans ; les
seconds, après le sevrage, qui a lieu vers sept ou huit
mois, vont les y retrouver pour la plupart, et retournent
ensuite en Gâtine où ils sont engraissés dans les écuries,
depuis la Saint-Jean jusqu'au mois de janvier suivant ;
à moins qu'ils n'aient été achetés à deux ans, en sortant

du Marais, aux foires de la Vendée ou à celles de Saint-Maixent, par les marchands du Berry, de la Beauce et du Midi, qui en enlèvent un grand nombre. Les autres sont vendus durant l'hiver.

Nous savons ce que deviennent ceux qui vont en Beauce; ce sont tous des mâles qui restent entiers. Nous retrouverons les autres dans le Centre. Quant aux marchands du Midi, ils n'achètent guère que des pouliches de trois ans, formant l'excédant de ce qui est nécessaire pour entretenir la production du pays et pour peupler les départements voisins.

Il est facile de s'apercevoir, d'après ce qui précède, que la race bretonne, en vertu de sa force d'expansion propre, tend à envahir le Centre-Ouest et qu'elle aura bientôt dépossédé le type flamand, dit mulassier, qui s'en était d'abord emparé. C'est là un mouvement normal, entraîné par les nécessités économiques et secondé par le progrès qui s'est accompli dans l'esprit des éleveurs, quant au modèle idéal de la conformation du cheval de trait. Il n'y a aucune raison plausible de lui faire obstacle, et il faut laisser les défenseurs du *statu quo* le déplorer tout à leur aise. Ils prêchent dans le désert. Nous n'avons donc rien à dire sur l'amélioration des produits de la prétendue race poitevine. Il faut purement et simplement renvoyer à ce qui concerne la race bretonne de Léon, en train de s'établir solidement en Poitou.

Chevaux du Centre. —- La région centrale de la France est habitée par une population chevaline très-mêlée, dont les sujets, importés pour la plupart à l'état de poulains, appartiennent aux divers types précédemment décrits.

De fausses notions économiques ont fait établir dans

presque tous les départements de cette région une production locale, à force d'encouragements administratifs. Les conseils généraux, imbus de la doctrine protectionniste en vertu de laquelle chaque pays doit avant tout se mettre en mesure de suffire, sans avoir recours à l'échange, à ses propres besoins, votent des fonds pour encourager l'introduction d'étalons et même, dans plusieurs cas, pour en faire directement l'acquisition. On arrive ainsi seulement à faire payer par les contribuables une prime pour l'établissement d'une industrie qui ne produit même pas des bénéfices pour ceux qui s'y livrent, attendu que l'industrie chevaline, comme toutes les autres ressortissant à l'agriculture, ne prospère qu'à la condition de trouver ses éléments de succès dans les conditions naturelles de la situation.

Il n'y a pas lieu d'insister sur la démonstration, qui a été donnée amplement lorsque nous avons posé, dans la deuxième partie de cet ouvrage, les principes économiques de la production chevaline. La Champagne, la Bourgogne, le Nivernais, le Berry, sont peuplés de chevaux communs introduits par le commerce, mais en partie produits sur les lieux mêmes, à l'aide de reproducteurs importés. Il n'y a donc pas ici de races de chevaux. C'est la variabilité désordonnée dans toute l'acception du mot. Souhaitons seulement que les ressources fourragères créées par le progrès agricole y soient mieux employées que dans la production des chevaux.

La région que nous considérons appartient, par droit économique, au mouton et au bœuf, et quant à ce dernier, la belle race charolaise la conquiert de plus en plus. Qu'on y importe des chevaux tout faits pour les travaux agricoles, ou, du moins, des poulains en état d'exécuter ces travaux en achevant leur éducation, pour les vendre ensuite avec bénéfice dans les grands centres de consommation. Telle est la ligne tracée par les principes de la zootechnie, conformes comme toujours à ceux de l'économie rurale.

Race comtoise. — Il nous reste, pour avoir achevé la revue des types communs de notre population chevaline, à nous occuper d'une race beaucoup moins importante que la plupart de celles dont il a été déjà question, mais qui n'en subsiste pas moins, malgré les nombreuses tentatives de croisement dont elle a été l'objet. Ce n'est point que ses mérites la recommandent beaucoup et qu'il y ait lieu de faire de grands efforts pour la conserver. Je veux parler de la race de la Franche-Comté, qui pourrait être citée comme un modèle de laideur. Si le lecteur ne la connaît déjà, il en pourra juger par son portrait.

Le type comtois, en effet, est un des plus dolichocéphales que nous ayons. La face très-longue, étroite, aplatie sur les côtés, avec des orbites petits et aux arcades effacées, un chanfrein droit, donnent à la tête, d'ailleurs mal portée par l'animal et dépourvue d'expression dans le regard, un cachet de lourdeur et de stupidité remarquable. L'encolure est grêle et droite, le garrot bas, le dos aplati, les reins sont longs et étroits, les hanches cornues, la croupe courte, large, est avalée et la queue basse et touffue. Le poitrail est serré, la poitrine peu profonde et plate, et l'épaule peu musclée est droite; le bras et la cuisse sont grêles; les articulations des membres faibles; les canons chargés de crins et souvent empâtés, les pieds plats et courts ont ordinairement des aplombs défectueux. La taille varie entre 1 m. 50 et 1 m. 60; la robe est quelquefois grise, mais le plus souvent baie. Les chevaux de cette race sont mous et lents dans leurs allures. Ils n'ont donc aucune qualité, ni de conformation, ni de tempérament. On ne les estime que pour leur docilité, la facilité de leur alimentation, et par-dessus tout en raison de l'habitude de se contenter de ce qu'on a, ce qui est une forme de la routine.

Toutefois, la population chevaline de la région a subi diverses modifications, dans les plaines de la Saône et dans la Dombes, où il se produit un assez grand nombre de poulains élevés avec ceux qui viennent des montagnes du Doubs et du canton de Berne. Croisée avec des étalons anglo-normands et percherons, la race a donné des produits ayant quelques détails de conformation meilleurs, mais en général fort décousus. Il y a disproportion entre les ressources alimentaires et les aptitudes des types améliorateurs introduits. La race comtoise est destinée à disparaître, sans doute, par voie de croisement continu; elle ne se recommande pas assez par ses mérites propres, pour être conservée; mais sa transformation doit être précédée par celle de l'agriculture locale, rendue capable de fournir aux poulains une alimentation substantielle et abondante.

Lorsque la culture de l'avoine et celle des fourrages dits artificiels auront pris une extension suffisante dans les plaines améliorées, les poulains qui naissent dans les pâturages de la haute montagne du Doubs et dans la Dombes, pour être élevés dans ces plaines, pourront sans inconvénient appartenir au type percheron, qui est celui que l'on préfère à juste titre. Alors l'opération sera conforme à notre formule économique de l'application des méthodes zootechniques, dont nous ne nous sommes point écartés jusqu'à présent.

CHAPITRE IV

APPLICATION DES MÉTHODES ZOOTECHNIQUES AUX RACES CHEVALINES

Méthodes applicables. — Les races chevalines et leurs métis nous étant connus, après avoir pour chacune, dans le chapitre précédent, indiqué la méthode zootechnique applicable pour obtenir son amélioration, il ne sera pas inutile de reprendre l'examen des principes posés, au point de vue spécial de l'espèce dont nous nous occupons.

Les lois physiologiques et économiques formulées en méthodes, fournissent à la pratique une base précise et solide. Mais il ne saurait suffire de les avoir exposées et démontrées en thèse générale, avec leur caractère scientifique ou absolu. Afin d'en assurer les fruits, à raison surtout de ce qu'elles peuvent avoir d'entièrement neuf pour le plus grand nombre des éleveurs, il convient de guider ceux-ci dans les applications qu'ils en doivent faire à chacune des espèces animales qui sont l'objet de leurs opérations.

Il ne s'agit point, bien entendu, de recommencer un travail déjà fait. Nous devons supposer que le lecteur a étudié la deuxième partie de cet ouvrage, consacrée à la démonstration des principes généraux. Notre tâche actuelle consiste donc seulement à préciser l'application de chacune des méthodes zootechniques et des procédés qu'elle comporte, à l'espèce chevaline, dont les diverses races viennent d'être décrites dans le chapitre précédent.

Rappelons que ces méthodes sont : 1° la gymnastique

fonctionnelle ; 2° la sélection ; 3° le croisement ; 4° le métissage.

Gymnastique fonctionnelle. — Des deux procédés de gymnastique fonctionnelle étudiés par nous, un seul est applicable au cheval ; non point par raison physiologique, mais uniquement par raison économique. Il faut s'entendre, cependant. La gymnastique des fonctions de nutrition a son rôle à jouer dans l'amélioration des aptitudes du cheval, mais non pas dans le sens sur lequel nous avons particulièrement insisté. C'est une question de subordination, qui domine du reste toutes les opérations zootechniques, et dans laquelle la loi de balancement organique n'intervient que pour une faible part. Il s'agit précisément, en ce qui concerne l'espèce chevaline et eu égard à sa fonction économique prédominante, d'équilibrer les fonctions de nutrition et les fonctions de relation, de telle sorte que celles-ci soient seulement à la hauteur de celles-là.

Rendons cette pensée, nécessairement abstraite dans sa formule, plus saisissable par un exemple, c'est-à-dire par une application directe à notre sujet.

La fonction économique du cheval est, nous le savons, la production de la force mécanique. En outre, le cheval n'est pas seulement un moteur aveugle, comme la machine à vapeur. Ses services sont d'autant plus appréciables, dans la plupart des cas, qu'il est capable de se mettre davantage en communication intellectuelle avec l'homme qui le dirige, et même qu'il est plus doué d'initiative. C'est là ce qui n'a pas encore été suffisamment compris, des hippologues surtout. Ils ont, pour la plupart, ne craignons point de le dire, calomnié le cheval, en faisant du noble animal une bête stupide, ne valant que par sa force

brute. Du cheval et de l'homme qui le monte ou le conduit, souvent le plus bête des deux n'est pas celui qu'on
pense.

Tel est le motif pour lequel, dans la constitution de la
méthode zootechnique dont il s'agit, on a parlé de la
gymnastique des fonctions de relation, en général, et non
pas seulement de celles de la fonction locomotrice, ou
purement mécanique. Le procédé, en effet, doit s'appliquer à la fois et au développement de tous les sens qui,
mettant l'animal en communication avec le dehors,
étendent ainsi la portée de son intelligence, et à celui
des organes mécaniques, dont le travail est par nous
utilisé.

Cela dit, ajoutons que le développement des fonctions
de relation étant le but principal de l'éducation méthodique du cheval, les fonctions de nutrition ont seulement à
fournir les matériaux de ce développement. La question
demeure, pour ce qui les concerne, purement hygiénique ;
elle n'est pas devenue zootechnique, comme dans le cas
où la fonction économique est l'accumulation, dans le plus
court temps possible, de la plus forte somme d'éléments
nutritifs, ce qui est le propre des animaux de boucherie.

Il y a donc là subordination réelle de la nutrition à
l'exercice des muscles et des sens, tandis que la subordination est inverse chez ces derniers animaux. En définitive,
pour préciser encore davantage, l'aptitude nutritive normale est suffisante dans tous les cas, chez le cheval, à
quelque gymnastique que ses fonctions de relation soient
soumises ; il n'y a donc pas lieu de la développer, il y a
lieu seulement de lui choisir ses matériaux. Et c'est en ce
sens qu'elle ne laisse pas d'intervenir pour une forte part,
dans l'application de la méthode, ainsi que nous l'avons

dit en commençant; mais, répétons-le, sa gymnastique s'effectue pour ainsi dire d'elle-même et par une pure raison d'équilibre fonctionnel. Les organes de relation, exercés, consomment davantage; la nutrition, pour y suffire, s'active d'autant et devient plus exigeante, voilà tout.

On comprend par là, toutefois, de quelle importance est la qualité de ces matériaux, dans l'application au cheval de la gymnastique fonctionnelle. Il ne faut pas hésiter à dire qu'elle est capitale. C'est, bien plus que le temps, l'étoffe dont la vie est faite, pour les chevaux comme pour nous. L'alimentation propre à fournir, chez l'animal adulte, les éléments de réparation de la force dépensée, doit préoccuper avant tout l'hygiéniste; et sous ce rapport nous avons dit tout ce qu'il y avait à dire, dans la première partie de cet ouvrage (1).

Le mode d'entretien des chevaux de travail ne laisse d'ailleurs pas beaucoup à désirer chez nous, à cet égard. Mais il en est tout autrement, quant aux procédés de l'élevage. Bien que l'on ait souvent répété, sous une forme triviale, que le secret pour faire de bons chevaux est dans le coffre à avoine, les éleveurs de chevaux fins surtout n'ont guère jusqu'à présent tenu compte de la vérité ainsi exprimée. L'usage de l'avoine, c'est-à-dire de l'alimentation riche et substantielle, n'est pas encore entré dans la pratique de leurs opérations. Presque partout les poulains de selle ou d'attelage vivent presque exclusivement à la prairie, jusqu'à ce que soit venu l'âge de les mettre en service, de les livrer au commerce ou à la remonte pour la cavalerie.

C'est là le vice fondamental de notre industrie cheva-

____

(1) Voy. *Hygiène*, ch. III.

line, qui diminue considérablement la valeur marchande des sujets produits en France, et les met hors d'état de soutenir la concurrence avec les chevaux anglais ou allemands. Aussi bien pour la solidité de leur constitution que pour l'exercice du métier qu'ils ont à faire et dont nous allons nous occuper, nos chevaux sont trop tardifs. Le consommateur veut des produits tout prêts. Ainsi s'explique le peu de faveur dont jouissent nos jeunes chevaux fins, tandis qu'au contraire l'industrie des chevaux de trait a toujours été chez nous en si grande prospérité.

L'objection souvent faite est que l'introduction de l'avoine, aliment par excellence du cheval, dans le climat européen, augmente les frais de production et par conséquent le prix de revient. Sans doute ; mais qu'importe, si la qualité du produit le fait plus rechercher et élève son prix de vente dans une plus forte proportion? Or, c'est ce qu'il n'est point possible de contester.

Si, par le fait de l'introduction de l'avoine dans l'alimentation du jeune cheval, il acquiert à quatre ans, pour le commerce, la valeur qu'il n'aurait eue sans cela qu'à six, ou peut-être même jamais, n'est-ce pas là une bonne opération économique ? Cela, répétons-le, n'est pas contestable, surtout si l'alimentation dont nous parlons est combinée avec l'application de la gymnastique des fonctions de relation.

C'est sur celle-ci qu'il faut insister. Jusqu'à présent les hippologues, qui n'en avaient point établi la théorie, qui n'en avaient point dégagé la loi, l'avaient sous d'autres noms reléguée au second plan. Ils ont toujours mis en première ligne le bon choix des reproducteurs. Il s'est toujours agi, pour eux, de régénérer nos races chevalines par l'influence prépondérante du pur sang. Toutes les institutions hippiques, depuis Colbert, en font foi. Les dissidences ne se sont établies, dans ces derniers temps, qu'entre les partisans du croisement — de beaucoup les plus nombreux — et ceux de la seule sélection. Le reste était accessoire, quelle que fût l'attention qu'on y donnât.

Eh bien, c'est le contraire qui est commandé par la zootechnie scientifique. Ce qui importe, avant tout, pour l'amélioration de nos chevaux, pour qu'ils soient en état de remplir utilement la fonction économique qui leur est dévolue, c'est que la gymnastique appropriée à cette fonction soit la base doctrinale de leur élevage. Évidemment, pour qu'ils y puissent être soumis, il faut d'abord les faire naître. Dans l'ordre naturel des choses, le choix des reproducteurs précède le régime des produits; mais ce que nous voulons bien faire comprendre, c'est que toute préoccupation des qualités de ceux-là reste en grande partie stérile, si elle n'a pas pour complément obligé la gymnastique fonctionnelle.

Nous avons fait la théorie de cette méthode zootechnique, en exposant les pratiques de l'entraînement du cheval de course, qui en offrent le type d'application le plus complet et le plus parfait. Quiconque a lu attentivement le chapitre consacré à ce sujet doit, si je ne m'abuse, être en mesure de passer facilement tout seul du principe général à l'application particulière. Il suffira donc, je pense, de préciser en peu de mots les cas spéciaux, pour rappeler seulement ces cas, qui ont d'ailleurs été indiqués à mesure que nous avons décrit les races de notre pays et les métis qu'elles ont formés.

Le principe de la méthode, la loi de la gymnastique des fonctions de relation, est que l'exercice gradué de l'organe excite son développement, en perfectionnant son aptitude fonctionnelle. Ce sur quoi il faut surtout appeler l'attention en ce moment, c'est qu'on doit bien se garder de confondre l'exercice, la gymnastique, avec le travail qui entraîne la fatigue. L'exercice peut être utilisé, c'est-à-dire avoir pour effet un travail mécanique utile. C'est le cas des jeunes chevaux de trait, employés dès leur deuxième année à de légers travaux agricoles. Nul doute qu'il n'y ait avantage à réaliser une telle condition, toutes les fois que cela se peut. Mais il convient de ne jamais perdre de vue, qu'il s'agisse d'un jeune cheval de selle, d'attelage ou de trait, que le travail est pour lui le moyen, non pas le but.

Donc, exercice gradué du jeune animal, dès que ses forces le permettent, et au plus tard vers la fin de sa deuxième année, à la fonction qu'il doit plus tard remplir, à porter un cavalier, à traîner une voiture au trot ou au pas, en même temps qu'il reçoit une alimentation substantielle : voilà ce qui est essentiel dans l'élevage du cheval.

Il nous a été facile de poser à cet égard des principes et d'en déduire des préceptes ; mais il ne faut pas se dissimuler que ni les uns ni les autres ne seraient suffisants pour faire l'éducation d'un éleveur de chevaux, s'il n'était doué des qualités et des aptitudes natives qui donnent ce que l'on peut appeler le tour de main du métier. Pour bien élever le cheval, la première condition est d'en avoir le goût à un très-haut degré, c'est de comprendre le noble animal, autrement dire de l'aimer comme il mérite de l'être. Hors de là, nul, si instruit qu'il puisse être sur les principes de la méthode, ne saura jamais l'appliquer convenablement.

Mais il est permis de demeurer persuadé que ce n'est pas le goût qui manque le plus à nos éleveurs français.

Quiconque a étudié sur place la Normandie, par exemple, ou les prairies de notre littoral océanien ; quiconque a vu de près, notamment, ces beaux types bruns et brachycéphales de paysans vendéens, au maintien si grave, à la physionomie si distinguée qu'on les dirait nobles à trente-six quartiers ; quiconque les a vus présenter à l'officier acheteur de la remonte le cheval de leurs marais, à la façon dont ils manient cet animal à demi sauvage, celui-là ne peut se méprendre sur leurs aptitudes équestres. Il est visible que le cheval et le paysan de Saint-Gervais s'entendent parfaitement. De même dans toutes les localités ou la production chevaline est de longue date implantée : en Bretagne, dans la plaine de Tarbes et ailleurs.

Ce qui manque donc chez nous, c'est l'instruction, c'est la connaissance des bonnes méthodes. Le cheval y est trop abandonné aux seules influences naturelles. Cela justifie notre insistance sur le point qui vient de nous occuper.

Sélection. — Il convient de conserver pures celles de nos races qui subsistent. Nous l'avons déjà dit à l'occasion de chacune d'elles. Le premier soin, dans l'application de la sélection à ces races, est d'exiger des reproducteurs qu'ils en présentent tous les caractères typiques et qu'ils soient doués surtout de la puissance d'atavisme au plus haut degré.

La réalité de cette puissance ne peut être attestée que par la généalogie, par ce que les Anglais appellent le *Pedigree*. On ne saurait y accorder trop d'importance. Aussi serait-il grandement à désirer que chacune de nos races chevalines eût, comme la race des chevaux de course, son livre généalogique, son *Stud-Book* ; que chaque bête, étalon ou jument, eût ses titres de noblesse. Alors, il n'y aurait pas moyen de se tromper, quant à la sélection

absolue : la reproduction du type serait sûre de ce côté.
On ne saurait trop recommander cette sage précaution aux
éleveurs intelligents, qui se montrent de plus en plus dé-
sireux de conserver leurs bonnes races pures de tout mélange. Cela ne se peut appliquer, hélas ! chez nous, qu'aux
races de trait, les seules qui aient à peu près complétement
échappé à l'influence du croisement, si longtemps prédominante.

En l'absence de la mesure si désirable que nous pré-
conisons, force est bien de s'en tenir à la recherche des
caractères typiques, qui attestent la pureté de la race,
sauf le cas d'atavisme étranger, dû à l'intervention plus ou
moins reculée d'un croisement n'ayant pas laissé de trace
visible.

Ces caractères typiques, on le sait, se tirent exclusivement de la conformation de la tête, signe visible du plan
particulier sur lequel le squelette est construit, disposition des parties constituantes du système osseux contre
laquelle toute tentative de modification vient échouer.

Les dimensions absolues de l'ensemble de ces parties
peuvent varier avec la taille et la corpulence. La gymnastique fonctionnelle est, on peut le dire, toute-puissante à
cet égard ; mais les proportions et les formes relatives, les
rapports, ne varient point. Il se produit alors, suivant une
comparaison heureuse, ce qui se passe dans les grandis-
sements ou les réductions photographiques. Dans les por-
traits-carte, comme dans les portraits de grandeur naturelle, en passant par toutes les proportions intermédiaires,
c'est toujours la ressemblance parfaite du modèle qui se
reproduit au fond de l'objectif et sur l'épreuve impression-
née par la lumière. Ainsi en est-il pour les diverses réductions d'une statue.

Cette loi de permanence ou de fixité inébranlable des caractères typiques, et par conséquent de la race, a été mise en évidence chez toutes les espèces domestiques, les seules qui aient pu être étudiées expérimentalement.

On peut, assurément, pour se refuser à l'admettre comme étant une loi naturelle, embrassant toute la série des êtres animés, argumenter du nombre relativement petit d'espèces observées, bien que ces espèces appartiennent à des ordres différents et qu'il n'y ait point apparence que les lois de l'hérédité diffèrent, l'unité étant établie dans la science pour la fonction de la génération dont ces lois dépendent. L'argument perd toutefois encore de sa valeur et se réduit à néant, en vérité, lorsqu'on songe que la permanence est également le propre des types végétaux, d'après les expériences de MM. Naudin, Decaisne, Rogron. Si ce n'est pas là le fait d'une loi générale, il faut renoncer à en déterminer jamais; car nul ne saurait se flatter de pouvoir soumettre à des expériences le règne animal et le règne végétal tout entiers.

Quant à moi, je tiens la loi de permanence de la race pour bien et dûment établie. En tout cas, il importe seulement à notre objet qu'elle le soit pour ce qui concerne les mammifères domestiques, et quant à présent pour le cheval. Sachons que deux chevaux de la même race ont nécessairement les lignes et les proportions de la tête semblables, à l'état normal. Les rares exceptions apparentes portent sur des détails accessoires, qui doivent être négligés, et auxquels la fixité manque. On en peut citer comme exemple le célèbre étalon anglais *Flying-Dutch-mann*, dont la petite tête un peu bombée ne se communique point habituellement à ses descendants.

La longueur de la face, par rapport à l'étendue du

crâne (correspondant à la région du front); l'écartement
des oreilles, par rapport à cette même étendue, qui donne
la relation du diamètre transversal du crâne avec son
diamètre longitudinal; la direction du chanfrein; ensemble de caractères d'où résulte la physionomie; tout
cela s'offre toujours de même chez les individus de la
même race. Le reste peut différer et diffère souvent
par les effets de la gymnastique. L'entraînement pour
les chevaux de course a fait du corps et des membres
du cheval arabe ce que nous voyons chez le coureur
anglais. Comparez néanmoins trait pour trait la tête de
Monarque ou de *Gladiateur*, son fils, à celle d'*Émir*,
l'étalon syrien déjà cité, vous n'y trouverez aucune différence notable. La tête d'*Émir*, en raison de sa petite
taille, sera seulement une réduction de celle de ces deux
vainqueurs du turf, comme la statuette est une réduction
de la statue.

Telle est donc la condition d'application de la sélection
absolue, ayant pour unique but de conserver la pureté de
la race. Arrivons à la sélection relative, dont l'objet est
d'améliorer les familles qui la constituent. Elle porte sur
les caractères secondaires, principalement sur les aptitudes. Son application ne se conçoit que combinée avec la
gymnastique fonctionnelle, dont elle a pour résultat de
reproduire et de multiplier les effets.

La pratique de la sélection relative consiste à préférer,
dans la race, les reproducteurs dont la conformation et
l'aptitude se rapprochent le plus du type idéal que nous
avons essayé de décrire pour chaque spécialité de service
ou fonction économique. Il serait superflu de répéter ici
les beautés absolues et les beautés relatives sur lesquelles
doit porter le choix, chez le cheval. Bornons-nous à ren-

voyer au chapitre où elles sont indiquées (1). Il sera bon de rappeler en outre, à cette occasion, les lois connues de l'hérédité, et particulièrement la loi des semblables (2), qui fera bien sentir la nécessité de toujours trouver réunies, chez les deux reproducteurs, et autant que possible à un égal degré, les beautés que l'on veut obtenir chez le produit.

Les vues spéculatives sur lesquelles on a édifié une prétendue théorie de l'appareillement des reproducteurs, en vertu de laquelle des défauts excessifs en sens inverse, se corrigeraient réciproquement, ont été réduites à leur valeur. L'expérience prouve tous les jours que ces conceptions-là, dites rationnelles, sont parfaitement fausses et déraisonnables. Pour chacune des parties de son corps, le produit hérite de son père ou de sa mère. Selon la distinction établie en chimie, il constitue un mélange, non point une combinaison. Nous ne savons pas pourquoi, mais cela est ainsi. En science expérimentale, on ne peut rien concevoir de rationnel, qui ne soit basé sur l'observation, c'est-à-dire sur les faits.

Dans la sélection relative des étalons et des juments, il ne faut donc s'attacher qu'à la recherche des qualités. Il faut avoir constamment derrière les yeux, qu'on nous passe l'expression, le type idéal du cheval de service, qu'il s'agit de reproduire, et le confronter sans cesse avec les individus que l'on a devant soi, en donnant la préférence à ceux d'abord qui s'en éloignent le moins, puis à ceux qui s'en rapprochent le plus.

On s'exagère beaucoup, en général, les difficultés de la

____

(1) Voy. ch. 1 § 2 du présent livre, p. 35 et suiv.
(2) Voy. *Principes généraux*, ch. IV, p. 98.

tàche. Sans nier ces difficultés, il est permis de dire qu'elles sont moins grandes et moins insurmontables qu'on ne le croit. L'expérience autorise à affirmer que pour obtenir de bons résultats de la sélection relative dans la race, il est nécessaire de déployer beaucoup moins d'habileté que pour effectuer un métissage réussi. La raison en est que la sélection fait toujours avancer et ne fait au moins jamais reculer. On y progresse à coup sûr. Il n'y faut qu'un peu de persévérance. Nous rappellerons tout à l'heure ce qu'il en est du métissage sous ce rapport, appliqué à la multiplication des chevaux améliorés.

Croisement. — Si les lois physiologiques qui le régissent étaient bien comprises et observées, le croisement des races chevalines pourrait avoir une importance industrielle considérable. Malheureusement, nos éleveurs de chevaux n'en sont pas encore là. Les hippologues, il faut le dire, et surtout les hippologues officiels — le mot est applicable ici, car nous avons, par le fait des haras de l'État, une hippologie administrative — les ont entraînés dans une voie systématique où il semble bien difficile de s'arrêter désormais. On a cru qu'il était possible de régénérer nos races légères en leur *infusant* du sang anglais ou du pur sang. Le cheval d'hippodrome a été et est encore considéré comme le régénérateur par excellence. C'est un dogme hippologique.

Là est l'erreur. L'étalon anglais ou l'étalon arabe, à la condition qu'ils soient bien choisis, sont seulement, mais ils le sont incontestablement, de puissants facteurs pour la fabrication des chevaux de service, appropriés aux besoins et aux goûts de notre temps. Si, au lieu de persévérer dans une vue dogmatique en opposition avec les enseignements de la science, on en venait à envisager la question sous son véritable jour, je ne dis pas que nous puissions rentrer de sitôt en possession de celles de nos anciennes races qui avaient des qualités réellement estimables, mais du moins notre population chevaline ne tarderait-elle point trop à ne plus mériter la plupart des justes critiques qui lui sont adressées, et que nous avons eu l'occasion de passer en revue dans le chapitre précédent.

Expliquons-nous.

Le croisement des races chevalines légères a été partout systématisé. L'administration des haras a couvert la France d'étalons anglais de pur sang, de mérites divers, et l'on n'a rien fait nulle part pour conserver, en les améliorant, les types purs de nos races indigènes. La reproduction s'est toujours effectuée, soit entre des juments de la race locale impropres à tout autre service et l'étalon dit régénérateur, soit entre cet étalon et les filles métisses de sa race. Il en est résulté partout une population confuse de rebuts indigènes et de métis à tous les degrés, parmi lesquels les bons sujets forment toujours la minime exception. Qu'on les considère au Nord ou au Midi, il n'est pas possible de contester justement cette appréciation. Nous n'insisterons pas sur les défauts qu'ils présentent. Ils ont été signalés à l'occasion de chacun des groupes que nous avons étudiés. Notre but est d'ailleurs d'indiquer ici ce qu'il conviendrait mieux de faire, pour les cas où nous avons considéré la pratique du croisement comme pouvant être avantageuse.

C'est très-exceptionnellement que le croisement continu avec l'anglais peut donner de bons résultats. Il n'y a pas lieu cependant de repousser absolument la substitution progressive. Pourvu que les procédés d'élevage

soient en rapport avec les exigences de l'opération ;
pourvu que les produits soient traités comme le sont,
moins l'entraînement spécial, les poulains dits de pur
sang, on n'y voit pas d'objection fondée. Certains éleveurs
habiles du Merlerault, réputés pour leurs beaux produits,
n'agissent pas autrement. On en aurait au besoin la preuve
dans l'intéressant petit volume de M. du Hays, cité précédemment.

Mais, partout ailleurs, les meilleurs esprits sont d'accord pour reconnaître qu'il y a lieu de s'en tenir aux métis
de premier degré, à ce que l'on appelle des demi-sang.
Avec les formes et les aptitudes que l'institution des
courses tend de plus en plus à faire acquérir au commun
des reproducteurs anglais, minces, allongés, et grêles de
membres, on le comprend facilement. Or, il n'est pas
possible de concevoir la réalisation du désir ainsi
formulé, si, à côté des opérations de croisement, le
type des mères n'est pas conservé. Le programme du
temps devrait donc être de faire marcher de front, dans
notre population chevaline légère, la sélection et le
croisement.

Le tort, précisément, a été de ne point adopter ce programme, et de rêver la régénération systématique des
races françaises, ou plutôt de leur sang. On a cru naïvement qu'il était possible de les conserver, tout en les améliorant par là. C'était de la zootechnie dite rationnelle, ou
purement spéculative, c'est-à-dire basée sur des chimè-
res. Maintenant, l'un des facteurs du croisement, en vue
de produire des premiers métis pour le commerce, manque
complétement. Il y a lieu d'en restaurer la race, si l'on
veut reprendre l'opération. Le métissage s'en chargera,
ainsi que nous allons le voir, pourvu qu'il soit combiné

avec la sélection relative, ce qui est du reste aussi bien l'une des nécessités du croisement industriel.

Faisons remarquer, avant de passer outre, que les déconvenues de toutes les opérations de croisement s'expliquent par la négligence de cette sélection relative. Les lois de l'hérédité s'appliquent tout aussi bien aux reproducteurs croisés qu'à ceux de même race.

Métissage. — Les fâcheux effets du croisement continu ont fait sentir, en Normandie surtout, la nécessité de s'arrêter dans une voie au bout de laquelle les produits cessaient d'être propres à aucun des services auxquels avaient d'abord pourvu les métis anglo-normands. Au delà d'un second croisement avec le cheval de course actuel, les métis ont ce que M. Gayot a appelé *trop de sang*. Cela est encore plus patent dans l'Ouest, dans le Centre et dans le Midi, où les conditions sont plus éloignées de celles qui conviennent au cheval anglais.

Après l'avoir constaté de manière à n'en plus pouvoir douter, on a imaginé de fixer les caractères des métis anglo-normands, dits de demi-sang, en les reproduisant entre eux. L'administration des haras crut de bonne foi qu'elle avait créé une race nouvelle de chevaux de service, dont elle répandit les plus beaux sujets dans ses dépôts.

Bien des gens demeurent persuadés qu'il en est ainsi.

On sait toutes les dissertations dont cette prétendue création a été l'objet. On sait aussi ce qu'il en faut penser. Nous nous sommes suffisamment étendus là-dessus pour n'y point revenir. Force est bien d'accepter le métissage des chevaux, à titre d'opération industrielle, puisque dans l'état des choses il n'est pas possible de faire autrement. Seulement, ainsi que le préconisent ceux-là même qui soutiennent avec le plus de conviction l'existence des races de demi-sang, il y a nécessité de revenir assez fréquemment à la race paternelle, de *rafraîchir le sang*, comme on dit; car, selon la loi de réversion, les produits font retour à la race des mères, à moins que ce ne soit à celle du père, auquel cas c'est le sang maternel qui doit être *rafraîchi*. M. Gayot a donné à ces opérations compliquées le nom de *croisement alterne* ou *alternatif;* il vaudrait peut-être mieux le nommer *alternant.*

On voit que tout cela se complique aussi de sélection relative, qui devrait devenir absolue, si l'on voulait restaurer la souche maternelle, avec les individus des deux sexes qui, dans le métissage, ne manquent jamais de revenir à cette souche.

C'est ce que nous avons recommandé pour les races méridionales.

CHAPITRE V

DE LA CASTRATION ET DE LA FERRURE DES POULAINS

Castration. — L'émasculation des chevaux a été longtemps envisagée, par les hippologues, comme un moyen de prévenir la prétendue dégénérescence des races chevalines. Alors que l'omnipotence et l'omniscience de l'État étaient érigées en une sorte de dogme; alors qu'on lui croyait incomber, de bonne foi, la charge de tous les intérêts privés et leur direction, quiconque écrivait sur la question chevaline se sentait obligé d'examiner s'il ne conviendrait point que la castration de tous les mâles défectueux fût prescrite administrativement. Nos annales contiennent des règlements et des arrêtés rendus en ce sens par les pouvoirs publics, et il existe encore des gens capables de regretter qu'ils aient été abrogés ou soient tombés en désuétude. Aujourd'hui, toutefois, il n'est plus permis de perdre son temps à discuter de telles conceptions. L'esprit de réglementation a perdu suffisamment de terrain pour qu'il n'y ait pas lieu de s'en préoccuper.

Nous n'avons pas même à nous placer au point de vue de son utilité, pour considérer la castration. Que les chevaux hongres soient ou non préférables aux chevaux entiers, pour certains services, c'est ce qui ne nous concerne pas ici. La question est du ressort des industries qui emploient les uns ou les autres. On ne veut pas nier son intérêt, à coup sûr : il est très-grand ; mais outre que cette question ne peut être résolue, dans l'état actuel de la science, les observations qui permettraient de conclure n'ayant pas été recueillies avec assez de précision, les producteurs pour qui nous écrivons n'ont point à tenir compte, quant à présent, des solutions qu'elle pourra recevoir ultérieurement. Les lois économiques leur font seulement une obligation de se conduire d'après l'état des choses. Or, cet état est que les chevaux fins, en général, ne sont acceptés par le commerce ou par l'État, pour les services privés ou pour l'armée, qu'en qualité de chevaux hongres. Il en est de même d'un certain nombre de chevaux de trait des races dites communes.

Il convient donc seulement d'examiner les conditions dans lesquelles la castration doit être opérée, pour qu'elle soit le plus opportune. Un producteur sensé, qui pratique sérieusement son industrie, s'enquiert avec attention de ce qui est demandé par la consommation, afin d'augmenter, pour ses produits, les chances d'écoulement avantageux.

On a trop souvent, en fait de production chevaline surtout, glorifié les tentatives incomprises, et mis au
compte du patriotisme des opérations qui n'étaient qu'un
gaspillage de capitaux, affaiblissant par conséquent la nation au lieu de servir à sa gloire, sinon à sa prospérité. Le
désintéressement, si intentionnel qu'il puisse être, n'est
véritablement louable qu'autant qu'il profite à quelqu'un.
Autrement, si la personne qui en fait preuve a droit à une
sorte de commisération mêlée d'estime, l'acte en lui-
même ne mérite que le blâme et ne doit pas être donné
en exemple. C'est là un principe de morale qu'il est bon
de rappeler en passant, à l'occasion d'une industrie dans
laquelle on a tant abusé de l'absolu !

Étant admis que la castration des chevaux est une opération nécessaire, à quel âge est-il préférable de la prati-
quer ? Telle est la question que, seule, nous pouvons nous
poser utilement. Cette question a été pendant longtemps
et beaucoup débattue. Elle peut être aujourd'hui considérée comme résolue. Les vétérinaires des pays d'élevage,
ceux de la Normandie surtout, soutenaient qu'il y avait
avantage à laisser l'animal se développer complétement ou
à peu près, sous l'influence de sa fonction génésique. Par
là, pensaient-ils, le cheval une fois châtré conserve ultérieurement plus de force et de vigueur. Mais on a fait observer avec raison, croyons-nous, que ce n'était là qu'une
pure hypothèse gratuite. Ce qui est certain, c'est que la
castration tardive fait subir à la conformation des modifications disgracieuses.

On sait que les parties antérieures de l'animal entier
sont relativement plus développées que les parties posté-
rieures. L'inverse s'observe chez les femelles, dont la tête
et l'encolure sont généralement plus fines. Ce caractère de

11.

sexualité n'existe pas chez les très-jeunes sujets; il n'apparaît qu'au moment de la puberté, au moment où se développe l'aptitude à reproduire l'espèce. Si, après qu'il s'est montré, l'individu vient à être privé des attributs essentiels de son sexe, l'état de neutralité détermine aussitôt un changement de direction dans les courants nutritifs, qui étaient évidemment auparavant sous la dépendance de la fonction supprimée. La conformation acquise ne se maintient pas; un travail de résorption commence au sein des tissus musculaires du train antérieur, les parties osseuses restant les mêmes, en vertu de leur mode particulier de nutrition, sur lequel nous avons appelé l'attention à propos de la théorie de la précocité (1). Il en résulte une disproportion entre les unes et les autres, et finalement un défaut d'harmonie dans l'ensemble du corps, défaut capital en ce qui concerne la beauté du cheval.

Cela suffirait, au point de vue zootechnique, pour faire rejeter radicalement la pratique de la castration tardive. Mais il est une autre considération qui mérite d'entrer en ligne. Les statistiques chirurgicales ont établi que les accidents consécutifs de l'opération diminuent à mesure qu'on les considère sur des sujets opérés dans un âge moins avancé. A tous égards donc, il y a lieu de hâter le plus possible l'émasculation des poulains.

Ce qui vient d'être dit permet de fixer la limite au delà de laquelle il ne peut plus être avantageux d'attendre. Dès que les velléités génésiques se montrent, et c'est ce qui arrive ordinairement vers la fin de la deuxième année, il n'y a plus que des inconvénients à différer la castration.

(1) Voy. *Principes généraux*, p. 195.

Il reste à déterminer la limite inverse. Nous inclinerions, pour notre compte, à penser que l'opération ne saurait jamais être pratiquée trop tôt, dès qu'elle est rendue possible par la présence des testicules dans les bourses. Certains auteurs, M. Goux (d'Agen) en particulier, l'ont préconisée chez les sujets encore à la mamelle. Ce devrait être la règle, toutes les fois que rien n'indique, pour le sujet, l'espérance de devenir un étalon. Exceptionnellement, on pourrait attendre jusqu'au printemps qui suit la naissance, et réserver les individus dont l'origine ou les formes sont susceptibles de faire espérer un reproducteur.

Dans ces conditions, l'opération est des plus bénignes. Les organes à retrancher n'ayant pas encore fonctionné ne sont qu'un accessoire au demeurant fort insignifiant. C'est à peine si les jeunes poulains sentent l'opération et ses suites, surtout avec les procédés expéditifs dont la chirurgie est maintenant en possession. Lorsque je pratiquais, il y a quinze ans, la vétérinaire en Saintonge, il m'est arrivé bien des fois d'enlever, par la torsion bornée, les testicules à des poulains d'un an, le matin même du jour où ils devaient partir pour aller passer dans les marais des environs de Rochefort la saison des herbes. Une fois partis, on ne s'en préoccupait plus. Jamais, dans ces cas, aucun accident ne s'est produit.

La castration ainsi comprise peut passer à juste titre, je le répète, pour une des opérations les plus bénignes de la chirurgie vétérinaire. Elle ne saurait trop être recommandée aux éleveurs, à tous les points de vue. En outre de son innocuité complète, le poulain qui l'a subie se développe ensuite conformément aux harmonies de son état de neutralité sexuelle, et suivant seulement la gymnastique fonctionnelle à laquelle il est ultérieurement soumis. L'influence du sexe a disparu avant qu'elle eût pu se manifester.

Ferrure. — Il serait superflu de répéter ici les principes qui ont été formulés dans notre livre sur l'hygiène, au chapitre de l'hygiène du pied. Le mieux est d'y renvoyer. Nous insisterons seulement sur l'importance des soins qu'il y a lieu de prendre, pour que les sabots du poulain soient maintenus dans les conditions normales de l'aplomb.

Ils ne doivent être ferrés que le plus tard possible, lorsqu'il n'y a plus moyen d'éviter l'usure exagérée ou irrégulière de leur corne ; et alors on ne doit leur appliquer que des fers très-légers. Il importe cependant de parer souvent les pieds, d'après les principes indiqués, et de choisir toujours pour cela un maréchal intelligent, d'un caractère doux et bienveillant, qui ne provoque point de résistances par sa brutalité.

Un des préjugés les plus funestes à la conservation de la solidité des membres du cheval, et par là même à la durée des services de cet animal si utile, est celui qui consiste à croire que l'art doit intervenir pour corriger ou améliorer les dispositions naturelles de son pied. On ne saurait trop s'élever contre la plupart des inventions dont l'art d'appliquer un fer sous le pied du cheval est l'objet. Il y a eu, dans ces derniers temps surtout, comme une sorte de recrudescence de ces inventions. Imaginant je ne sais quelles suppositions sur le mode de fonctionnement de chacune des parties qui entrent dans la constitution de la boîte cornée, les inventeurs se sont mis de tous côtés l'esprit à la torture pour combiner des fers orthopédiques plus ou moins compliqués, ayant pour but surtout d'écarter les talons.

Il eût été plus sage, en vérité, au lieu de s'évertuer ainsi à chercher des moyens de remédier aux altérations du sabot, de mieux étudier leur mode de production. S'ils avaient procédé ainsi, en s'inspirant des lumières de la physiologie, les auteurs de nouveaux procédés de ferrure se fussent aperçu que la maréchalerie, plutôt que de fournir le remède au mal qu'elle fait, aurait meilleure grâce en évitant de le produire.

Il n'est point douteux, en effet, que si la plupart des chevaux arrivent promptement à perdre les proportions et les formes normales de leur sabot, sans lesquelles la solidité de leur marche et la beauté de leurs allures ne sauraient être entières, cela tient uniquement à la façon vicieuse dont les maréchaux, en général, leur parent les pieds. On conçoit à peine qu'un art si important soit presque partout abandonné à des mains si maladroites, à des intelligences si peu éclairées.

Le premier soin du maréchal, dès qu'il est appelé à munir un poulain de sa première ferrure, c'est de lui confectionner des pieds suivant les règles arbitraires de son art, d'en réduire les dimensions, d'en amincir la sole et la fourchette, d'en abattre les talons et les arcs-boutants ; en un mot de les *blanchir*, selon le terme du métier. Dans la préoccupation de donner à la boîte cornée une forme qui plaise davantage à l'œil, il fait un déplorable abus de ses instruments tranchants.

On ne saurait trop s'élever contre cet abus. Dans la disposition naturelle des diverses parties constituantes de l'ongle du cheval, chacune de ces parties, du côté de la face plantaire, a une fonction à remplir par son appui sur le sol, fonction qui s'accomplit de telle sorte que le poids du corps y soit réparti d'après des proportions déterminées ; et l'ensemble ne peut conserver ses formes normales, qu'à la condition d'un respect complet, de la part du maréchal, des dimensions relatives que présentent, avant son intervention, les parties tout à l'heure énumérées de la boîte cornée.

Le principe fondamental, du point de vue où nous sommes ici placés, est donc, lorsqu'il s'agit de parer les pieds d'un poulain, de n'abattre que les portions de corne dont l'usure ne s'est pas effectuée suffisamment, par le frottement du pied sur le sol doux de la prairie, ou s'est produite d'une façon irrégulière. Dans les deux cas, l'exubérance de l'ongle entier ou de quelques-unes de ses parties seulement, en dérangeant l'obliquité normale des phalanges et en changeant les conditions de l'appui sur le sol, vicie l'harmonie des attaches tendineuses ou ligamenteuses, dont la fonction est de maintenir l'ouverture normale des angles du membre, par un antagonisme entre les puissances de flexion et celles d'extension, qui semble calculé de manière à les ménager toutes également. Il en résulte des excès d'action qui, chez les jeunes animaux surtout, dont la croissance n'est pas achevée, dont le système osseux, par conséquent, subit avec plus de facilité l'influence des causes d'excitation, se traduisent infailliblement par des exostoses aux points d'insertion des ligaments et des tendons tiraillés, et aussi par ces hydropisies des gaînes de glissement des tendons et des synoviales articulaires, qu'en langage hippique on appelle des tares molles.

Il m'est arrivé plusieurs fois de voir diminuer et même disparaître tout à fait, chez des jeunes chevaux, quelques-unes de ces tares commençantes, dures ou molles, éparvins, jardes, suros, vessigons ou mollettes, causées par un excès de longueur du pied ou bien par une disposition vicieuse de ses proportions relatives, rien qu'en les faisant rétablir dans leurs conditions normales.

Pour juger de la valeur des divers systèmes de ferrure proposés, et qui sont en surabondance, il faut bien le dire, c'est d'après ces bases qu'il convient de les envisager. Avant toute considération sur les conditions de solidité et de durée, deux points sont fondamentaux : 1° savoir si le système conserve aux talons, aux arcs-boutants, à la fourchette et à la sole, leur hauteur et leur épaisseur normales, qui peuvent seulement être qualifiées ainsi lorsque la ligne de direction des tubes cornés (vulgairement fibres de la corne) forme avec le plan horizontal un angle de 45 degrés ; lorsque le repli de la paroi appelé arc-boutant se trouve, dans toute son étendue, de niveau avec le bord plantaire de cette même paroi, au lieu d'être aminci en biseau jusqu'au point où la paroi se replie en talon, de façon à ne plus pouvoir s'appuyer sur le sol ; lorsque les parties de la sole et de la fourchette qui tendent à se détacher et à tomber sous forme d'écaille ou de lambeau, ont seules été enlevées par les instruments du maréchal ; 2° si le poids du fer appliqué sous le pied, ne dépasse point la limite de ce qui est rigoureusement nécessaire pour qu'il puisse résister à l'usure, durant le temps au bout duquel une nouvelle ferrure ne peut plus être différée, sans que l'excès de longueur de l'ongle devienne un obstacle au maintien des aplombs réguliers, dont les conditions viennent d'être indiquées.

Tout le reste, dans la ferrure, est accessoire pour nous, pourvu que le fer ne soit point attaché au pied de manière à blesser les parties sensibles situées sous la corne. Désirons seulement qu'on se souvienne bien que le fer, appli-

qué sous le pied du cheval, ne peut avoir d'autre fonction logique que celle qui consiste à protéger le bord
plantaire de la paroi contre une usure exagérée, sur les
terrains durs où il doit marcher. C'est pour lui en avoir
attribué arbitrairement beaucoup d'autres, qu'on a si souvent erré en posant les préceptes ou les règles de l'art du
maréchal.

LIVRE II

ANE   (E. asinus)

CHAPITRE PREMIER

CARACTÈRES SPÉCIFIQUES ET ORIGINES

Caractères spécifiques. — On se demandait sérieusement, du temps de Buffon, si l'âne appartenait bien à une espèce distincte de celle du cheval. Alors, pour résoudre une telle question, on ne pouvait guère s'en tenir qu'aux apparences, et les naturalistes inclinaient, paraît-il, à considérer l'humble animal comme un résultat de la décadence de son noble congénère.

L'hypothèse florissait, en ce temps-là, dans la science, en histoire naturelle surtout; et Buffon s'est cru obligé de réfuter, par de simples affirmations, l'hypothèse relative à l'origine de l'âne, dans une de ces pages éloquentes dont le célèbre écrivain naturaliste s'est montré si prodigue. Nous la reproduirons tout à l'heure, cette page, non pas pour les arguments qu'elle peut fournir en faveur des droits de l'âne à former une espèce zoologique, mais parce qu'elle est la plus équitable glorification qui ait jamais été entreprise des mérites incontestables d'un être méconnu et calomnié.

Si la constitution anatomique avait une valeur absolue pour la détermination et la distinction des espèces; si la question qu'elles soulèvent était du ressort de la morphologie, en ce qui concerne l'âne et le cheval, la confusion ne serait pas possible.

Mais nous savons que la caractéristique de l'espèce se tire d'un tout autre ordre de considérations. Sans avoir égard à la forme, il suffit de savoir que de l'accouplement fécond de l'âne avec la jument, de même que de celui du cheval avec l'ânesse, ce qui résulte est un hybride, et le moins fécond de tous les hybrides, pour que la distinction des deux espèces soit solidement établie. Là est l'unique criterium, mais il est certain, la notion de l'espèce, telle qu'elle est dans notre langue zoologique, entraînant avant et par-dessus tout l'idée de la succession des générations.

Cela bien constaté, l'on peut ajouter, avec Buffon :

« L'âne est donc un âne, et n'est point un cheval dégénéré, un cheval à queue nue ; il n'est ni étranger, ni bâtard ; il a, comme tous les animaux, sa famille, son espèce et son rang ; son sang est pur, et, quoique sa noblesse soit moins illustre, elle est tout aussi bonne, tout aussi ancienne que celle du cheval ; pourquoi donc tant de mépris pour cet animal, si bon, si patient, si sobre, si utile ? Les hommes mépriseraient-ils jusque dans les animaux, ceux qui les servent bien et à trop peu de frais ? On donne au cheval de l'éducation, on le soigne, on l'instruit, on l'exerce, tandis que l'âne, abandonné à la grossièreté du dernier des valets, ou à la malice des enfants, bien loin d'acquérir, ne peut que perdre par son éducation ; et s'il n'avait pas un grand fonds de bonnes qualités, il les perdrait, en effet, à la manière dont on le traite ; il est le jouet, le plastron, le bardeau des rustres qui le conduisent le bâton à la main, qui le frappent, le surchargent, l'excèdent sans précaution, sans ménagement. On

ne fait pas attention que l'âne serait par lui-même, et pour
nous, le premier, le plus beau, le mieux fait, le plus distingué des animaux, si dans le monde il n'y avait point de
cheval; il est le second au lieu d'être le premier, et par
cela seul il semble n'être plus rien : c'est la comparaison
qui le dégrade; on le regarde, on le juge, non pas en lui-
même, mais relativement au cheval; on oublie qu'il est
âne, qu'il a toutes les qualités de sa nature, tous les dons
attachés à son espèce, et on ne pense qu'à la figure et aux
qualités du cheval, qui lui manquent, et qu'il ne doit pas
avoir. »

Buffon n'avait sans doute pas eu l'occasion d'observer
l'âne dans toutes les conditions qui lui ont été faites par
l'industrie moderne; il ne connaissait vraisemblablement
que les déshérités de l'espèce, fléchissant sous le poids
des fardeaux; sans cela, il eût corrigé du portrait qu'il en
trace de main de maître, dans les termes suivants, quelques traits un peu forcés :

« Il est, dit-il, de son naturel aussi humble, aussi patient,
aussi tranquille, que le cheval est fier, ardent, impétueux ;
il souffre avec constance, et peut-être avec courage, les
châtiments et les coups; il est sobre, et sur la quantité, et
sur la qualité de la nourriture; il se contente des herbes
les plus dures et les plus désagréables, que le cheval et
les autres animaux lui laissent et dédaignent; il est fort
délicat sur l'eau, il ne veut boire que de la plus claire et
aux ruisseaux qui lui sont connus : il boit aussi sobrement
qu'il mange, et n'enfonce point du tout son nez dans l'eau
par la peur que lui fait, dit-on, l'ombre de ses oreilles :
comme l'on ne prend pas la peine de l'étriller, il se roule
souvent sur le gazon, sur les chardons, sur la fougère, et
sans se soucier beaucoup de ce qu'on lui fait porter, il se

couche pour se rouler toutes les fois qu'il le peut, et semble par là reprocher à son maître le peu de soin qu'on prend de lui; car il ne se vautre pas comme le cheval dans la fange et dans l'eau, il craint même de se mouiller les pieds, et se détourne pour éviter la boue; aussi a-t-il la jambe plus sèche et plus nette que le cheval; il est susceptible d'éducation, et l'on en a vu d'assez bien dressés pour faire curiosité de spectacle.

« Dans la première jeunesse, ajoute Buffon, il est gai, et même assez joli; il a de la légèreté et de la gentillesse, mais il la perd bientôt, soit par l'âge, soit par les mauvais traitements, et il devient lent, indocile et têtu; il n'est ardent que pour le plaisir, ou plutôt il en est furieux au point que rien ne peut le retenir, et que l'on en a vu s'excéder et mourir quelques instants après. » Et plus loin : « Il marche, il trotte et il galope comme le cheval, mais tous ces mouvements sont petits et beaucoup plus lents; quoiqu'il puisse d'abord courir avec assez de vitesse, il ne peut fournir qu'une petite carrière, pendant un petit espace de temps; et quelque allure qu'il prenne, si on le presse, il est bientôt rendu. »

Cela ne s'applique qu'à l'âne de nos climats, et encore à la condition qu'il soit surchargé, ce qui est le plus habituel; celui d'Orient ne le cède guère au cheval, sinon pour la vitesse et l'élégance, du moins pour le fond.

« Le cheval hennit et l'âne brait, ce qui se fait par un grand cri très-long, très-désagréable, et discordant par dissonnances alternatives de l'aigu au grave et du grave à l'aigu; ordinairement il ne crie que lorsqu'il est pressé d'amour ou d'appétit; l'ânesse a la voix plus claire et plus perçante; l'âne qu'on fait hongre ne brait qu'à basse voix, et quoiqu'il paraisse faire autant d'efforts et les mê-

nies mouvements de la gorge, son cri ne se fait pas entendre de loin. »

Ainsi s'est exprimé Buffon sur l'espèce de l'âne. On ne
comprend point, quand on a étudié attentivement cette
espèce, comment il se fait que se soit établie sa réputation
proverbiale de sottise et d'entêtement, prise pour terme
de comparaison, afin de lancer à la face de l'homme la
plus dédaigneuse des injures. Il convient de s'élever
contre ce préjugé, sinon par sentiment de justice et
d'équité, au moins par une conscience éclairée des services que l'âne rend à la société. Bien sûr, c'est en sa
qualité de compagnon et de serviteur du pauvre, qu'il est
resté, même après le triomphe de l'égalité politique, le
vilain, le rustre, le roturier de son genre. Il est vrai qu'il
n'était point aux croisades et qu'il n'est pour rien dans le
titre des anciens preux. L'âne attend encore son 89.
Lorsque le jour de la justice aura lui pour son espèce,
elle sera tout entière estimée et traitée avec toute sorte
d'égards, comme le sont déjà, par pur amour du lucre,
les privilégiés que l'on choie pour obtenir subrepticement
d'eux qu'ils consentent à devenir les époux des juments.

Je serais tenté de croire que nous sommes si prompts à
calomnier l'âne, uniquement parce que nous lui en voulons de ce qu'il nous est de beaucoup supérieur en phi-
losophie. Il nous humilie par son imperturbable mépris
des grandeurs. La sotte vanité de l'âne chargé de reliques
n'est qu'une pure fable. Lorsque le Bonhomme, qui s'est
d'ailleurs toujours montré si injuste pour lui, a composé
son apologue, assurément, ce n'était point un âne qui
posait devant lui. Il n'avait, pour trouver son modèle dans
notre espèce, que l'embarras du choix. Dans l'attitude de
l'âne le plus richement caparaçonné, qui porte le long des

allées d'un parc quelque belle enfant, qu'une tendresse maternelle suit des yeux avec sollicitude, comme pour lui faire sentir tout le prix de la confiance qu'elle lui accorde en le chargeant de ce précieux fardeau, voyez si vous pouvez découvrir rien qui soit comparable à la morgue insolente de ce valet si fier de sa brillante livrée! Là, comme sous les haillons du mendiant, il accomplit modestement son devoir, reconnaissant des bons traitements qu'il reçoit, et plein de mansuétude en face des ignominies dont il est abreuvé. Ce n'est pas lui qui songera jamais à se prévaloir de l'honneur fait à son ancêtre, lors de l'entrée à Jérusalem, ni même de sa présence dans l'étable qui fut témoin de la nativité.

Origines. — Les considérations relatives au même sujet, dans le livre précédent, pour ce qui concerne l'espèce du cheval, s'appliquent de tout point aux origines de celle de l'âne. Que la race asine originaire d'Afrique soit ou non l'onagre à l'état domestique, les caractères distinctifs de celui-ci n'ont jamais été assez bien décrits pour qu'il ne subsiste plus de doute à cet égard. Le spécimen d'onagre qui figure à la ménagerie du Muséum d'histoire naturelle de Paris ne diffère en rien, assurément, de nos ânes communs; et je sais des gens qui le soupçonnent véhémentement de n'être que le sujet qui a posé, en Algérie, devant l'objectif qui a donné la photographie sur laquelle a été copiée la gravure reproduite plus loin. Or, ce sujet était bel et bien tenu en Afrique pour un simple *bouricaut*.

Quoi qu'il en soit, on peut affirmer encore ici, les preuves ayant été fournies antérieurement, que l'autre race asine, dont le type diffère essentiellement de la race orientale, n'a nécessairement pas la même origine, et qu'elle descend d'une autre souche.

Dans l'état actuel de la science, il faut donc admettre au moins deux patries originaires pour l'espèce de l'âne, puisque cette espèce se montre à nous sous deux types parfaitement distincts. D'après les documents historiques déjà signalés, l'une serait à l'est du continent africain, l'autre au midi du continent européen.

Nous reviendrons sur ces deux points.

CHAPITRE II

FONCTIONS ÉCONOMIQUES ET TYPES DE CONFORMATION

1. Fonctions économiques.

Spécialités de service.— L'âne nous rend, en diminutif, les mêmes services que le cheval. C'est, le plus souvent, le cheval des pauvres infirmes et des enfants, c'est-à-dire des faibles. Il doit de pouvoir exercer cette touchante fonction à son inaltérable patience et surtout à son incomparable sobriété. Bien que, dans l'écurie du riche, où il sert aux jeux de l'enfance, s'il n'est la monture de la noble dame allant à l'église du village voisin, l'âne ne soit point insensible au râtelier garni d'un fin et succulent fourrage, compagnon du misérable qui vit de la charité publique, il se contente de l'herbe grossière ou des chardons du chemin, jeûnant au besoin sans maudire son sort et portant tout aussi gaillardement son lamentable fardeau, toujours docile, quoi qu'on en dise, à la voix de son ami malheureux.

C'est surtout dans cette triste condition que l'âne est vraiment admirable. Il semble avoir conscience de la fraternité du malheur. Les caprices ou les résistances invincibles qu'on reproche si volontiers à son espèce, il les réserve pour la brutalité des maîtres indignes ou pour la capricieuse et tyrannique volonté des enfants, dont il est le jouet et le souffre-douleurs.

Mais, considéré au point de vue spécial qui doit surtout être le nôtre ici, la fonction économique la plus générale de l'âne est celle de bête de somme. Dans les localités montueuses, où la vigne est cultivée, où la propriété a subi une extrême division, il porte au sommet du coteau la charge de fumier ou de terreau, et, au temps de la vendange, il rapporte au logis la grappe vermeille, et cela d'un pied sûr et toujours égal, qu'il faille descendre ou monter, pliant sous le faix du bât que deux paniers ou deux cuves maintiennent en équilibre sur son dos. Entre temps, il conduit à la vigne le maître qui la laboure ou la taille, cherchant pendant les longues heures du travail, sa nourriture parmi les herbes ou les feuilles du chemin. Ici, sa condition de travailleur utile s'est élevée d'un cran dans la hiérarchie sociale : il est l'auxiliaire d'un propriétaire! Néanmoins, il faut toujours porter ou tirer; et en qualité de moteur mécanique d'une exploitation industrielle quelconque, l'âne n'est jamais employé que par ceux qui ne sont pas assez riches pour atteindre au cheval.

En estime autrement haute le fait tenir sa fonction de reproducteur, non toutefois de sa propre espèce, en général, car, d'après ce que nous avons vu, il n'y aurait point de raison pour cela; mais, dès qu'il est jugé apte à féconder utilement les juments, pour la production des mulets, tout change dans sa destinée. Il entre de plein pied dans l'aristocratie asine. Il n'y a pour lui ni trop de soins ni trop de sollicitude. On peut juger du cas que l'homme en fait, par le prix qu'il met à son acquisition. Sa valeur vénale se chiffre alors par milliers de francs. Il n'a plus rien, sous ce rapport, à envier au cheval.

L'âne étalon, appelé *baudet* dans l'ancienne province de Poitou, y remplit particulièrement une fonction économique importante, ainsi que dans quelques localités de la Gascogne. Nous nous en occuperons plus loin d'une manière spéciale, en parlant de la production des mulets. Disons seulement, dès à présent, pour en faire prendre une idée, que les belles mules du Poitou atteignent avant l'expiration de leur première année, une valeur qui n'est jamais moindre de trois ou quatre cents francs. Et comme, dans l'industrie, les facteurs sont toujours estimés suivant les services qu'ils rendent, évalués en écus sonnants, l'étalon qui procure de tels résultats ne peut manquer d'être lui-même l'objet d'attentions toutes particulières.

Le cours moyen des jeunes baudets est en Poitou de deux mille francs. On en a vu atteindre jusqu'à dix et quinze mille. C'est fort loin, assurément, de l'âne commun, du modeste et infatigable travailleur dont nous avons essayé de dire tout le bien qu'il mérite. Celui-là, pauvre hère méprisé, ne se vend que dans des cas fort exceptionnels au-dessus de trente à quarante francs. Pour valoir cent francs, il faut qu'il soit de la très-grande espèce, comme disent les acheteurs. Si sa valeur était équitablement basée sur ses services réels, plutôt que sur le cas qu'on en fait, suivant l'inexorable loi économique, certes, nous n'aurions pas à constater des chiffres si inférieurs. Mais il ne faut voir là qu'une nouvelle preuve de l'iniquité des jugements humains. L'âne n'a pas encore profité de l'émancipation du travailleur, de la glorification du travail, que l'égalité politique contient dans ses flancs et que le triomphe du suffrage universel, dans les sociétés humaines, est en train de réaliser. Sterne a célébré les vertus de l'âne. Il y aurait là de quoi le rendre fier. Mais parmi ses vertus il a surtout la modestie et la patience. Qu'il compte sur la justice. Son heure arrivera.

Nous ne faisons ici, au demeurant, que de l'analyse économique; ne nous laissons pas déborder par le sentiment; on nous saurait peut-être mauvais gré de perdre trop de vue qu'il s'agit avant tout d'indiquer les fonctions auxquelles l'espèce de l'âne est propre et auxquelles elle est utilisée.

Comme animal travailleur, nous avons vu ses aptitudes et ses mérites. Ils sont, eu égard à sa taille et à sa corpulence, considérables. L'âne est en énergie et en puissance nerveuse, en tempérament, supérieur au cheval. Il lui est surtout supérieur comme ténacité au travail, comme résistance à la fatigue, comme *endurance* et comme sobriété. Ce sont là, je le répète, des vertus de tempérament : il a moins de besoins.

En combinant, mais dans des proportions fort inégales, les aptitudes de l'âne et celles du cheval, on a les aptitudes de l'hybride qui résulte de l'accouplement des deux espèces, du mulet, à la production duquel la principale fonction économique de l'âne est de concourir, dans l'état actuel des choses.

Le mulet, en effet, par ses qualités particulières, tient plus de l'âne que de sa mère. Il en a la patience, l'énergie et la sobriété; il en a le tempérament. On n'en peut douter surtout en le comparant aux grosses juments molles et fortes mangeuses du Poitou, dont il dérive. Rien n'est plus opposé que ne le sont, dans ce cas, les deux reproducteurs. Quant à ses fonctions économiques, à lui, elles sont de tout point celles de l'espèce chevaline, sans en excepter la monture et l'attelage de luxe, dans certains pays, en Espagne, par exemple; de plus, le mulet est comme l'âne une bête de somme, dans les localités montueuses et dans celles qui ne sont pas encore pourvues de beaux chemins. Leur nombre va, fort heureusement, toujours diminuant. Il porte à dos aussi, sur les champs de bataille, les blessés en litière et en cacolet, sous la conduite des modestes et si méritants soldats du train, que l'on estime moins parce qu'ils ne tuent personne, lorsqu'ils n'ont point à défendre leur propre vie, et qu'ils se bornent à porter secours à tous ceux qui en ont besoin.

Voilà un emploi du mulet que les gouvernants devraient bien enfin rendre inutile. J'aimerais mieux, pour mon compte, le voir porter le grain au moulin. Il y a, dans cette paisible fonction, peut-être plus de gloire, et en tout cas quelque chose de plus réjouissant pour le cœur.

2. Types de conformation.

Beautés absolues. — La conformation de l'âne comporte, comme celle du cheval, des beautés absolues et des beautés relatives. Les beautés absolues sont, au demeurant, les mêmes, eu égard à la conformation générale de l'espèce. Il sera bon même de signaler avant tout en quoi les formes de l'âne diffèrent de celles du cheval. Cela rendra plus faciles à comprendre nos indications ultérieures sur les types spéciaux.

La tête de l'âne est relativement plus grosse que celle du cheval; ses arcades orbitaires sont plus saillantes et ses yeux plus enfoncés dans l'orbite; sa bouche est toujours

plus petite ; mais la différence la plus saillante est dans la
longueur des oreilles qui, droites ou tombantes, sont toujours larges, deux fois aussi longues , au moins, que chez
le cheval, et abondamment garnies de poils à l'intérieur de
la conque. Le garrot est toujours bas, la ligne du dos se
continuant d'après un plan horizontal, jusqu'à la croupe.
Celle-ci est toujours courte et tranchante, et terminée en
arrière par une queue nue, sauf à son extrémité, pourvue
d'un petit fouet de crins. Les crins sont également très-
rares à l'encolure. Le tronc est mince, la poitrine serrée,
les membres grêles et nerveux, le sabot petit, étroit, à
talons hauts, à corne dure et sèche. La taille et le pelage
varient; cependant, l'âne dépasse rarement la taille des
plus petits chevaux, et les deux robes les plus communes
sont le gris souris avec raie de poils noirs le long du dos,
sur les épaules et transversalement à la longueur des
membres, puis le bai très-brun avec des poils d'un blanc
plus ou moins sale sous le ventre et à la face interne des
membres, ainsi qu'autour du nez et de la bouche.

Ceci dit, voyons maintenant les types de la meilleure
conformation correspondant à chacune des fonctions économiques.

Ane de travail. — Aux beautés absolues de l'espèce,
c'est-à-dire à celles compatibles avec la forme de ses types
propres, joignez l'ampleur de tous les organes de la puissance mécanique, et vous aurez quelque chose comme
l'hémione (grav. 15), dont la conformation et les qualités de vitesse pourraient être très-facilement communiquées à l'âne par la gymnastique fonctionnelle et la sélection, deux méthodes zootechniques auxquelles son espèce a été absolument étrangère jusqu'à présent. L'âne
commun a des allures courtes, parce que sa poitrine est

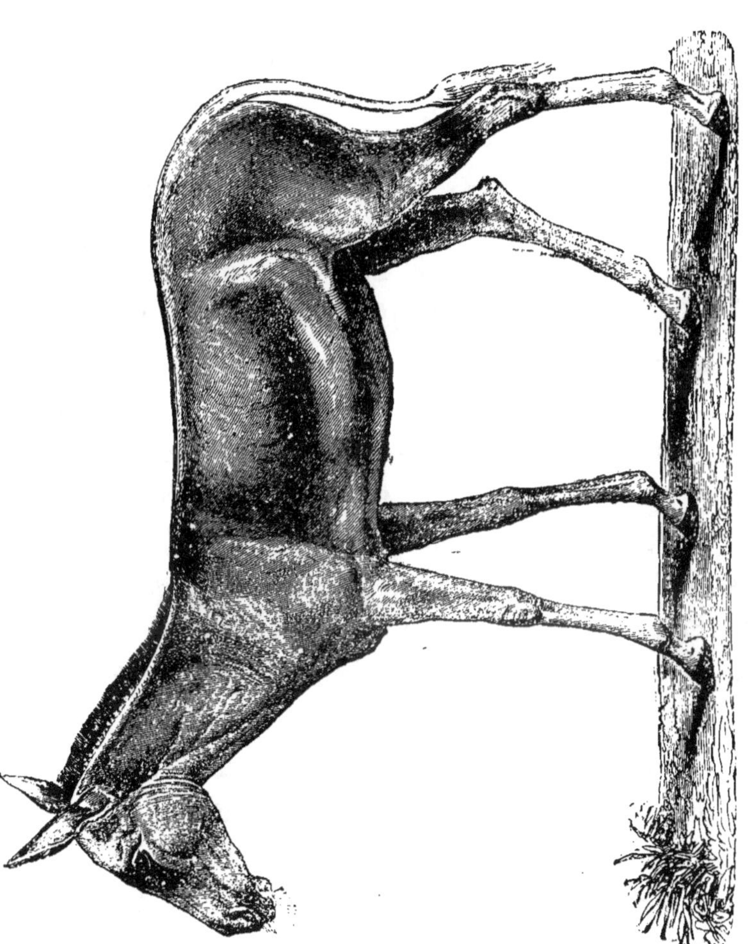

Grav. 15. — Hémione (*E. hemionus*), type idéal de conformation pour l'âne travailleur.

peu profonde, son épaule courte et peu oblique, ce qui en est une conséquence. On sait comment cela peut être modifié, et comment, dans la méthode, le développement du thorax entraîne tout le reste.

Le type idéal de l'âne travailleur est donc, d'après cela, facile à se représenter. Nous n'en parlons d'ailleurs ici que par acquit de conscience, car il n'y a guère de chances, hélas ! pour que nos enseignements arrivent jusqu'à ceux qui s'occupent de sa reproduction, abandonnée à la routine la plus aveugle. Plutôt que d'entreprendre l'acclimatation de l'hémione et de beaucoup d'autres bêtes, qui ne supportent guère la comparaison avec celles dont la domesticité est immémoriale dans notre climat, on aurait peut-être mieux fait d'employer ses efforts et les moyens dont on dispose à faire comprendre l'avantage de tirer un meilleur parti ce celles-ci, et de l'âne en particulier, comme animal travailleur.

La situation est des plus favorables, quant à l'autre fonction économique ci-dessus indiquée.

Baudet mulassier. — Les étalons pour la production des mulets ne sont jamais choisis que dans une seule des races asines que nous aurons à décrire tout à l'heure. Il n'y a donc pas lieu, quant à présent, pour établir le type de la belle conformation, eu égard à la fonction dont il s'agit, de parler des caractères qui appartiennent en propre à cette race.

La valeur des jeunes mules étant surtout en rapport avec leur taille, il en est de même nécessairement pour les baudets qui les procréent. Le premier mérite de ceux-ci se tire donc de là. Toutes choses égales, les plus grands sont les plus estimés, surtout s'ils ont le corps allongé, le poitrail large, les membres forts, la croupe arrondie, les reins larges, le pied relativement gros et caché sous une épaisse couche de crins tombant de la couronne et du boulet. Les éleveurs poitevins disent alors qu'ils sont bien *talonnés*, bien *moustachés*.

L'abondance des poils aux oreilles, surtout si ces poils sont frisés, est aussi considérée comme une beauté très-prisée. Ces poils forment des *cadenettes*.

Des poils longs, fins et frisés sur tout le corps, constituant une véritable fourrure, mettent le comble à la beauté du baudet. Les éleveurs du Poitou ont cette particularité en si grande estime, que la plupart d'entre eux se garderaient bien de toucher jamais à la robe de l'animal. A chaque mue annuelle, le poil tombant se feutre et reste adhérent au poil nouveau; de telle sorte qu'au bout de quelques années le corps du baudet se trouve couvert d'une sorte de manteau en loques, dont les franges tombent parfois jusqu'à terre. Il est dit dans ce cas, en Poitou, *bourailloux* ou *guenilloux*, et devient un objet d'admiration.

L'appréciateur éclairé doit réserver son enthousiasme pour la qualité qui rend ce résultat possible, sous l'influence de l'absence des soins de propreté, c'est-à-dire pour la robe composée de poils abondants, fins et frisés, et tenir le mérite attribué à la qualité de *guenilloux* pour un pur préjugé populaire. La vérité est seulement que les baudets qui ont cette robe sont en général les meilleurs reproducteurs, parce qu'elle accompagne le plus souvent des formes amples, des articulations fortes et une aptitude prolifique très-prononcée.

Il va sans dire que tout ce qui précède s'applique à l'ânesse aussi bien qu'au baudet. Ajoutons, pour celle-là, une qualité précieuse à rechercher avant tout : c'est l'ap-

titude à la sécrétion du lait, au plus haut degré possible ;
par conséquent il lui faut d'abord pour cela des mamelles
bien conformées, souples et actives. Jamais une ânesse
mauvaise ou même médiocre nourrice ne donnera de bons
baudets. Or, à notre point de vue actuel, c'est là sa fonction, à elle ; et nous avons vu si c'est une fonction importante !

CHAPITRE III

DES RACES ASINES ET DE L'AMÉLIORATION
DE LEURS PRODUITS

Classification des races. — En nous basant sur la
méthode de détermination tirée de la loi de permanence
des types morphologiques, résultant de la notion des
caractères typiques, nous ne reconnaissons, dans l'espèce
asine, que deux races bien nettement tranchées. D'après
cette même loi, il serait permis de douter, *à priori*, que
l'hémione doive être définitivement considérée comme
une espèce distincte du genre *Equus*. La question ne
pourra être résolue qu'expérimentalement.

Isidore Geoffroy Saint-Hilaire a réalisé, au Muséum
d'histoire naturelle de Paris, l'accouplement de l'âne et de
l'hémione. Il en a obtenu des produits, dont un mâle
fécond ; mais leur qualité d'hybrides ou de métis reste
néanmoins indéterminée, ces produits n'ayant pas été
accouplés entre eux. Cela n'a pas empêché le naturaliste,
soit dit en passant, de tirer de son expérience des conclusions pour la question de l'espèce, qu'il a quelque peu,
par là, contribué à embrouiller.

On ne sait pas encore, à l'heure présente, si les produits du croisement de l'hémione et de l'âne sont féconds indéfiniment; par conséquent on ignore si ce sont des hybrides ou seulement des métis, si leurs procréateurs appartiennent à deux espèces distinctes ou à deux races d'une seule et même espèce, qui serait celle de l'âne. Dans l'état actuel de la science, aucun caractère anatomique, ainsi que nous le savons, ne peut suffire pour trancher la difficulté, entre animaux du même genre. Ces caractères, du reste, diffèrent ici moins que partout ailleurs. Sous ce rapport, l'hémione n'est qu'un âne plus élégant et d'une physionomie plus vive.

Quoi qu'il en soit, et en négligeant cette difficulté de classification, que l'expérimentation résoudra lorsque la zoologie sera entrée dans la voie qui lui convient, il faut donc nous en tenir à la description des deux races asines qui habitent notre climat.

Sous quels noms les désigner? Nous avons à cet égard toute latitude, car le sujet est à peu près entièrement neuf. Il conviendrait peut-être, en se basant sur l'histoire, de leur donner des noms tirés des pays d'où elles semblent être originaires, du moins des pays d'où elles sont parties pour venir s'implanter dans le nôtre. L'une de ces races nous vient positivement de l'Orient, tandis que l'autre habitait de temps immémorial les contrées méridionales de l'Europe, où elle est encore florissante, dans les îles Baléares, par exemple, et en Catalogne. Il sera plus simple, pensons-nous, et plus pratique aussi, de préférer les désignations qui rappellent la fonction économique principale. D'après cela, nous aurons la race commune, ou race travailleuse, et la race mulassière.

Race commune. — C'est celle-là qui se trouve partout

en Orient et que nous avons qualifiée de cheval du pauvre, en faisant ressortir les mérites si grands de l'espèce. Elle se reconnaît aux caractères que nous allons indiquer (grav. 16).

Caractères typiques. — Crâne dolichocéphale ; front étroit et bombé; arcades orbitaires effacées ; face longue à chanfrein légèrement déprimé; crête zygomatique saillante; maxillaire inférieur à branches peu écartées, relevées à angle obtus ; arcades in-

Grav. 16. — Ane commun. (D'après une photographie de M. Hugot, exécutée à Mostaganem, en Algérie.)

cisives petites, à dents obliques; tête très-forte dans son ensemble. Sur le vivant, naseaux étroits, lèvres minces, bouche petite; joues fortes; oreille mince et dressée; œil petit, au regard calme; physionomie douce et modeste.

Caractères secondaires. — Encolure mince; dos court et tranchant; poitrine étroite; épaule courte et peu inclinée; avant-bras et cuisses minces; canons grêles et peu fournis de crins. La taille dépasse rarement un mètre. La robe est peu variée; le plus généralement elle est d'un gris cendré plus ou moins foncé, avec une raie noire ou rousse, s'étendant de l'encolure à la queue et coupée au niveau des épaules et du garrot par une autre transversale, de même nuance. Des marques semblables forment des sortes de zébrures le long des membres. Cela semble être le pelage originaire de la race, conservé par le plus grand nombre de ses descendants. Toutefois on rencontre des individus de robe alezane ou bai brun, ayant le pourtour des lèvres et celui des yeux de nuance plus claire, et la face inférieure du ventre d'un blanc sale, qui se prolonge à la face interne des cuisses.

Mode d'élevage. — L'âne de race commune, ainsi décrit, est le modèle de son espèce pour la sobriété, la docilité, la patience et toutes les autres qualités si remarquables que nous nous sommes plu à lui reconnaître. Ce sont là chez lui des mérites de nature, car il se reproduit et s'élève en grande partie au hasard, si ce n'est au milieu des mauvais traitements. Pourtant, pas plus que le cheval, il n'est réfractaire aux méthodes zootechniques qui améliorent celui-ci. Elles lui sont toutes applicables et elles peuvent également le conduire au type de belle conformation plus haut indiqué.

Nous pouvons donc nous borner à renvoyer au chapitre du livre précédent, où sont précisées les applications spéciales des principes généraux de la gymnastique fonctionnelle et de la sélection (1). Il est à craindre seulement que les progrès de la richesse publique fassent dédaigner de plus en plus ce modeste et utile serviteur. L'humanité est ingrate. Mais il restera longtemps encore des situations dans lesquelles l'âne de race commune pourra rendre des services autrement économiques que ceux du cheval de même taille, de même force ou de même valeur. C'est en vue de ces situations-là qu'on ne saurait trop recommander l'amélioration de ses aptitudes par une meilleure nourriture et par des soins plus attentifs et plus éclairés donnés aux ânons.

Race mulassière. — Race précieuse entre toutes les races animales, pour les bénéfices qu'elle procure à notre

____

(1) Voy. p. 172 et suiv.

industrie agricole, à laquelle plusieurs nations des deux mondes payent tribut pour les objets qu'elle contribue à produire. Son pays d'origine, notamment, la péninsule ibérique, en importe chaque année pour une valeur de plusieurs millions. C'est que si ce pays possède la race asine, il ne possède ni les juments ni le climat, surtout, qui donne les fourrages capables de faire atteindre à l'hybride le développement et les formes qui le font estimer.

Rien ne peut, au demeurant, faire mieux saisir la correction que le point de vue économique introduit dans la notion du beau, dans l'esthétique des choses, que l'appréciation judicieuse de la race asine mulassière. Ici, ce que le zootechniste considère à juste titre comme le superlatif du beau, ne peut manquer d'être pour l'artiste, amoureux de la forme, le comble de la laideur. C'est que, en zootechnie, ainsi que nous l'avons déjà dit, la caractéristique du beau s'entend surtout de l'utilité. Elle ne peut avoir, par là même, rien d'absolu.

Sans nous arrêter à ces considérations, du reste, nous avons seulement à tracer les caractères distinctifs de la race asine dite mulassière (grav. 17).

Caractères typiques. — Crâne brachycéphale; front large et faiblement bombé; arcades orbitaires très-saillantes; face courte à chanfrein très-épais et droit; crête zygomatique saillante; maxillaire inférieur à branches écartées, relevées à angle droit; arcades incisives larges, dents très-obliques. Sur le vivant, naseaux petits; lèvres très-épaisses, fortes; oreille très-volumineuse, tombante et très-longue; œil petit; physionomie sombre.

Ces caractères diffèrent de ceux de l'âne de race commune, surtout par le type du crâne et par l'étendue relative de la face, qui font de la tête de l'âne mulassier une tête courte, épaisse et large, à extrémité mousse.

Caractères secondaires. — Dans son état naturel, l'âne du Midi est de taille moins petite que l'âne d'Orient. Sa hauteur varie entre 1 m. 40 et 1 m. 48. Sa conformation ne diffère cependant pas sensible- ment, si ce n'est qu'il a l'encolure plus épaisse et plus courte, et qu'il a plus d'ampleur de partout. Sous ce rapport, il présente des variétés nombreuses, sui- vant les localités dans les-

Grav. 17. — Baudet mulassier, n° 28, 4e prix de la 1re catégorie au concours de Niort, en 1865. (D'après la photo- graphie de l'album de M. Bourgoin.)

quelles il est né ; plus élancé dans les contrées méridiona - les de notre pays, il atteint le plus haut degré de son déve- loppement possible dans le Poitou, qui est comme sa terre promise. Là, il est généralement épais, trapu, à croupe arrondie, quoique toujours courte, et à membres volumi- neux. Sa robe est toujours de nuance foncée, depuis le bai brun jusqu'au noir mal teint et au noir franc. A poil ras dans le Midi, en Gascogne particulièrement, la plupart des baudets sont, en Poitou, velus comme des ours. C'est là, ainsi que nous l'avons dit, une des beautés les plus e s- timées par les connaisseurs.

Mode d'élevage. — La production et l'élevage des ânes étalons pour la mulasse sont choses d'importance. On l'a compris de reste par ce qui a été dit de leur fonction éco- nomique. Il y a sur ce point des enseignements utiles à formuler. Pour cela, nous les considérerons dans leur principal centre et nous exposerons d'abord les pratiques suivies, sauf à les redresser en ce qu'elles ont de vicieux.

C'est dans quelques cantons de l'arrondissement de Melle (Deux-Sèvres), qu'on se livre particulièrement à la production des baudets mulassiers. Les propriétaires ou fermiers qui entretiennent chez eux ce que l'on appelle en Poitou un *atelier*, et ce qui sera décrit plus loin à l'occasion de la production des mulets, font naître et élèvent presque tous des ânes, dans toute l'étendue du département, soit pour renouveler leurs propres étalons réformés, soit pour les vendre à leurs confrères. Là est, du reste, le bénéfice le plus clair de leur industrie.

Un préjugé fort répandu fait croire aux éleveurs poitevins, en général, que l'ânesse réussit d'autant mieux à porter à terme le petit qu'elle a conçu, qu'elle est dans un état de maigreur plus grand. Aussi ne lui donnent-ils, pour la plupart, qu'une nourriture parcimonieuse. C'est là, d'après M. Eugène Ayrault (de Niort), une des causes de l'élevage si difficile du jeune ânon. Il y en a bien d'autres, que nous indiquerons.

Les ânesses ne sont saillies qu'à une époque très-avancée de la saison. Cela est impérieusement commandé par la fonction principale des étalons. Lorsqu'un baudet a eu des rapports amoureux avec une femelle de son espèce, il ne se soucie plus d'en avoir avec des juments. Qui pourrait le trouver mauvais de sa part? Il faut donc attendre que la monte de celles-ci soit terminée, afin que le pauvre animal ait eu le temps d'oublier, lors de la saison prochaine des amours, ses conversations naturelles et visiblement pleines de charmes pour lui, et qu'il puisse consentir à se livrer sans trop de résistance à celles qu'il n'accepte d'ailleurs qu'en rechignant, après de nombreux subterfuges et des sollicitations réitérées.

Et c'est ici une occasion de faire remarquer qu'il n'y a point d'exemple, parmi les animaux vivant en pleine liberté, d'un mâle s'accouplant, à l'époque du rut, avec d'autres femelles que celles de son espèce. L'instinct génésique est sûr à ce point qu'il y a là certainement le meilleur criterium pour la distinction des espèces; car c'est la manifestation naturelle de la loi qui régit leur conservation.

Donc, ainsi fécondées à l'arrière-saison, les ânesses mettent bas à une époque peu favorable. Lorsque le temps de la gestation approche, le précieux fruit est attendu avec une grande anxiété, dans l'espoir que ce sera un mâle. Un mois avant le terme présumé, rien n'égale la sollicitude dont la future mère est entourée : on ne la quitte plus, ni jour ni nuit. Le chef de la famille poitevine ne confie à personne, si ce n'est accidentellement à son propre fils, le soin d'une surveillance de si haute portée pour son intérêt. Si l'ânesse donne sans accident un ânon, un *fedon*, une grande joie entre avec lui dans la maison. On ne saurait peindre le désappointement, la consternation qui accompagne la venue d'un produit femelle. L'espoir caressé durant une année, les calculs de la veillée sur l'emploi futur du prix de vente du baudet, tout cela s'est évanoui.

Il n'est pas impossible, et il semble même probable, que les éleveurs de baudets poitevins, en traitant si mal leurs ânesses avant la gestation et durant les premiers mois de celle-ci, obéissent à une idée dont la raison leur échappe, mais qui a, dans une certaine mesure, son fondement. Ils ont observé, vraisemblablement,

que les femelles affaiblies par les privations, donnent
plus souvent que les autres, naissance à des produits mâles, ce qui est, on le comprend, l'objet de leurs plus vives
aspirations. Ils négligent pour cela les risques d'avorte-
ment, qui se réalisent pourtant d'une manière fréquente.
Mais le petit une fois né, les soins qui seraient prodigués
au propre enfant de la maison sont peu de chose, auprès
de ceux qu'il reçoit. Durant le premier mois de sa vie, on
ne le perd pas un seul instant des yeux. Et c'est dans l'exagération précisément de la sollicitude dont il est l'objet,
que se trouve le motif plausible des difficultés qu'il rencontre à franchir sain et sauf ce premier mois; car il s'en
faut de beaucoup que les soins qui lui sont prodigués
soient tous bien entendus.

D'abord, on se garde bien de laisser teter au petit le
premier lait de sa mère. Malgré leurs efforts incessants,
les vétérinaires poitevins n'ont pu réussir encore à détruire le préjugé qui veut que ce premier lait soit un poi-
son (*dau verin*, en patois, du venin ou du pus en français).
Toutes leurs démonstrations sur l'utilité du *colostrum*,
dont les propriétés laxatives ont pour effet utile de faire
évacuer les excréments accumulés dans l'intestin du fœ-
tus, le *meconium*, restent en général infructueuses. Le
premier soin est de traire à fond et plusieurs fois dans la
journée la femelle, ânesse ou jument, qui vient d'accou-
cher. Aussi la constipation et le pissement de sang font-
ils périr un grand nombre de fedons.

Le fâcheux effet de l'absence du *colostrum* est encore
secondé par l'action du lait mêlé de farine qu'on leur fait
boire à la place. La mamelle de la mère, que le petit saurait bien trouver tout seul au moment convenable, ferait
beaucoup mieux son affaire. Mais l'homme a toujours la

sottise de se croire en état de corriger utilement la nature.

Le premier mois passé, si l'animal a résisté aux soins maladroits, pour la plupart, dont il a été accablé, le tempérament rustique de son espèce prend le dessus. Il n'est pas encore à l'abri, cependant, des indigestions et des maladies inflammatoires, que provoquent les trop bonnes chères qu'on lui fait faire. Il faudrait se borner à mieux nourrir la mère, ce qui a lieu, du reste. Une bonne nourrice, voilà ce qui convient surtout à tous les mammifères dans les mois qui suivent leur naissance. Certes, il périrait beaucoup moins de jeunes ânons en Poitou, si, une fois pleines, les ânesses étaient mieux nourries, et si, après la mise bas, on se bornait à surveiller l'allaitement naturel, sans intervenir pour en modifier les lois. Seule l'époque avancée de l'année, dans laquelle les petits naissent, justifie des précautions particulières.

Il est de première importance que ces petits n'aient pas froid : on a donc raison de les couvrir de lainages après leur naissance. Il est bon aussi que la mère reçoive de la nourriture verte. Le principal progrès qu'il y ait à réaliser dans l'hygiène des ânons, est donc de moins s'en occuper. Il n'est pas défendu de les aimer beaucoup, à cause de leur grande valeur ; mais l'intérêt est de les aimer d'une façon plus intelligente.

On voit que l'amélioration du baudet mulassier est tout entière du ressort de la gymnastique fonctionnelle et de la sélection. Il s'agit avant tout de lui faire acquérir des formes amples et une taille élevée, relativement à la taille naturelle de sa race. Cela dépend à la fois du bon choix des reproducteurs et de l'hygiène de la mère, qui doit lui fournir les éléments d'un lait abondant et riche en prin-

cipes nutritifs. Le petit, dans les premiers mois de sa vie,
copieusement allaité et prenant librement ses ébats, se développe avec la seule alimentation qui soit sans danger à
son âge.

Lorsque la fécondité des mamelles maternelles tend à
baisser et à ne plus suffire à l'appétit du nourrisson, il y
a tout avantage à donner des suppléments d'abord li-
quides, puis pâteux, des panades, de la farine d'orge dé-
layée, enfin du grain, pour préparer le sevrage qui s'opère
vers le neuvième ou le dixième mois. Alors le lait est
remplacé par le meilleur foin de légumineuses, dont les
baudets, jeunes ou vieux, sont très-friands.

Nourrir copieusement, voilà le secret pour faire de
beaux et bons animaux, surtout lorsqu'ils sont de bonne
souche. C'est ainsi qu'on peut obtenir des individus à la
poitrine ample, au corps allongé, à la croupe arrondie,
aux membres forts, à jarrets larges et puissants, qui sont
l'honneur de leur espèce et la richesse de leurs producteurs, parce qu'ils ont les qualités les plus justement recherchées pour la fabrication industrielle des mulets, dont
nous avons maintenant à nous occuper.

LIVRE III

MULET

—

CHAPITRE PREMIER .

CARACTÈRES ET ORIGINES

Définition zoologique. — Les deux espèces du cheval et de l'âne, lorsqu'on les accouple ensemble, donnent naissance, avons-nous dit, à un hybride. La possibilité de leur fécondation est réciproque, et c'est ce qui prouve qu'elles appartiennent à un seul et même genre zoologique; mais le fait d'hybridité du produit de leur accouplement établit, de son côté, la distinction naturelle et irréductible de ces deux espèces. Les cas de fécondation de la femelle hybride par un mâle de l'une des espèces qui ont concouru à sa production ne sont pas très-rares; mais il est absolument sans exemple qu'aucun hybride mâle de même origine se soit jamais montré fécond. L'élément anatomique de la fécondité lui fait d'ailleurs complétement défaut, bien que ses organes génitaux soient du reste parfaitement conformés et qu'il ressente, même avec une grande intensité, les ardeurs génésiques. Il est en outre tout à fait inouï que la femelle hybride fécondée ait porté jusqu'au terme naturel le fruit de sa conception, et qu'elle ait donné naissance à un individu viable.

L'hybride du cheval et de l'âne appartient donc à la catégorie de ceux qui sont radicalement inféconds *entre eux*, dès la première génération. Nous aurons occasion d'en signaler d'autres, chez les ruminants, qui ne sont pas dans ce cas.

Buffon avait adopté l'expression générique de *mulets*, pour désigner tous les individus résultant du croisement de deux espèces. L'usage a réservé cette expression pour ceux dont nous nous occupons en ce moment, et même seulement pour le produit de l'accouplement de l'âne avec la jument. Le produit mâle est dit *mulet;* le produit femelle est appelé *mule*. On désigne sous le nom de *bardot* ou de *bardeau*, celui qui résulte de l'accouplement du cheval avec l'ânesse, et qui est à beaucoup près moins commun. Ce dernier ne peut être considéré que comme tout à fait accidentel dans notre pays, tandis que l'autre y est l'objet d'une de nos industries agricoles les plus importantes et les plus prospères.

Caractéristique. — Les hybrides équins dont il s'agit tiennent à la fois, par leurs caractères extérieurs, de l'âne et du cheval, mais dans des proportions fort variables : le mulet tient en général plus de l'âne que du cheval, le bardot plus du cheval que de l'âne; mais la distinction est loin de pouvoir être établie d'une manière absolue. Ce qu'on peut dire seulement, c'est que le mulet a toujours plus du tempérament de l'âne que de celui du cheval. C'est à proprement parler, par ses formes extérieures, un âne plus ou moins grandi, qui a hérité de la taille et d'une partie de l'ampleur de sa mère la jument, qui l'a porté et nourri. Les oreilles, plus longues que celles de cette dernière, sont cependant toujours moins épaisses et moins longues que celles de son père.

Nous savons, en outre, qu'il a tantôt cinq vertèbres lombaires comme celui-ci, tantôt six comme sa mère ; mais dans tous les cas, je le répète, sa physionomie (grav. 18) se rapproche plus de celle de l'âne que de celle du cheval. Tout, dans sa vie, sa vigueur, son énergie, sa patience et sa sobriété, jusqu'aux caractères de ses maladies, est de l'espèce asine. Chez le bardot, au contraire, dans notre climat du moins, c'est la physionomie du cheval qui domine : il en a notamment les oreilles

Grav. 18. — Mule, n° 127, 2° prix de la 5° catégorie au concours de Niort, en 1865. (D'après la photographie de l'album de M. Bourgoin.)

courtes et la queue touffue. Il paraît qu'en Afrique, la différence est moins tranchée entre le bardot et le mulet. C'est un fait qui nous a été affirmé, mais que nous n'avons point vérifié.

On a voulu, ainsi que nous l'avons dit en son lieu, tirer de là des conclusions sur la part relative du mâle et de la femelle dans les phénomènes de l'hérédité ; mais il faut faire remarquer que la question est complexe : l'influence du sexe se complique en effet ici de celle de la constitution propre à chacune des espèces en présence et de celle des états relatifs des deux reproducteurs, au moment de la fécondation.

Le mulet n'a pas le pied petit comme l'âne, mais il n'a point non plus celui du cheval. Au lieu de former un tronçon de cône, son pied se rapproche davantage de la forme cylindrique ; il a les talons hauts et droits, la fourchette peu développée, la corne dure et solide. Son poil est ras

13.

et rude, le plus souvent noir mal teint ou bai, comme celui de l'âne de la race mulassière ; mais on rencontre fréquemment, cependant, des mulets de robe grise, ou alezane, avec la bande dorsale de poils foncés, dite *raie de mulet,* ainsi que des marques de la même nuance sur les membres. Les sujets alezans passent pour fort têtus et rétifs, à tort ou à raison. On dit souvent : « têtu comme un mulet rouge. » Ces proverbes-là sont aussi bien la sottise que la sagesse des nations.

En somme, les mulets étant des hybrides, sont soumis à tous les hasards de l'hérédité croisée. Ils n'ont donc pas de caractéristique propre, si ce n'est celle de leur infécondité absolue ou relative. Leur physionomie se maintient seulement entre des limites qui empêchent qu'on se méprenne jamais sur leur qualité.

CHAPITRE II

FONCTIONS ÉCONOMIQUES ET TYPES DE CONFORMATION

Spécialités de service. — Ce sont exactement à la fois celles du cheval et de l'âne. Nous en avons déjà parlé, à propos de ce dernier. Toutefois, il y a lieu de faire une remarque qui est toute particulière aux sujets dont il s'agit.

Dans les pays méridionaux, où ces sujets remplissent les fonctions de l'espèce chevaline, pour la selle et l'attelage, en Espagne et chez les nations d'origine espagnole de l'Amérique, la mule est de beaucoup plus estimée que le mulet. Les gens qui veulent absolument tout expliquer n'ont point manqué d'en donner des raisons, dont aucune ne saurait satisfaire quiconque n'est pas disposé à prendre une pure supposition pour un fait. La vérité est que la préférence est traditionnelle, sans que personne sache au juste pourquoi elle s'est établie et conservée. De tout temps les grands personnages des pays méridionaux, à commencer par le pape, ont monté des mules ou les ont attelées à leur carrosse. Elles ont dû être, pour ce motif, plus recherchées, et en vertu de la loi économique, on les a payées plus cher. Les éleveurs de notre pays, produisant principalement pour l'exportation, ont profité et profitent encore de cet état des choses. Nous exportons en effet annuellement environ vingt mille mulets, dont la seule province de Poitou fournit les deux tiers.

S'il fallait de toute nécessité faire une hypothèse sur la préférence dont la mule est l'objet, peut-être la moins improbable serait-elle celle qui consisterait à penser que, ne voulant point se servir d'un animal mutilé, on a reculé devant l'indocilité du mulet entier. Toujours est-il que nous ne conservons définitivement en France que les rebuts des mules produites. Les plus belles nous sont toujours enlevées pour l'exportation. A la saison où elles sont mises en vente dans les foires spéciales du Poitou, on voit arriver à Niort les marchands espagnols, avec leur ceinture chargée de ces doublons qui miroitent si bien dans les rêves du paysan poitevin. Le zootechniste qui lui donnerait un procédé infaillible pour produire toujours des mules, serait à coup sûr le bien venu. Aussi fait-il grand cas des juments qui communiquent le plus souvent leur sexe au fruit de leur accouplement avec le baudet.

Type de conformation. — Il va sans dire que les

beautés absolues, chez les mulets, sont exactement celles qui conviennent pour le cheval. Une poitrine ample et profonde, des membres bien proportionnés, des articulations larges et fortes, etc., y remplissent le même office. Il faut donc renvoyer pour leur indication au chapitre du livre précédent (p. 35) où elles ont été énoncées.

Quant aux beautés relatives à la fonction économique, les types sont ici beaucoup moins tranchés. En réalité, il n'y en a que deux, sur le compte desquels les auteurs qui se sont occupés surtout de l'emploi du mulet à la guerre, pour les transports, ont insisté. Ces deux types sont celui du *mulet de bât*, ou type léger, et celui du *mulet de trait*, ou type étoffé.

Le type de conformation des mulets dépend principalement des localités dans lesquelles ils sont produits. Certains auteurs ont été jusqu'à reconnaître des races de mulets, ce qui est faire un singulier abus du mot. Cela prouve que la notion de race, qui, dans notre langue, entraîne nécessairement l'idée de progéniture ou de succession des générations, n'a pas été comprise par eux.

Le Poitou seul, et dans cette ancienne province le département des Deux-Sèvres particulièrement, produit des mulets de taille assez élevée et de corpulence assez forte pour qu'ils puissent réunir toutes les conditions de la spécialité de service du gros trait. Sous ces rapports, ils ne le cèdent en rien aux plus forts chevaux. Partout ailleurs, en France, et notamment en Gascogne, où l'industrie mulassière a pris une certaine extension, les individus produits sont tous légers et plus propres à porter qu'à tirer. Il en est ainsi dans toutes les contrées méridionales, qui importent d'ailleurs plus de mulets qu'elles n'en font naître.

Le mulet du type léger, qui naît dans le Centre, dans l'Est et dans le Midi, est ou bas et trapu, ou svelte, élancé, mince et plat de corps, haut des jambes; il a la tête forte, l'encolure grêle, la croupe tranchante. Celui du Poitou, dans ses plus beaux représentants, a, au contraire, une encolure épaisse et bien musclée, un poitrail ouvert, une poitrine ample et profonde, des reins larges, une croupe large et arrondie, des cuisses bien descendues, des membres forts, aux articulations solides. Élevé dans le pays jusqu'à l'âge adulte, il atteint fréquemment la plus haute taille du cheval et le poids qui correspond à cette taille, tant ses diverses parties sont toutes bien proportionnées. Sous ce type, c'est sans contredit un animal de trait de premier ordre, et il se vend à ce titre jusqu'à quinze cents francs. On a vu même des mules dépasser de beaucoup ce prix.

CHAPITRE III

PRODUCTION DES MULETS

Lieux de production. — Ainsi que nous l'avons déjà dit, la plus grande partie des mulets que la France exporte naissent dans le Poitou; mais ils n'y sont pas tous élevés, à beaucoup près. On constate ici ce qui s'observe en toute production animale prospère, en toute industrie bien organisée, pour mieux dire : la mise en pratique de la loi économique de la division du travail. Un tiers au plus des mulets poitevins restent chez leurs producteurs au delà de leur première année. Sur cette proportion, une seconde liquidation a lieu à deux ans; en sorte que les *mules* *d'âge*, comme on dit dans les Deux-Sèvres, c'est-à-dire les mules de trois à quatre ans, y sont de beaucoup les moins nombreuses. Les *gilonnes* et les *doublonnes* (mules de l'année courante et de l'année précédente) forment donc le gros de la population mulassière. Elles vont, enlevées par le commerce, achever leur développement dans les départements du Midi et dans ceux du Sud-Est, dans le Lot, le Tarn-et-Garonne, l'Ariége, les Pyrénées-Orientales, l'Aude, l'Hérault, l'Aveyron, le Tarn, la Lozère, la Haute-Loire, le Gard, la Drôme, l'Isère. Dans ces départements il se produit aussi des mulets, comme dans ceux de la Gascogne; mais la disproportion de l'importance de cette production est si grande avec celle du Poitou, que nous considérerons seulement celle-ci, pour indiquer, en la décrivant, les améliorations qu'il y aurait lieu d'y introduire.

Le succès de la production mulassière dépend de trois ordres de considérations, que nous devons envisager successivement, sans y trop insister, les principes qui les régissent étant connus, ainsi que les objets auxquels elles se rapportent. Ces objets sont le choix et l'entretien du baudet mulassier et de la jument mulassière et l'élevage des jeunes muletons qui naissent de leur accouplement.

Le sujet est en outre d'un grand intérêt, en ce qu'il offre le type accompli, au point de vue économique, des opérations de croisement. Les limites dans lesquelles la loi naturelle de l'infécondité des produits résultant d'un croisement d'espèces oblige invinciblement à se tenir, sont exactement celles que la prudence économique et zootechnique commande de respecter dans les croisements de races. Naturellement, les hybrides ne peuvent être que des produits et non point des reproducteurs; en général, il doit en être ainsi des métis. Ce que la loi naturelle impose dans le premier cas, l'éleveur a tout intérêt à l'observer dans le second. Et le fait sur lequel nous arrêtons un instant l'attention tire surtout sa valeur de ce qu'il prouve à la fois la possibilité et la facilité d'agir dans la production des métis comme dans celle des hybrides, contrairement aux assertions trop souvent répétées des partisans absolus du croisement des races et de leur métissage indéfini, tendant vers l'utopie de la création des races et des sous-races nouvelles.

Choix et entretien du baudet. — Les qualités à rechercher dans le choix du baudet mulassier ont été indiquées précédemment, à l'occasion de son espèce d'abord, puis de sa race. Les nécessités générales de l'hygiène qui lui convient, pour qu'il se conserve en santé, l'ont été également dans la partie de cet ouvrage consacrée à l'hygiène de la reproduction (1). Nous n'avons donc à nous occuper ici que des particularités relatives à l'entretien des étalons de l'espèce asine, qui constitue en Poitou une industrie considérable. Cette industrie est à la fois importante pour ceux qui la pratiquent et curieuse pour le lecteur étranger au pays. Elle est pleine de couleur locale. On ne trouvera donc pas mauvais qu'elle soit décrite minutieusement.

Il n'y a point, pour la race asine mulassière, de livre généalogique, de *Stud-Book*, quoiqu'on attache avec juste raison le plus grand prix à l'origine des baudets; néanmoins, leur généalogie se conserve si bien par tradition, qu'aucun étalonnier ou éleveur ne l'ignore. Ceux qui font le commerce de ces animaux battent sans cesse le pays, de

____

(1) Voy. 1re partie, livre II, p. 351.

telle sorte que pas une naissance ne leur échappe; et l'on
ne manque jamais d'en voir apparaître quelqu'un, lorsque
le moment de vendre le jeune baudet est venu, c'est-à-dire
quand est arrivé pour celui-ci l'âge de douze à quinze
mois. Toutes les démarches sont faites dans le plus grand
secret, afin que le futur client du marchand ignore à la fois
et le lieu de provenance de l'animal et le prix qu'il a été
payé. L'affaire est d'importance, et pour arriver à la conclusion du marché, le temps n'est pas épargné. Les pour-
parlers durent parfois au delà de deux jours, pendant lesquels, la nuit même, les repas et surtout les libations ne
sont pas plus épargnés que le temps.

M. Ayrault (de Niort) a déjà raconté les péripéties de ces
luttes d'intérêts, où la discussion se prolonge avec force
coups dans la main, dans une série indiscontinue de va-et-
vient de l'écurie du baudet à la table du maître, et réciproquement. Certain Pierruchet Roy, que M. le maréchal
Vaillant connaît bien, car il est depuis longtemps, dans
l'arrondissement de Melle, le fermier d'une terre appartenant à madame la maréchale, peut être considéré comme
le prototype de l'habileté finaude, en ce genre de trafic.
C'est lui qui vendit, au prix de 5,500 francs, pour l'institut national agronomique de Versailles, le baudet mélan-
colique qui devait plus tard, sans en pouvoir mais, exciter
la verve caustique de M. le représentant du peuple Lan-
juinais. Il ne l'avait certes pas payé ce prix.

Le marché conclu, il ne reste plus, pour le rendre parfait, qu'à soumettre le jeune animal à une épreuve décisive,
qui consiste à lui présenter une jument, afin de s'assurer
s'il sera ardent à la monte, ou *bon d'allures*, comme on
dit en Poitou. C'est un point capital. L'épreuve subie à son
honneur, il devient la propriété du marchand, qui l'em-

mène chez lui sans tambour ni trompette, pour le revendre
après l'avoir soigné pendant environ quatre mois, avec un
bénéfice qui n'est guère moindre de mille à douze cents
francs, à quelque étalonnier moins malin que lui, ayant
besoin de se remonter.

Si le premier acheteur du baudet, qui a spéculé sur sa
revente, l'a introduit à petit bruit, il n'en est pas de même
de celui qui l'acquiert en vue de la monte. Celui-ci l'em-
mène avec solennité, pour lui faire faire une sorte d'entrée
triomphale dans la localité qui doit être le théâtre de ses
exploits. Son arrivée est annoncée, et on le voit traverser
les places les plus fréquentées du village, au jour choisi
du repos, la tête ornée de lauriers et de rubans, traîné
dans une charrette sur laquelle a été disposé, pour la circonstance, le dais blanc dont un drap de lit et quelques
cerceaux ont fait les frais. Je puis, pour avoir été bien des
fois témoin de ce spectacle, attester que je n'ai jamais pu
saisir sur la physionomie du triomphateur, le moindre
signe d'orgueil ou de vanité. Connaissez-vous beaucoup
d'hommes, même parmi les plus modestes, auxquels on
pourrait, en pareille occurrence, rendre le même témoi-
gnage?

Pratique de la monte. — L'établissement dans lequel sont entretenus les baudets étalons porte, en Poitou,
le nom d'*atelier*, ainsi que nous avons eu l'occasion de le
dire déjà. Le propriétaire de cet établissement est un personnage, d'abord parce qu'il est ordinairement riche, la
monture d'un atelier de cette sorte représentant un capital
considérable, ensuite parce que la prospérité de ses voisins dépend de lui pour une forte part. S'il est paysan,
on l'appelle toujours *maître* un tel; jamais par son nom
tout court. Avec les progrès de la civilisation, les vestes

s'allongent chaque jour en plus grand nombre pour devenir des paletots ou des habits. Les *maîtres*, de leur côté, deviennent des *messieurs*. Parmi les possesseurs d'étalons, le fils de maître Guillot s'entend nommer, par les clients de l'atelier, monsieur Guillot; et c'est justice, puisqu'ayant été au collége, comme son voisin le notaire, il ne dédaigne pas pour cela de surveiller la monte des juments.

Voici la description de l'atelier, telle que nous l'avons écrite une première fois dans le *Livre de la ferme*. C'est « un bâtiment carré, assez vaste, et généralement précédé d'une cour. Ce bâtiment, ayant un seul étage au-dessus du rez-de-chaussée, n'est percé que de deux ouvertures : une porte par laquelle on y pénètre, et une fenêtre au-dessus pour éclairer le grenier à fourrage, ainsi que pour entrer dans celui-ci au moyen d'une échelle portative. En bas, les choses sont disposées de la manière suivante : de chaque côté, à droite et à gauche de l'entrée, se trouve une rangée de loges ou cellules, ayant en moyenne chacune 3 mètres de profondeur sur 2 mètres de largeur, dans lesquelles cellules on pénètre par une ouverture qui se ferme au moyen d'une porte pleine et solidement verrouillée ; de telle façon que toutes ces cellules s'ouvrent, de l'un et de l'autre côté, sur un espace libre assez large, dont l'aire forme un parallélogramme. Au fond de la loge sont placés le râtelier et la mangeoire. Le mur ou la cloison qui clôt en avant chaque série de cellules, ne va pas ordinairement jusqu'au plancher. C'est par l'espace libre qui reste en haut que l'air s'introduit dans la loge, et c'est par là que celle-ci prend un faible jour sur l'intérieur de l'atelier, tant que la porte demeure fermée. On sait d'ailleurs que la lumière ne pénètre à l'intérieur de l'établissement que dans la mesure permise par son unique entrée.

« Au fond de l'espace libre dont il vient d'être parlé, entre les deux rangées de cellules formées par des cloisons ou des murs perpendiculaires aux premiers, et en regard de l'entrée, se trouve l'atelier proprement dit, ou lieu dans lequel s'effectue la saillie. C'est une sorte de brancard constitué par deux pièces de bois scellées en haut dans le mur, et reposant en bas sur le sol, de telle sorte qu'elles affectent l'une et l'autre une disposition en pente suivant un angle de 45 degrés environ. Elles sont distantes d'un mètre à peu près, et parallèles. Une planche étroite les réunit transversalement à leur partie supérieure, et le sol compris entre elles présente une excavation. C'est là que se place la jument pour être saillie par le baudet, attachée à la planchette transversale; et une fois qu'elle est introduite entre les deux pièces de bois, on exhausse le sol derrière elle avec du fumier, pour établir un rapport aussi exact que possible entre sa taille et celle de l'étalon. »

Que l'intérieur de l'atelier soit ainsi maintenu dans un demi-jour, cela se comprend; en pleine lumière, le baudet hésiterait peut-être à saillir les juments; mais rien ne saurait justifier l'obscurité de la loge qu'il habite; il n'y aurait que des avantages à ce que celle-ci prît jour sur le dehors, au moyen d'une fenêtre percée au-dessus de son râtelier et fermée au moyen d'un vasistas vitré, à bascule, sauf à clore complétement la cellule du côté de l'atelier, en prolongeant le mur jusqu'en haut. Cela serait d'autant plus utile, que le baudet, hors le temps de la monte, vit en état de complète claustration, ne voyant jamais que son palefrenier, et sans prendre aucun exercice au dehors, ce qui est cause de nombreux accidents, qu'il serait bien facile

d'éviter. Les plus fréquents de ces accidents sont la four-
bure, toujours très-grave, et une affection dégoûtante de
la peau des régions inférieures des membres, produite par
le séjour constant sur le fumier.

Une statistique datant seulement de quelques années
porte à 150 le nombre des ateliers répandus sur le territoire des départements des Deux-Sèvres, de la Vendée,
de la Vienne et des parties de ceux de la Charente et de
la Charente-Inférieure qui formaient, avec les premiers,
l'ancienne province de Poitou. Chacun de ces ateliers
compte de cinq à huit baudets, et le nombre des juments
saillies est environ de 50,000, au total. Cela peut donner
une idée de l'importance d'une industrie dont le produit
annuel n'est pas moindre de quinze millions de francs, sur
lesquels douze viennent de l'étranger. Il serait donc bien
à désirer que les préjugés en vertu desquels l'hygiène des
animaux mulassiers est si négligée, fussent détruits.

Suivant l'étendue de sa clientèle de juments, l'atelier
poitevin compte, en outre des baudets, un ou deux chevaux mulassiers, plus un étalon d'essai ou *boute-en-train*,
que l'on appelle aussi plus communément *souffleur*.
Celui-ci est ordinairement un poulain de deux à trois ans,
qui fera la monte plus tard, s'il devient assez beau, ou
sera vendu comme cheval de trait, après avoir subi la
castration. Il y a aussi des ânesses pour la production des
baudets, dans les principaux ateliers, et tout au moins
une presque partout, pour exciter les baudets qui manquent d'ardeur ou qui ont été blasés par des saillies
trop répétées.

On sait d'ailleurs que l'âne, si ardent qu'il puisse être, ne
se dispose pas toujours bien volontiers à saillir une jument.
« Il faut, ai-je écrit dans l'ouvrage plus haut cité, qu'il y

soit préparé d'avance par son palefrenier, et c'est là une
des parties les plus curieuses du métier. On observe à cet
égard les habitudes les plus bizarres. Chaque baudet veut
être excité par un procédé particulier. Ce sont le plus habituellement des conversations ou des chansons, quelquefois obscènes, des propos caressants, des inflexions de
voix, des attouchements vers les parties génitales, des pratiques en un mot toujours plus ou moins comiques pour
l'observateur, la première fois qu'il en est témoin. Nous
avons connu un baudet qui se préparait à la monte en mor-
dant à pleines dents le gros sabot de son palefrenier. L'ensemble de ces moyens, qui varient comme le caractère des
individus qui les exécutent, et les ressources de leur imagination, porte dans le langage poitevin le nom de *brelan-
dage*. Il y a cependant des animaux — et ceux-là sont fort
estimés — auxquels il suffit d'ouvrir la porte de leur loge,
ou d'appliquer la bride avec laquelle ils doivent être conduits vers la jument, pour qu'ils se montrent aussitôt disposés à saillir. D'autres résistent à toutes les excitations,
sauf à celle que leur cause la présence de l'ânesse. On est
alors obligé de substituer prestement la jument à celle-ci,
et même dans certains cas de la couvrir, pour leur mieux
faire prendre le change. »

Cela est, toutefois, exceptionnel. Pour l'ordinaire, après
s'être assuré que la jument est en rut, au moyen de l'étalon d'essai, et avoir disposé l'atelier suivant la taille du
baudet dont le tour de saillie est arrivé ou qui a été choisi,
le palefrenier pénètre dans sa loge en agitant les chaînes
de fer qui forment de courtes rênes à la bride grossière
qu'il va lui mettre pour le conduire. Ce bruit métallique,
autant que les paroles qu'il lui adresse, est pour le baudet
un langage dont la signification ne saurait être douteuse,

car de sa vie il n'a manqué d'être le prélude d'un rapprochement sexuel. On ne lui a jamais mis la bride que pour le sortir, depuis qu'il est à l'atelier, et on ne l'a jamais sorti bridé que pour cela.

Ainsi que nous l'avons dit, en effet, le pauvre animal demeure absolument cloîtré dans sa cellule. C'est à peine si, deux fois par jour, il peut se rendre de son propre mouvement dans l'espace libre, porte close, pour y boire l'eau claire et pure qu'on y a mise à sa disposition. Bien souvent même elle lui est portée dans sa loge obscure, comme le foin et l'avoine qu'il mange et qui, sous le double rapport de la qualité et de la quantité, ne laissent habituellement rien à désirer.

Il n'en est pas de même des soins hygiéniques de propreté. Ceux-ci, pour le motif déjà indiqué, sont tout à fait nuls dans la plupart des cas. Appréciant le concours d'animaux mulassiers qui eut lieu à Niort, en 1865, un jeune vétérinaire fort distingué, membre du jury, qui pratique son art au centre même de l'industrie dont nous nous occupons, a dit, sur l'entretien des baudets, des vérités qu'il faut se borner à reproduire. « Les poils de lait, de couleur fauve, adhérents par plaques, çà et là, comme des haillons au manteau de l'âge adulte, sont aussi, dit M. Bernardin, un indice de fine race. Le second prix de la collection est encore littéralement dans ses langes, et il a neuf ans ! Voyez, sur lui, cette pelisse frangée, déchirée en lambeaux, le couvrant entièrement et pendillant de toutes parts ; elle seule a valu à ce *guenilleux* cette heureuse distinction ; autrement, le volume et les formes n'ont rien de remarquable. Contraste de la nature !... ce qui sentirait à dix lieues de distance la roture la plus ignoble dans notre race, donne aux baudets le cachet et le caractère de la plus fine noblesse ; celle que la mode ou la fantaisie n'atteignent pas et que le temps n'efface point. Aux dandys de ce genre, le premier vêtement est l'*habit de noce*, disent les éleveurs poitevins. C'est pour toujours leur parure la plus belle, c'est leur perpétuelle couronne. La brosse ni l'étrille ne peuvent y toucher ; elles la souilleraient. Du reste, il est certain qu'au travers des poils longs, feutrés et enchevêtrés les uns dans les autres, ces engins ne seraient d'aucun effet.

« La haute origine a sa raison d'être. Elle transmet à la mule et au mulet, au degré le plus élevé, les qualités qui les distinguent : sobriété, rusticité, vigueur et longévité. En voilà toute la valeur. Cela ne suffit-il pas pour y faire attention?... Et si maintenant on demande pourquoi ne pas les tondre, on trouvera la réponse toute faite. Celui qui abattit tant de Philistins avec la mâchoire.... d'un de leurs aïeux, sans doute, ne se fit pas *tondre* non plus. Et cela pour une raison à peu près semblable. — Ici, bien entendu, il s'agit de valeur commerciale et non physiologique. A tous crins ou tondu, un baudet aurait probablement la même influence dans l'acte de la génération.

« L'incurie de la peau, chez ces animaux, est loin d'avoir les mêmes inconvénients que chez le cheval. Une fois acquis l'âge de quinze jours à un mois, le jeune baudet, appelé *fedon*, est peu susceptible sous le rapport de sa santé. L'abus du coït et le manque d'exercice au grand air sont ses deux plus cruels ennemis. Le premier entraîne l'usure prématurée et le plus souvent une maladie de la moelle épinière, se terminant par la paralysie. Le second occasionne des fourbures et des *eaux aux jambes*, sous l'influence d'un air saturé de vapeurs irritantes.

« Plutôt que la tonte, impossible à tenter ici, puisque

ce serait ôter à ces animaux toute leur valeur vénale, nous conseillons de larges boxes, bien aérées; le lavage des membres, réitéré souvent ; les soins du maréchal sur les sabots; et, en plein air, des promenades libres en lieux clos.

« Avec de tels soins et un palefrenier honnête, inflexible dans l'accomplissement de ses devoirs, incorruptible par l'appât des pièces données clandestinement de la main de l'éleveur de mules, dans le but de choisir le plus beau baudet pour faire féconder ses juments, beaucoup de ces animaux pourraient atteindre l'âge de vingt-cinq à trente ans. Nous en avons des exemples chez certains étalonniers lancés dans le progrès et dirigeant eux-mêmes la monte. Dans ces conditions, le nombre des saillies est de trois par jour en moyenne, tandis qu'il s'élève souvent, dans les cas contraires, jusqu'à sept ou huit. C'est en vérité une cause de ruine pour le maître. »

Touchant le côté économique de l'entretien des baudets mulassiers, M. Bernardin ajoute ceci : « Le prix des saillies, en moyenne, est de 12 fr. pendant toute la monte, qui dure du 15 janvier au 15 juillet. Cette somme est fixée par les étalonniers eux-mêmes, sans autre *régulateur* que la concurrence. Ils se plaignent souvent de n'être pas rétribués assez, en raison, disent-ils, des prix exorbitants des bons baudets, comme s'il y avait autre chose que leur propre volonté pour régler leur prix, et comme si d'autres qu'eux-mêmes, en définitive, venaient fixer la valeur vénale de ces animaux. Enfin, comme dernier argument, ils sont obligés d'alléguer naïvement ceci : Il y a trop de concurrence! » Mais alors, tant mieux, cela peut bien servir à prouver que le métier n'est point si mauvais (1). »

(1) *La Culture*, t. VII, p. 19.

Choix et entretien de la jument mulassière. — A propos de la population chevaline du Poitou, nous avons déjà dit quelques mots de la propriété spéciale attribuée à l'ancien type que Jacques Bujault comparait, avec un réel enthousiasme, à une barrique montée sur quatre poteaux. Seule, d'après le laboureur de Chalouë, la jument poitevine serait capable de procréer de belles mules; ses ascendants maternels auraient reçu de leurs accouplements avec le baudet, une sorte d'imprégation qui les rapprocherait de l'espèce de celui-ci; cela l'aurait rendue « intérieurement mulassière », suivant l'expression de Jacques Bujault.

Il serait bien superflu, sans aucun doute, d'entreprendre aujourd'hui la réfutation d'une thèse qui non-seulement jure avec les plus simples notions de physiologie, mais que l'expérience la plus étendue s'est chargée de réduire à néant. Au temps où son auteur la formulait, il eût fallu pour cela faire appel aux considérations que nous avons invoquées au chapitre de l'hérédité, dans la deuxième partie du présent ouvrage (1); il eût fallu invoquer les notions de la science pure sur le phénomène de la fécondation, comme nous l'avons fait pour tenter de détruire le préjugé relatif à l'influence prétendue des mâles antérieurs sur les gestations ultérieures.

Il suffit maintenant de savoir l'état des choses en Poitou, pour rendre à cet égard toute discussion inutile. Cet état est tel que M. Bernardin, plus haut cité, l'indiquait en ces termes : « Depuis longtemps, disait-il, l'ancienne race poitevine n'existe plus à l'état de pureté, et personne n'a essayé de la faire renaître de ses cendres. Nos juments

____

(1) Voy. *Principes généraux*, p. 111.

sont aujourd'hui, ou croisées bretonnes, ou bretonnes pures. Beaucoup d'étalons nous viennent du Boulonnais, de la Bretagne ou du Perche; et tout cela ne nous empêche pas, par l'extension de nos prairies artificielles, de faire cinq fois, au moins, plus de mules qu'autrefois, et de les faire d'une valeur double. Vouloir toujours les anciens caractères de la mulassière, n'est-ce pas s'attacher à la routine et barrer le chemin au progrès? dire à l'agriculture : « Tu n'iras pas plus loin, respect à nos marais ! (1) »

Au concours ouvert à Niort, en 1865, à l'occasion du concours régional, par la Société centrale d'agriculture des Deux-Sèvres, le fait a été mis en évidence de la manière la plus nette. J'ai sous les yeux l'album habilement exécuté par un photographe de Niort, M. Bourgoin, et contenant les portraits photographiques des sujets auxquels le jury a décerné les prix et les mentions honorables. Cet album me permet de corroborer les souvenirs des observations que j'ai faites sur les modèles mêmes. Or, voici ce qu'il constate : sur douze chevaux étalons reproduits par la photographie, deux sont du type percheron ; un du type Norfolk ; deux seulement sont poitevins ou du type flamand ; quatre sont du type breton, pur ou métis ; enfin trois sont du type boulonnais. Sur sept juments, trois sont du type breton, pur ou métis ; deux du type flamand ; une est métisse percheronne, et l'autre métisse boulonnaise. Et ce sont là tous sujets distingués par un jury de poitevins, et représentant bien, par conséquent, la situation indiquée par M. Bernardin.

Il y a quinze ans, alors que nous observions nous-même en pleine industrie mulassière, nous avions constaté déjà

____

(1) *La Culture. Loc cit.*

l'exactitude de ce fait. Dans un mémoire publié en 1851 sur la production des mulets en Poitou, nous nous sommes nettement prononcé contre l'opinion qui attribue la supériorité de cette production à l'influence particulière des qualités de la race des juments. Ces qualités ne lui sont en effet point exclusives, ainsi qu'on le soutient encore : ce sont des qualités individuelles qui se rencontrent au même degré chez toutes les races communes de notre pays ; et il est important de le bien établir, car cela ouvre un champ autrement vaste pour le bon choix de la mulassière.

Voici textuellement ce que nous avons écrit dans notre mémoire sur les caractères qui doivent décider de ce choix : « Il faut moins rechercher la beauté des formes que leur développement. De la taille, un beau coffre, le corps allongé, la croupe forte, carrée, la côte ronde, le garrot élevé, la tête et les oreilles petites, sont autant de caractères indispensables. Les membres doivent être forts, chargés de crins, et l'encolure aussi qui présente une belle crinière doit être estimée. Les pieds ne sauraient être trop larges et trop plats. Nous n'avons pas besoin d'ajouter qu'avec la conformation il faut aussi se préoccuper des qualités que l'on peut appeler morales. La douceur, la patience pour se laisser teter et rester tranquille dans les pâturages, l'attachement pour son fruit, sont autant de qualités qui distinguent la bonne jument de production, et qui en font ce qu'on appelle une bonne mère. Ce qui même doit être rangé en première ligne, c'est la faculté de donner beaucoup de lait de bonne qualité. On conçoit la nécessité de cette condition quand on sait que le fruit qui ne tette pas suffisamment languit dans les premiers temps de sa vie et conserve toujours des formes exiguës, qui diminuent considérablement sa valeur. Une jument qui est bonne nourrice et qui s'entretient bien, quelles que soient du reste ses formes, fait presque toujours de bonnes suites. Il y a des juments qui semblent démentir toutes les combinaisons de la théorie, et qui, bien que laissant beaucoup à désirer sous le rapport de la conformation, ont souvent produit de belles mules : on dit vulgairement d'elles qu'*elles font bon*. Cela tient le plus ordinairement à leur qualité de bêtes de bon entretien et de bonnes laitières. »

Nous ne saurions rien dire de plus aujourd'hui, qui pût être utile. Quant à l'entretien de la mulassière, il n'offre aucune particularité à noter ici. On trouvera dans le premier volume de l'*Économie du bétail*, au chapitre de l'hygiène de la reproduction, tout ce qu'il convient d'observer dans la conduite des mères. Nous y avons même appelé spécialement l'attention sur les inconvénients probables, pour la conservation des muletons, d'une négligence dont les mulassières sont trop souvent l'objet. Il y a donc lieu de renvoyer le lecteur à ce chapitre, pour éviter des répétitions.

Élevage des muletons. — Pour tout ce qui concerne l'allaitement proprement dit, l'élevage du jeune mulet ne présente rien qui lui soit particulier. C'est une question d'hygiène générale, qui a été examinée, comme la précédente, en son lieu. Il n'en est plus de même pour le reste, dans son mode d'élevage qui offre au contraire quelques particularités intéressantes. Il convient donc de les indiquer.

Mais à ce sujet j'ai une permission à demander. J'éprouve une répugnance invincible à refaire ce qui me paraît avoir été fait d'une façon suffisante, ou du moins telle

que, dans mon appréciation, je ne serais pas capable de
la dépasser. Tout travail superflu me semble un coupable
gaspillage de la vie, ce bien précieux qui nous a été par-
cimonieusement mesuré, et que le sage doit savoir
ménager.

Or, il se trouve que j'ai dit sur le sujet qui nous occupe,
dans le *Livre de la ferme*, tout ce que j'aurais à redire ici,
et qu'au moment actuel je n'en sens pas la forme autrement. Par ces divers motifs, on voudra bien trouver bon,
j'espère, que je me permette de me citer au long; ce sera
plus court.

« Les habitudes commerciales ont imprimé à l'élevage
des jeunes mulets des conditions particulières, qui le font
différer de celui des poulains. D'abord il faut dire que le
régime de la stabulation nocturne est généralement usité
pour les mulassières nourrices. Elles vont pendant le jour
dans un pâturage peu éloigné de la ferme, avec leur
suite — en Poitou c'est souvent sur une jachère her-
beuse — mais elles rentrent régulièrement le soir à l'é-
curie. Ce régime est très-favorable au développement du
muleton, surtout lorsqu'il comporte, en outre de l'herbe
prise dehors, une alimentation convenable pour la mère,
au-dedans. Malheureusement, ce n'est pas le plus ordinaire. Toutefois, il permet au jeune sujet de prendre les
ébats qui sont indispensables à son âge.

Ce genre d'élevage établit des rapports fréquents avec
l'homme, les juments mulassières étant toujours au
champ sous la direction d'un gardien, — qui est le plus
souvent un jeune garçon ou une jeune fille; — il fait que
les élèves sont toujours, de la part de ce gardien, l'objet
de quelques attentions. Les muletons ne manquent guère
de recevoir une part de sa collation, et dans cette prévi-

14.

sion, son havresac se charge habituellement au départ d'un morceau de pain un peu plus gros. Il n'est guère possible de passer le matin ou le soir sur un chemin du Poitou, sans rencontrer des bandes de juments mulassières suivies de leurs nourrissons, et dont une est montée par un jeune garçon portant en sautoir le sac de toile. Les autres ont au nez une muselière en viorne, sorte de panier pour protéger les haies contre les atteintes de leur dent, et suspendu au cou le *talbot* (cylindre de bois percé à l'une de ses extrémités d'un trou dans lequel passe le collier de corde qui laisse pendre ce cylindre entre les deux jambes de devant) destiné, lorsqu'elles sont au champ, à rendre leur garde plus facile et à les empêcher d'aller « *dans le dommage.* »

Dans les habitudes poitevines, le muleton, pendant toute la durée de son allaitement, reçoit donc un petit supplément de nourriture sous forme de pain, non-seulement de la part du *bistreau* qui le garde avec sa mère, mais encore de celle de toutes les personnes qui l'approchent. La ménagère ou sa fille a toujours dans la poche de son tablier un morceau de pain à lui donner quand elle le rencontre sur son passage, ou quand elle va, pour un motif quelconque, dans son écurie. Ces soins l'accompagnent jusqu'au sevrage, qui a lieu vers le huitième ou le neuvième mois. Il est alors *rentré* et isolé à l'attache, pour être préparé à la vente, lorsque celle-ci doit avoir lieu à l'une des premières foires de l'hiver, avant l'expiration de sa première année, à l'état de *gîton* ou de *gîtonne*. C'est ainsi qu'on appelle les mulets ou les mules qui n'ont pas encore un an révolu.

Les muletons attachés sont placés dans une loge ou dans un coin obscur de l'écurie, loin du bruit et du mouvement, dans les meilleures conditions pour favoriser l'engraissement. Ils sont couverts avec soin et tenus chaudement pour attendrir leur peau et la maintenir en moiteur, et ils reçoivent chaque jour une ration de grains et de farineux, qui leur est administrée avec une grande sollicitude. L'orge, les fèves et même les pommes de terre bouillies, en font les frais. L'ambition de tout éleveur poitevin est d'obtenir la *prime* ou le *bouquet* qui se décerne à la plus belle gitonne de la foire. Et la plus belle est ordinairement la mieux engraissée. Aussi concentre-t-il toute son attention sur cette opération, qui s'effectue précisément au moment où les travaux chôment au dehors.

La plupart des mules sont vendues à cet âge, dans l'arrondissement de Melle surtout, et en général dans tous les grands centres de production. Cela évite l'encombrement des produits, diminue les chances d'accidents, et donne en somme plus de bénéfices. Un certain nombre qui, pour un motif ou pour l'autre — une naissance tardive, par exemple — n'ont pu être préparées à temps, sont gardées un an de plus. Ce sont alors des *doublonnes*. Dans ce cas, leur préparation est la même, et jusqu'au moment où elles y doivent être soumises, elles ont brouté l'herbe du pâturage avec les mulassières et leur fruit de l'année, en recevant en outre une ration au râtelier. Il en est de même des doublonnes achetées par les cultivateurs d'une partie du pays, ainsi que du petit nombre de celles qui, passé cet âge, y sont conservées. Celles-ci, que l'on appelle des *mules d'âge*, sont livrées à un léger travail, attelées devant les bœufs, ou réunies au nombre de cinq ou six pour traîner une faible charge. Cela s'observe principalement dans le département de la Charente, pays vignoble et de petite culture, où les propriétaires associent leurs animaux pour les charrois de fumier et les labours. C'est chose curieuse d'y voir ces attelages comptant autant de conducteurs que d'animaux, car chacun y veut naturellement conduire la jeune mule sur laquelle il a fondé ses espérances.

Au reste, quel que soit l'âge, le mode d'élevage et de préparation pour la vente est toujours le même. C'est une question d'engraissement. Et ce qui caractérise l'industrie mulassière, et donne la principale raison de sa prospérité en Poitou, c'est que l'élevage y a pour base essentielle une forte alimentation des produits. C'est à cela qu'est dû le grand développement qu'ils acquièrent dans cette partie de la France, bien plus qu'à la taille et au volume des juments, car on n'observe point que ce développement soit toujours en rapport exact avec la taille et le volume de celles-ci. On rencontre à chaque instant des juments peu corpulentes, aux membres relativement minces, qui produisent des mules tout aussi belles que les autres. Et d'un autre côté, les plus fortes juments du Poitou, transportées dans un pays moins fertile et où les produits sont moins attentivement soignés, n'y donnent plus les mêmes résultats. Cela ne veut point dire, assurément, qu'il ne faille tenir aucun compte de leur bon choix, mais seulement que son importance n'est que secondaire dans la production des mulets comme dans celle des chevaux.

Pour tout le reste, l'hygiène de l'élevage ne diffère en rien de celle qui est applicable aux poulains. Castration, ferrure, pansage, dressage, tout cela se fait de la même manière. Le jeune mulet, en raison même des circonstances que nous venons de signaler, est plus docile et plus maniable que le cheval. La seule opération difficile est la ferrure, non pas à cause d'une sauvagerie qui n'existe pas, mais par cette unique raison que la grande énergie du jeune animal lui fait impatiemment supporter les attitudes que sa pratique nécessite. Il se laisse volontiers approcher et lever les pieds; mais il ne consent pas sans une grande résistance à demeurer dans la position gênante où il doit être maintenu. Il faut un bras vigoureux pour modérer les détentes de ses membres postérieurs. C'est une rude besogne, et souvent bien dangereuse; que celle de tenir pendant toute une journée les pieds des doublonnes qui vont se mettre en route avec le marchand qui les a ache-tées. Elles exigent à la fois beaucoup de prudence, de la force et de la douceur. »

LIVRE IV

INSTITUTIONS HIPPIQUES

———

Considérations générales. — On a désigné sous le nom d'*institutions hippiques*, l'ensemble des divers modes par lesquels la puissance collective de l'État ou des associations particulières intervient dans la production des chevaux, soit pour la stimuler, soit pour la diriger vers un but déterminé.

En posant les principes généraux, économiques et phyiologiques de la zootechnie, nous avons vu que l'intervention pouvait être directe ou indirecte, et nous en avons discuté à la fois l'efficacité et l'utilité, sous ces deux formes. Il ne s'agit point de recommencer ici la discussion. Il a été suffisamment établi, croyons-nous, en thèse générale, que la puissance collective n'a pas qualité pour intervenir utilement, en matière de production industrielle. S'il se trouve encore des bons esprits pour soutenir le contraire, en ce qui concerne l'industrie chevaline, on ne pourra se dispenser de reconnaître que cette industrie est en quelque sorte le dernier refuge de la doctrine économique qui eut naguère tant de partisans.

Il semble impossible d'admettre que la vérité puisse tarder bien longtemps à se faire jour dans ces esprits, sur ce point particulier qui nous occupe, comme la lumière s'y est faite sur tous les autres. Évidemment, tout le monde finira bien par comprendre qu'il n'y a en réalité aucune différence économique entre un producteur de chevaux et un producteur de bœufs, de moutons ou de porcs, aucune différence qui puisse légitimer, à l'endroit de l'un, la tutelle dont l'autre se passe si bien.

Singularité plus saisissable! de cette tutelle, considérée comme indispensable pour la production des chevaux d'une certaine catégorie, on en fait bon marché dès à présent, pour ce qui se rapporte à une autre catégorie; en pleine vigueur à l'égard des éleveurs de chevaux de selle et d'attelage, elle s'efface, elle n'existe déjà plus pour ceux qui se livrent à l'industrie des chevaux de trait; elle n'a jamais existé pour la production des mulets, la plus florissante, sans contredit, de toutes les branches de notre production animale; bien au contraire, à celle-ci l'influence officielle avait toujours, jusqu'à ces derniers temps, fait une guerre acharnée, qui était du reste indiquée par la logique de son programme.

Eh bien, malgré cette guerre, la prospérité sans cesse croissante de l'industrie mulassière est là comme un témoin irrécusable de la justesse des principes que nous soutenons. Non seulement elle s'est maintenue dans les localités qui lui sont propres, puisant dans sa vitalité économique de quoi résister à toutes les incitations et à toutes les concurrences de l'industrie rivale, si chaudement patronnée par l'État, mais encore elle a grandi dans ses lieux d'élection et s'est développée ailleurs, gagnant toujours du terrain sur celle-ci. Notre région méridionale nous offre depuis quelques années la preuve irréfutable de ce fait. Dans le voisinage des Pyrénées, particulièrement, les éleveurs renoncent de plus en plus aux encouragements du budget, pour livrer, à leurs risques et périls, les juments au baudet.

C'est que rien, en économie rurale, ne peut lutter longtemps avec succès contre les bénéfices assurés. Or, nous
en avons donné de nombreuses preuves, dans l'état actuel
des débouchés, pour plusieurs régions de la France, l'élevage du cheval ne peut plus être une industrie lucrative.
Les efforts systématiques faits pour l'y maintenir sont for-
cément condamnés à échouer. La production des mulets,
par sa seule vertu d'entreprise zootechnique moins chan-
ceuse et plus lucrative, la supplantera sans rémission,
qu'elle soit ou non combattue de nouveau, ainsi qu'elle le
fut aveuglément durant si longtemps par les protecteurs
titrés du cheval nécessaire à la défense nationale.

L'exemple que nous fournit la vitalité même de l'industrie mulassière, est précieux pour la démonstration des
avantages de la liberté complète de la production animale.
Il n'y a pas un seul des arguments opposés, en principe ou
en fait, à cette liberté, qui ne soit aussitôt réfuté par là ; et
tel est le motif qui devait nous porter à attendre, pour
examiner la question importante des institutions hippiques,
que les détails relatifs à la production des mulets fussent
exposés.

. Sans anticiper sur ce que nous aurons à voir plus loin,
au sujet des institutions protectrices de l'industrie chevaline, nous pouvons en faire l'essai. Dira-t-on, d'aventure
(on le dira certainement), que l'initiative privée, abandonnée à elle-même, serait impuissante pour fournir à
cette industrie les étalons dont elle a besoin, à cause de
leur prix élevé? Aussitôt il sera possible d'opposer victo-
rieusement le fait indéniable des nombreux *ateliers* du
Poitou, dont le seul inconvénient, d'après leurs possesseurs
et les défenseurs officieux de ceux-ci, est dans le très-
gros capital engagé qu'ils représentent, ainsi que nous

l'avons vu. Ces possesseurs se plaignent beaucoup, à la vérité; mais savez-vous de quoi ils se plaignent?... De la concurrence acharnée qu'ils se font entre eux! Le nombre des ateliers et celui des baudets que chacun contient va toujours croissant.

Ce ne peut être, on en conviendra, le fait d'une industrie qui serait en souffrance; et il n'y a pas à douter un seul instant que dans les mêmes conditions, c'est-à-dire dans toutes les régions où la situation assurerait à la production chevaline des éléments naturels de prospérité, c'est le même phénomène économique qui se produirait.

C'est donc en faisant l'application de ce principe fécond de la liberté industrielle, triomphant chez nous désormais partout ailleurs qu'en matière hippique, c'est en nous inspirant de son esprit, que nous allons successivement passer en revue les institutions dont l'objet est de diriger ou de stimuler en France la production des chevaux.

CHAPITRE PREMIER

DE L'ADMINISTRATION DES HARAS

Historique. — L'histoire de l'administration des haras est, sur un point particulier, celle des idées qui ont régné dans notre pays relativement au rôle de l'État en matière d'industrie. Histoire glorieuse, si on ne la prend que par un seul côté; si, comparant ce qui était avant l'intervention du pouvoir à ce qui fut après, on ne tient nul compte de ce qui n'eût point manqué de se produire, sous l'influence de la liberté.

Certes, cela n'est pas neuf à dire, l'autocratie et même

le despotisme peuvent avoir du bon, à un certain point de
vue : ils valent ce que vaut l'autocrate ou le despote ; ce
que l'une et l'autre peuvent avoir de détestable en principe
se sauve parfois sous la grandeur des résultats obtenus.
Les historiens partiaux ou seulement enthousiastes, éblouis
par le mirage de la puissance ou du génie dominateur, se
sont trop souvent laissé entraîner à un mode d'argumen-
tation qui néglige le fond de la question, pour n'en apercevoir que l'apparence.

Sans tenter de nous élever au-dessus du sujet qui nous
occupe, dans des régions qu'il ne nous serait sans doute
point donné d'atteindre, bornons nos remarques à ce fait
que si, en matière d'industrie, l'intervention de l'État a
pu, tant qu'elle a duré, communiquer la vie à une production régulière, on n'a jamais manqué de voir cette vie
se retirer, dès que, pour un motif quelconque, le principe
animateur factice qui la soutenait est venu à lui faire
défaut. C'est que si l'autorité peut établir des industries,
la liberté seule fait des industriels, en leur inculquant le
véritable élément de la force productive, le sentiment de
la responsabilité.

Quoi de plus propre à fournir la preuve de la vérité de
ce principe fondamental, que l'histoire même de l'administration des haras? Cette histoire, nous ne devons pas
songer à la reprendre dans tous ses détails. Elle a été
souvent écrite, à divers points de vue. Il convient seulement ici d'en retracer les principaux traits. En 1862, nous
écrivions à cet égard ce qui suit, et nous ne saurions dire
autrement aujourd'hui :

« Créée en 1665 par Colbert, successivement développée par ses successeurs, supprimée en 1791 par l'Assemblée nationale, puis rétablie en l'an III par la Convention,

l'institution des haras de l'État fut enfin définitivement constituée par un décret de l'Empereur, en 1806, et n'a pas cessé d'exister depuis, au moins quant à son intervention directe dans l'industrie chevaline.

« Les nombreuses vicissitudes subies par l'administration des haras depuis sa réorganisation en 1806 jusqu'à ce jour, les changements de direction qui lui ont été imposés tour à tour dans des sens à peu près toujours radicalement inverses, sembleraient indiquer à l'observateur impartial que les services rendus par elle à la production chevaline, n'ont jamais été assez éclatants pour qu'ils pussent la défendre contre les attaques dont elle n'a cessé d'être l'objet.

« En suivant, en effet, la courte histoire de cette institution, on ne trouve point dans les nombreux décrets, ordonnances et arrêtés rendus à son sujet en 1806, 1825, 1832, 1840, 1842, 1846, 1848, 1850, 1852, 1860, la preuve du développement régulier d'un système, dont les bienfaits non douteux n'auraient eu besoin que d'être étendus. A chaque instant, au contraire, on voit le passé condamné d'une façon à peu près absolue, une nouvelle direction imprimée à la marche de l'institution, pour être bientôt remplacée par une autre, condamnée à son tour un peu plus tard. Et toujours, quand on compulse en outre les publications où l'opinion se fait jour, on rencontre sans cesse des traces non équivoques des luttes passionnées dont l'administration est l'objet, de la part des hommes que l'industrie chevaline préoccupe, militaires, agronomes, économistes et *hommes de cheval*.

« Ce n'est pas là, on en conviendra, pensons-nous, le fait d'une institution dont l'utilité serait bien saisissante. Pour être si contestée, il faut absolument que cette administration des haras offre une large prise au doute et à la critique, non pas seulement par le fait des hommes qui l'ont dirigée aux diverses époques plus haut citées, mais encore dans son principe même. Aussi son existence a-t-elle été mise fortement en question une fois de plus en 1860. Une commission nombreuse, chargée de donner son avis à cet égard, s'est également partagée entre le maintien et la suppression de l'intervention directe de l'État dans l'industrie chevaline. Il est bon de faire remarquer, en outre, que ceux-là même qui se sont alors prononcés en faveur du maintien n'ont point manqué, comme leurs devanciers, de mettre en évidence les vices de l'institution existante, et de proposer sa réorganisation sur de nouvelles bases.

« C'est ensuite de cette nouvelle étude de la question, tant de fois débattue, que fut rendu le décret impérial du 19 décembre 1860, qui est la charte actuelle de l'administration des haras (1). »

Décret de réorganisation et arrêtés consécutifs. — Il convient de consigner ici le texte entier du décret constitutif de l'administration présente des haras, ainsi que les arrêtés ministériels rendus en conséquence de ce décret. Les éleveurs de chevaux sont intéressés à les connaître; il est bon qu'ils les aient sous la main.

Le décret avait été précédé d'un long rapport, dont nous donnerons seulement la conclusion ; car il serait superflu d'entrer dans les détails des travaux de la commission que ce rapport avait pour objet de résumer.

Nous supprimons même le protocole du décret, qui serait sans intérêt pour le lecteur.

____

(1) *Livre de la ferme*, t. Ier, p. 458,

Voici ce décret, composé de huit titres :

TITRE PREMIER

ADMINISTRATION CENTRALE ET PERSONNEL ACTIF

Article premier. — Le service des haras est constitué en direction générale.

Art. 2. — La direction générale des haras est placée dans les attributions du ministère d'État (1).

Un employé supérieur, qui prend le titre d'administrateur, centralise, sous les ordres du directeur général, les détails du personnel de l'administration et du matériel du service.

Art. 3. — Le personnel du service actif des haras comprend :

Huit inspecteurs généraux divisés en deux classes ;

Vingt-six directeurs de dépôts d'étalons divisés en trois classes ;

Vingt-six sous-directeurs, agents comptables, divisés en trois classes ;

Dix surveillants divisés en deux classes ;

Vingt-six vétérinaires avec traitement ou à l'abonnement, divisés en deux classes ;

Des brigadiers chefs,
Des brigadiers,
Des palefreniers, divisés en deux classes,
Des élèves palefreniers, divisés en deux classes,
} en nombre proportionné aux besoins du service.

Un arrêté du ministre déterminera la résidence et l'arrondissement assignés à chacun des inspecteurs généraux.

(1) Un remaniement de ministères a fait depuis passer la direction générale des haras dans les attributions du ministre de la maison de l'Empereur et des beaux-arts.

TITRE II

FONCTIONS ET ATTRIBUTIONS

Art. 4. — Le directeur général des haras exerce ses fonctions sous l'autorité immédiate du ministre d'État (1).

Il est spécialement chargé :

1º De dresser le budget général et le compte rendu des dépenses, et de surveiller la comptabilité en deniers et en matières relatives au service ;

2º De soumettre à l'approbation du ministre les budgets particuliers des établissements et toutes dépenses spéciales à l'entretien des bâtiments et du matériel prévues au budget général ; les bordereaux mensuels et comptes généraux ; les rapports d'ordonnancement de dépenses ; les baux et marchés ; les règlements généraux du service ; les nominations, promotions, changements de résidence et mise en disponibilité des fonctionnaires du service ; les propositions tendant à la mise à la retraite de ces mêmes agents et des employés de tout rang ; la liquidation des pensions de retraite d'après les règlements en vigueur ;

3º De proposer au ministre l'emploi des crédits affectés à la remonte des établissements de haras et aux encouragements de toute sorte alloués à l'industrie chevaline ;

4º De pourvoir directement à la nomination et à l'avancement des palefreniers de tout grade ;

5º De notifier aux divers agents du service les décisions du ministre ;

6º De prescrire les tournées et missions spéciales à l'intérieur comme à l'extérieur du territoire de l'empire, sauf l'approbation du ministre pour ces dernières, lorsque les dépenses auxquelles elles pourraient donner lieu devront dépasser le chiffre des crédits portés au budget ;

7º D'inspecter au moins une fois l'an tous les dépôts d'étalons, d'y contrôler les achats de chevaux effectués, d'autoriser, avec l'assentiment du ministre, les acquisitions convenables au

(1) Du ministre de la maison de l'Empereur, maintenant.

service, et de prononcer les réformes d'animaux jugées nécessaires ;

8° D'exposer dans un rapport annuel adressé au ministre et
publié au *Moniteur* les résultats obtenus par l'administration
et l'industrie particulière.

Art. 5. — L'administrateur est chargé de préparer les décisions à soumettre au ministre ou au directeur général, et de
diriger le travail des bureaux de l'administration centrale.

Art. 6. — Les inspecteurs généraux ont pour mission spéciale
de rechercher en France ou à l'étranger les étalons qui pourraient convenir à la remonte des haras, et d'en faire l'acquisition sous l'autorisation du directeur général et l'assentiment du
ministre.

Ils proposent également au directeur général les réformes
dans l'effectif.

Art. 7. — Les fonctions des inspecteurs généraux chargés
de la surveillance des dépôts d'étalons s'étendent à toutes les
parties qui composent le service des établissements placés dans
leur ressort.

Ils examinent les étalons à approuver, les juments poulinières,
pouliches, chevaux dressés et castrés à primer; surveillent les
établissements subventionnés, écoles de dressage, d'équitation
et autres; président les concours hippiques, assistent aux
courses, foires et marchés de chevaux, et visitent les haras
particuliers pour signaler les éleveurs dont les efforts méritent
d'être encouragés par l'administration.

En cas d'empêchement, ils sont suppléés par les directeurs
pour ce qui concerne les concours et autres réunions hippiques.

Art. 8. — Les directeurs ont le commandement des dépôts
d'étalons, et pourvoient, au-dedans comme au dehors des établissements, à l'exécution des dispositions réglementaires et des
décisions de l'administration supérieure.

Ils préparent les projets de répartition des étalons de l'État
dans les stations de monte, ainsi que les projets des budgets de
dépenses, et soumettent ces documents aux inspecteurs généraux, qui les adressent à la direction générale avec leurs observations.

Dans les tournées incessantes qu'ils doivent faire durant la saison de la monte, ils dirigent par leurs conseils les accouplements, le croisement et l'élevage; surveillent le service des étalons approuvés, et étudient toutes les questions qui se rattachent à l'éducation des chevaux. De cette partie très-importante de leurs travaux, ils rendent un compte détaillé au directeur général.

Art. 9. — Les sous-directeurs sont spécialement chargés, sous le contrôle des directeurs, des opérations de comptabilité des établissements.

Ils suppléent les directeurs dans l'exercice de leurs fonctions.

Art. 10. — Les fonctions des surveillants, placés sous l'autorité immédiate des directeurs et de leurs suppléants, consistent à assurer l'exécution des ordres relatifs au service des écuries et à la tenue de l'établissement.

Ils assistent les sous-directeurs dans leurs travaux de comptabilité et de correspondance.

Art. 11. — Les vétérinaires ont le soin de tout ce qui concerne l'entretien de la santé des étalons; ils sont en outre chargés de faire un cours d'extérieur et d'hygiène pour les palefreniers.

Dans toutes les choses qui incombent à leur service, ils relèvent du directeur ou de son suppléant.

Art. 12. — Les inspecteurs généraux, les directeurs de dépôts d'étalons correspondent directement avec le directeur général des haras.

TITRE III

NOMINATIONS ET AVANCEMENT

Art. 13. — Le directeur général est nommé par nous, sur la proposition de notre ministre d'État (1).

L'administrateur, les inspecteurs généraux, les directeurs de dépôts d'étalons sont nommés par notre ministre d'État (2).

Les sous-directeurs, les surveillants et les vétérinaires sont

(1) Maintenant du ministre de la maison de l'Empereur.
(2) *Ibid.*

nommés par notre ministre d'État (1), sur la présentation du directeur général.

Art. 14. — Nul, à moins de connaissances hippiques exceptionnelles, ne peut entrer comme officier des haras, dans le service, qu'en passant par le grade de surveillant.

Ce premier grade s'obtient par voie de concours, et, pour être admis aux examens, les candidats doivent, indépendamment de leur qualité de Français, être âgés de dix-huit ans au moins et de vingt-cinq ans au plus.

Les conditions de ces examens seront déterminées par un arrêté spécial du ministre.

Art. 15. — Dans les emplois remplis par le personnel supérieur du service, nul ne peut être promu à un grade ou à une classe supérieure qu'après avoir occupé le grade ou la classe hiérarchiquement inférieure.

Art. 16. — Les brigadiers chefs, les brigadiers, les palefreniers et élèves palefreniers sont nommés par le directeur général, sur les propositions des directeurs de dépôts d'étalons, confirmées par les inspecteurs généraux.

TITRE IV

CAUTIONNEMENT

Art. 17. — Le taux du cautionnement à fournir par les sous-directeurs, agents comptables des haras, demeure fixé conformément aux dispositions du décret du 15 octobre 1849.

Ce cautionnement doit être réalisé en numéraire.

TITRE V

CONGÉS

Art. 18. — Les congés ne dépassant pas un mois sont accordés par le directeur général.

Les demandes de congé pour un terme plus long et celles

______
(1) De la maison de l'Empereur, à présent.

pour la prolongation d'un congé d'un mois sont soumises à l'approbation du ministre.

Le directeur général statue sur les retenues de traitement, suivant les règles existantes.

TITRE VI

CONSEIL SUPÉRIEUR DES HARAS ET COMITÉ CONSULTATIF DES HARAS

Art. 19. — Il est constitué auprès de notre ministre d'État (1) un conseil supérieur des haras, composé, indépendamment du directeur général et de l'administrateur des haras, rapporteur, de dix membres nommés par le ministre et choisis parmi les sénateurs, les députés au Corps législatif, les membres du conseil d'État, les officiers généraux de l'armée et les personnes versées dans les matières hippiques.

Ce conseil, qui se réunit chaque fois que le ministre le juge utile, est appelé à aider de ses avis le directeur général dans toutes les questions importantes du service. Les inspecteurs généraux des haras pourront y être admis avec voix consultative.

Art. 20. — Le conseil supérieur des haras est présidé par le ministre ; à son défaut, par le directeur général, vice-président, et, en cas d'empêchement, par un des membres élu à la majorité des suffrages.

Art. 21. — Il est établi en outre, auprès du directeur général et sous sa présidence, un comité consultatif des haras, composé des inspecteurs généraux.

L'administrateur est de droit rapporteur du comité.

Art. 22. — Le comité pourra être consulté sur :

1o La répartition des étalons provenant de la remonte ou désignés pour être déplacés ;

2o L'ensemble des propositions relatives aux étalons à approuver, aux juments poulinières à primer, et aux encouragements de toute sorte à décerner ;

(1) Du ministre de la maison de l'Empereur, à présent.

3º Les demandes consignées aux rapports d'inspection ;

4º Les budgets des établissements ;

5º Les règlements généraux de service ;

6º Les affaires importantes qui exigeraient un examen particulier avant d'être soumises au conseil supérieur.

Art 23. —· Les procès-verbaux des séances seront régulièrement tenus tant au conseil supérieur qu'au comité consultatif des haras, afin que l'administration puisse au besoin y trouver les renseignements qui lui seraient nécessaires.

TITRE VII

ENCOURAGEMENTS A L'INDUSTRIE PARTICULIÈRE

Art. 24. — Dans le but de venir, d'une manière efficace, en aide à l'industrie chevaline, d'étendre et d'améliorer la production, des crédits plus importants que ceux inscrits jusqu'à ce jour au budget pour encouragements seront demandés par le ministre à notre conseil d'État.

Ces encouragements comprendront dans leur ensemble : les prix de courses plates au galop et au trot, et des courses avec obstacles ; — les primes aux étalons, juments poulinières et pouliches de toute espèce ; — les primes aux poulains castrés de bonne heure et convenablement dressés à la selle ou à l'attelage ; — les subventions aux concours régionaux, aux écoles d'équitation et de dressage.

Art. 25. — A dater du 1er janvier 1861, le tarif des primes aux étalons approuvés est fixé comme suit :

> Pour un étalon de pur sang . . . de 500 à 1,500 fr.
> Pour un étalon de demi-sang. . . de 400 à 1,000 fr.
> Pour un étalon de trait. . . . . de 300 à 500 fr.

Toutefois, pour les animaux d'une valeur élevée et d'un mérite exceptionnel, les primes indiquées au paragraphe précédent pourront atteindre les quotités ci-après :

> Pour un étalon de pur sang. . . . . 3,000 fr.
> Pour un étalon de demi-sang. . . . 1,500 fr.
> Pour un étalon de trait . . . . . . 800 fr.

Art. 26. — Les primes décernées par l'État aux juments poulinières de pur sang, suivies de leur production de l'année, sont portées de 200 à 600 fr.; celles réservées aux poulinières et pouliches de demi-sang, de 100 à 600 fr.; et enfin celles destinées aux poulinières de trait, de 100 à 300 fr.

TITRE VIII

DISPOSITIONS GÉNÉRALES

Art. 27. — Toutes les dispositions antérieures contraires au présent décret sont et demeurent rapportées.

Art. 28. — Notre ministre d'État est chargé de l'exécution du présent décret.

Fait au palais des Tuileries, le 19 décembre 1860.

Par l'Empereur :

Le ministre d'État,   NAPOLÉON.

A. WALEWSKI.

C'est dans le rapport du ministre d'État, en suite duquel ce décret a été rendu, qu'il en faut chercher l'esprit. Le document en fournit lui-même, d'ailleurs, l'exposé concis, dans les termes suivants :

« En résumé, je dirai qu'il faut, par tous les moyens, répandre chez les éleveurs des connaissances pratiques servant à mettre en évidence leurs produits sous le jour le plus favorable, faire l'éducation d'hommes spéciaux indispensables au développement du commerce. Et c'est pour cela que, si je demande le maintien de l'administration des haras au nom de la nécessité de l'intervention directe, je réclame aussi la suppression totale de toute entrave et une part plus large aux encouragements de l'intervention indirecte, *jusqu'au jour où l'industrie chevaline sera véritablement fondée.* Il me semble donc qu'avec l'application d'une partie des idées émises par chacune des parties de la commission, il est possible de présenter un système

pratique et populaire, protecteur et libéral à la fois, qui
donne aux éleveurs la solution qu'ils attendent depuis longtemps.

« Dans cet ordre d'idées, j'aurai l'honneur de soumettre à Votre Majesté un programme d'organisation.

« Il consisterait :

« 1º A maintenir l'effectif des haras au chiffre de 1,250
étalons, comprenant dans ce nombre 50 chevaux destinés
à desservir les départements de la Savoie et de la Haute-
Savoie;

« 2º A supprimer la jumenterie de Pompadour (1);

« 3º A augmenter de 600,000 francs le budget des haras, chapitre des encouragements. Cette somme, ajoutée
aux crédits déjà existants, servirait à primer largement
les pouliches et les juments poulinières, ainsi qu'à augmenter considérablement le nombre des étalons approuvés. Cette somme servirait encore à donner des primes
aux chevaux dressés et castrés de bonne heure, à encourager les courses au trot et avec obstacles, à subventionner de nombreuses écoles de dressage et d'équitation, afin
de pousser, par tous les moyens, à la production du cheval de commerce et de luxe, et à l'éducation équestre du
pays;

« 4º A donner à l'administration des haras l'impulsion
et la sécurité, en mettant à sa tête un directeur général
relevant du ministre d'État.

« Un comité supérieur, composé de dix membres pris
parmi les sénateurs, les députés, les membres du conseil
d'État, les généraux et les hommes de notoriété auxquels
pourraient se joindre selon les besoins, les inspecteurs

____

(1) C'était la dernière qui subsistât alors.

des haras, serait nommé par le ministre pour aider de ses conseils le directeur général. Tous les ans, le directeur général adresserait au ministre un rapport qui, publié au *Moniteur*, ferait connaître la marche suivie par les haras et les progrès de l'industrie privée;

« 5° Pour établir une plus grande unité de vue et de direction dans les questions relatives à l'industrie chevaline, le directeur général des haras serait autorisé à visiter les dépôts de remonte et à présenter ses observations sur ces dépôts, dans des rapports officiels adressés au ministre d'État et au ministre de la guerre.

« De cette façon, toute la question chevaline serait, pour ainsi dire, dans une seule main, et les haras et la remonte tendraient également vers le but intelligent qui leur serait assigné : Protéger et encourager. La production de luxe, en ramenant le commerce sur nos marchés, mettrait bien vite en vogue et en faveur le cheval français ; assurerait, par cela même, des ressources plus larges à la remonte de notre cavalerie et donnerait au commerce l'essor de liberté et de développement auquel toute industrie doit prétendre. »

Voilà posés les principes et les moyens d'exécution de la nouvelle administration des haras. Le rapport le dit : toute la question chevaline est mise, par le décret d'institution, dans une seule main, et l'économie de ce décret se traduit essentiellement dans son article 8, où il est dit que les directeurs des dépôts d'étalons, « dans les tournées incessantes qu'ils doivent faire durant la saison de la monte, *dirigent* par leurs conseils les accouplements, le croisement et l'élevage; surveillent le service des étalons approuvés, et étudient toutes les questions qui se rattachent à l'éducation des chevaux. » Aux termes du rapport, cette action de l'administration doit s'exercer, « jusqu'au jour où l'industrie chevaline sera véritablement fondée. »

Il est clair par là, que l'administration des haras a reçu la mission principale de fonder cette industrie, par le concours de ses lumières et de ses encouragements, et que son but nettement marqué est de rendre inutile son intervention directe ou indirecte, dans le délai le plus rapproché.

En ces termes, la réforme réalisée par le décret de 1860 ne pouvait que recevoir l'approbation des partisans de l'émancipation de l'industrie particulière. Peut-être eût-il été dangereux, en effet, de procéder sans transition à l'application rigoureuse des principes économiques d'une complète liberté. L'homme de science qui les dégage de l'étude des faits, n'est pas tenu à des tempéraments ; il voit seulement le but à atteindre et il l'indique ; mais lorsqu'il faut passer de ces principes à leur application, il appartient à l'homme de la pratique de tenir compte de tous les éléments qui peuvent en assurer le succès. Les choses, d'ailleurs, se jugent par comparaison ; et il nous a toujours paru que le décret reproduit plus haut réalisait, par rapport à ce qu'il est venu remplacer, de réels progrès sur tous ou presque tous les points.

Voici ce que nous écrivions à ce sujet aussitôt après l'apparition des documents au *Moniteur* :

« En somme, il est facile de voir maintenant ce qui résulte de la nouvelle organisation, dont nous venons d'analyser les éléments. C'est, dans une certaine mesure, un retour vers ce qui existait avant 1852, moins les jumenteries et l'École des haras ; c'est aussi une tendance manifeste à borner l'intervention directe de l'État au rôle de fournisseur d'étalons, et à étendre son intervention indirecte du côté des encouragements aux bonnes poulinières et à la production du cheval de luxe.

« A ce double titre, on ne peut qu'y applaudir en principe. S'il est vrai qu'une administration des haras soit encore indispensable pour assurer dans ce pays la production chevaline, il n'est pas possible de méconnaître que le présent, tel qu'il vient d'être constitué, marque un progrès certain sur le passé et promet de nouveaux progrès pour l'avenir. Mais nous ne pouvons, pour notre part, nous dispenser d'être frappé de ce fait, que la question chevaline est désormais, suivant les expressions de M. le ministre d'État, « dans une seule main. » Les résultats vaudront donc suivant les actes de cette « seule main ». Il serait prématuré de porter dès à présent un jugement quelconque à cet égard. Il faut attendre. Lorsque des actes se seront produits, nous essayerons de les apprécier avec indépendance, et nous les jugerons dans la mesure de nos lumières. Nous pouvons cependant considérer comme d'un bon augure, l'insuccès au moins apparent des doctrines du Jockey-Club. Entre ce qui est et ce qui eût été sous la direction absolue de la célèbre Société des amateurs du turf, notre choix ne saurait être douteux (1). »

Un autre décret de la même date que le précédent, et rendu en conséquence, nommait directeur général des haras M. le général Fleury, alors premier écuyer et maintenant grand écuyer, aide de camp de l'Empereur. Des arrêtés de M. le ministre d'État Walewski instituaient la commission supérieure des haras et la commission centrale des courses, prise en majorité parmi les membres

____

(1) *La Culture*, 1ᵉʳ janvier 1861, t. II, p. 339.

de la Société d'encouragement du Jockey-Club, et confé-
raient à M. de Baylen le titre d'administrateur des haras.

Nous sommes en mesure à présent d'apprécier si les
actes de l'administration nouvelle ont été conformes à
l'esprit de son institution, si les principes posés ont été
loyalement observés, si enfin cette administration a tra-
vaillé en conscience à se rendre de moins en moins indispensable, à nous rapprocher « du jour où l'industrie chevaline sera véritablement fondée ».

Il n'y a pas lieu, pour l'examiner, de nous occuper des
principes physiologiques d'après lesquels son intervention est dirigée. Elle a adopté la doctrine ou le dogme
du pur sang. Tout ce qu'il y avait à dire sur ce sujet a été
dit, en thèse générale, lorsque nous avons traité de la méthode du croisement (1), et en particulier à propos du
cheval anglais et de ses métis (voy. p. 74 et suiv.). C'est,
eu égard au jugement que nous avons à porter, le point de
vue économique qui domine. Nous en trouverons le développement dans les arrêtés, les décisions et les comptes
rendus annuels relatifs au fonctionnement de l'administration.

Actes de l'administration. — Par une circulaire
adressée aux inspecteurs généraux et insérée au *Moniteur*
du 9 février 1861, M. le directeur général expose d'abord
ses vues sur la marche qu'il allait lui imprimer. Cette circulaire avait explicitement pour objet de « préciser dans
une instruction générale, le système que la direction des
haras se proposait de suivre ».

Après avoir reproché à l'ancienne administration de
s'être trop exclusivement occupée de l'amélioration des

______

(1) *Principes généraux de la Zootechnie*, p. 236.

produits par le seul choix des étalons, et dit qu'il y avait lieu surtout de leur ouvrir des débouchés, le directeur général ajoutait : « Les défauts de l'éleveur en France sont de mal nourrir, de garder entiers un grand nombre de chevaux perdus pour le service, de mal élever au point de vue commercial, et de ne pas préparer le cheval qu'il veut offrir au consommateur. C'est à cette infériorité d'élevage sur l'Allemagne et sur l'Angleterre, qu'il faut attribuer la défaveur, disons plus, le dédain que la classe riche a pour le cheval français. Dans ces circonstances, qui portent atteinte à un grand intérêt national, il faut tenter des voies nouvelles, il faut prendre des mesures qui, dans quatre ou cinq ans au plus tard, amèneront des résultats si les éleveurs veulent s'associer à cette pensée, et si le public, qui décide en dernier ressort, veut nous comprendre, s'unir franchement aux efforts de la direction. »

Le directeur général établissait ensuite que les haras de l'État avaient été conservés « pour l'exemple, pour l'amélioration, et pour être la sauve-garde de la remonte de notre cavalerie ». On devait surtout réaliser le programme suivant : « Ramener le commerce de luxe sur nos marchés par l'abaissement de toutes les barrières. — Établir les encouragements sur une grande échelle : primes et courses de toute sorte; appel au concours de l'industrie privée par de nombreuses et importantes approbations d'étalons; subventions dans les grands centres, aux écoles de dressage et d'équitation, pour arriver à produire un grand mouvement que nous appellerons, dit l'auteur de la circulaire, une révolution équestre et commerciale, en donnant par un meilleur élevage, une valeur plus marchande aux chevaux français. »

Les inspecteurs généraux, afin d'amener les éleveurs à

bien nourrir et à bien élever leurs poulains, avaient mission de visiter au printemps tous ceux de ces poulains
âgés de deux ans, « d'élite de demi-sang, de carrosse et de
trait léger, que leurs propriétaires destinent à être vendus
comme reproducteurs. » Ils devaient choisir ceux qu'ils
jugeraient dignes de pourvoir à la remonte des haras, et
en un mot tous ceux capables de devenir des étalons. Il
leur était enjoint de remettre aux propriétaires des cartes
d'aptitude, propres à donner à ces jeunes chevaux droit
de concourir, à trois ans, aux épreuves qui précéderaient
les achats.

Dans cette première visite, il serait conseillé aux éleveurs de faire châtrer au plus tôt ceux de leurs poulains
non pourvus de cartes d'aptitude, pour qu'ils puissent ensuite concourir aux primes instituées en grand nombre et
accordées « à la conformation et au mérite des allures en
main ». Les épreuves auxquelles devaient être soumis, à
trois ans, les chevaux munis de cartes d'aptitude, consistent en courses au trot pour les chevaux d'attelage, au galop avec obstacles pour ceux de selle. L'État promettait
d'acheter ceux qui réuniraient au plus haut degré les
« conditions d'origine, de mérite et de conformation ».
Pour les chevaux de commerce et de luxe, châtrés de
bonne heure et arrivés à quatre ans, des épreuves de dressage, à la selle ou à la voiture, des courses avec obstacles,
devaient être instituées. Des prix spéciaux, pour les chevaux de trait léger, auraient pour but de leur assurer un
écoulement nouveau « dans les services de demi-luxe, de
l'artillerie et des transports de l'armée. »

La circulaire s'occupait aussi des femelles, en faisant
remarquer, d'abord, que leur rôle n'avait peut-être pas,
jusqu'à ce jour, été assez apprécié. A trois ans révolus, les

pouliches saillies dans l'année seront, y est-il écrit, appelées à recevoir des primes, à la suite d'épreuves spéciales,
à la condition qu'elles n'aient pas été présentées à l'étalon
à l'âge de deux ans. A partir de ce moment, la poulinière
ne cessera point d'être, comme par le passé, « apte à recevoir des primes annuelles accordées à sa conformation,
à sa bonne origine et à son degré de conservation. » Seulement, le nombre et l'importance de ces primes vont être
augmentés.

Au sujet de l'émasculation des mâles — chose de première importance — il est bon de citer textuellement :

« La castration du poulain impropre à la reproduction
est une nécessité pour tous les services; l'avenir du commerce est dans le cheval hongre; il faut, par tous les
moyens, pousser les éleveurs à perdre cette habitude fâcheuse d'élever un si grand nombre de chevaux entiers,
dangereux aux autres chevaux et à l'homme lui-même,
plus chers à nourrir, exigeant plus de soin et d'espace,
nuisant à la bonne production par des accouplements de
hasard, et qui, restant spécialisés dans leur emploi, ne
pourraient plus être, à un moment donné, utilisés aux services de l'armée. En dehors du cheval de gros trait, qui a
sa raison d'être, il faut donc nous appliquer, *par la persuasion*, par les *encouragements*, à vulgariser l'emploi du
cheval hongre; il deviendra bientôt une source de richesse pour l'industrie commerciale et agricole, et assu-
rera des ressources immenses à la remonte militaire. »

Sur le point délicat des courses, où il y avait à compter
avec une véritable puissance, sur les joutes de vitesse
qui, d'après la circulaire, « sont le criterium du mérite
des reproducteurs, » il est dit qu'elles seront réglemen-
tées de manière à les faire concourir à l'amélioration gé-

nérale, à les rendre à leur caractère sérieux, qui doit être celui d'une épreuve véritable des qualités de fond du reproducteur. Les handicaps et courses pour chevaux de deux ans, devaient être entièrement exclus. Nous savons déjà ce qu'il en est advenu. Nous y reviendrons. Achevons en reproduisant la pensée principale de la circulaire, dont l'expression concentrée la termine.

« Pour résumer ma pensée sur la production, disait M. le général Fleury, le cheval de pur sang sera toujours la base de l'amélioration. Le cheval arabe sera introduit pour les croisements, là où nous en reconnaîtrons l'utilité. L'étalon demi-sang et le trotteur, indigènes ou étrangers, réunissant les conditions fondamentales de conformation et de mérite, continueront à être employés dans les établissements de l'État ; mais ce ne sera qu'avec une très-grande prudence que nous toucherons aux races de gros trait, qui, à de rares exceptions près, se sont jusqu'à ce jour conservées par elles-mêmes. »

Telle est l'analyse aussi exacte que possible du long document par lequel la doctrine de la nouvelle administration des haras s'est manifestée. On ne saurait disconvenir que sous un langage parfois trop empreint, peut-être, du jargon hippique, et à part le côté physiologique sur lequel nous n'avons plus à nous arrêter maintenant, cette doctrine ne laisse pas d'être marquée au coin d'un sens véritablement pratique. L'intervention étant admise pour exercer l'influence de l'État sur la production et sur les débouchés des produits, il paraît évident que les voies et moyens de cette intervention ne pourraient être mieux compris.

Il nous reste à voir le personnel à l'œuvre et à constater les résultats qui, hâtons-nous de le dire, ne peuvent être bien considérables pour la période de temps écoulée depuis la date de son entrée en fonctions. Ce qui importe donc surtout, c'est de vérifier si les tendances premières ont été respectées, si les promesses ont été tenues.

Le premier des comptes rendus annuels prescrits par le décret d'institution fut inséré au *Moniteur* du 5 janvier 1862. Le directeur général y expose les premiers effets de son « système précis, libéral et pratique. » Nous allons résumer ceux qui se rapportent à notre sujet, laissant de côté les points purement administratifs.

Le personnel supérieur a été d'abord augmenté, de manière à ce qu'il fût possible « de partager la France chevaline en sept arrondissements distincts », ayant chacun à sa tête un inspecteur général. On a voulu assurer ainsi la surveillance et la direction de toutes les parties du service, avec le concours des directeurs de dépôts et autres fonctionnaires des mêmes établissements. En vertu de ces dispositions, disait le directeur général, « les officiers des haras, répandus sur toute la surface du pays, propagent les bonnes théories et représentent de la manière la plus complète le système mixte d'intervention directe et indirecte, qui est la base du programme de la nouvelle administration. »

A ce moment, l'État comptait vingt-six établissements centres de circonscriptions dont l'ensemble se subdivisait, durant l'époque de la monte, en 420 stations d'étalons, en moyenne. En 1860, l'effectif des étalons était de 1,320. Pour 1861, il dut être ramené au chiffre réglementaire de 1,250, par des réformes qui ont porté « tout d'abord sur les chevaux les plus médiocres, quelle que fût leur origine. » Après la monte, « une réforme radicale a été opérée non-seulement sur les étalons inférieurs conservés par nécessité, mais sur un grand nombre de chevaux de gros trait. Cette catégorie de chevaux, qui figurait dans l'effectif pour 240, a été ramenée au chiffre de 80. »

Le motif de leur réforme est que, en face d'une population de 600,000 juments « qui réclament 12,000 étalons pour les féconder », l'administration ne pouvait pas avoir la prétention de suffire à tout avec les 1,250 qu'elle entretient; « sa mission est de s'occuper, partout où les espèces se prêtent à la transformation, de faire produire, par le croisement bien entendu, le plus grand nombre possible des chevaux qui nous manquent pour le luxe et la cavalerie; » pour la mettre en mesure, les étalons de gros trait supprimés seront remplacés par des anglo-normands et des anglais. Ils ont été vendus avec *autorisation* et *approbation*, pour la plupart. Au moyen d'une prime de 300 francs, on a donc ainsi conservé à l'industrie privée des étalons qui coûtaient à l'État 2,000 francs d'entretien, « sans profit suffisant. »

En somme, à la fin de 1861 les réformes effectuées s'élevaient au chiffre de 403 étalons, dont 76 de pur sang, 145 de demi-sang carrossiers, 46 de demi-sang légers et 136 de gros trait. L'effectif se trouvait réduit à 983, et l'on espérait pouvoir, par des achats opérés avant la monte prochaine, l'amener au chiffre de 1,150 environ.

Voici comment M. le général Fleury jugeait les étalons qui avaient dû être réformés. Ils « étaient pour la plupart défectueux et nuisibles, et beaucoup d'entre eux étaient si peu appréciés des détenteurs de juments, qu'ils n'obtenaient pas plus de 5 ou 6 saillies par an. »

D'où il faut conclure, d'après les chiffres cités plus haut, que chacun des produits annuels résultant de ces étalons, en admettant que toutes leurs saillies fussent fécondes, coûtait à l'État 400 francs de frais de production, si médiocre qu'il pût être. On conviendra que c'était un peu cher et que de tels choix ne faisaient pas l'éloge des fonctionnaires chargés de propager « les bonnes théories, » auxquels ils étaient dus.

Pour l'application de la partie du système relative à l'intervention indirecte, en 1861, 796 étalons privés ont été approuvés et ont reçu des primes. Le total de la somme distribuée s'est élevé à 336,000 francs. On prévoyait que la somme de 360,000 francs affectée à ce service ne serait pas suffisante pour la monte de 1862. « Il faudra donc, disait l'auteur du compte rendu, dans un temps donné, ou que l'administration reçoive une augmentation de crédit qui lui permette de s'associer à l'élan qu'elle aura elle-même imprimé, ou qu'elle se retire, sur certains points, pour faire place à l'industrie privée. » Si elle doit se retirer, l'administration demandera, « comme conséquence du système mixte qu'elle représente, que les économies, résultant de la diminution d'un certain nombre d'étalons, soient attribuées à l'extension des primes. » La transition sera prudemment ménagée et appuyée sur le principe de sage liberté, que la protection de l'État doit se retirer là où elle peut être une concurrence préjudiciable à une autre industrie. Aussi, la direction générale ne commettra-t-elle pas la faute de combattre l'industrie mulassière. L'élevage du mulet est une des branches importantes du commerce et de l'exportation; il répond à l'un des besoins essentiels de l'agriculture et de l'armée. »

Au sein de l'administration des haras, une telle déclaration était tout à fait nouvelle. Nous fûmes des premiers qui s'empressèrent d'y applaudir. Une autre non moins importante la suivait immédiatement, au sujet des étalons rouleurs. L'industrie qui s'y rapporte, était-il écrit au compte rendu, a « son utilité : nous ne pensons pas qu'il soit dans les idées de l'époque de la réglementer par des lois restrictives; toutefois, pour lutter contre les reproducteurs nuisibles, et surtout contre ceux qui viennent de nos frontières de l'Est et du Nord, l'administration a fait revivre la classe des *étalons autorisés*. » Et pour stimuler les éleveurs à donner leurs préférences à ces derniers, il a été décidé que les poulinières suitées d'un produit provenant d'un étalon autorisé seraient admises à participer aux primes, ce qui n'avait antérieurement lieu que pour les seules juments saillies par les *étalons du gouvernement*.

L'allocation des primes pour les poulinières de pur sang, qui était en 1860 de 70,000 fr., a été portée à 90,000 fr. pour 1861. Celle des juments de demi-sang a été élevée de 111,000 fr. à 196,000 fr. Quant aux pouliches de demi-sang saillies dans le courant de leur quatrième année, c'est-à-dire après l'âge de trois ans révolus, des épreuves ont été instituées et de nombreuses primes distribuées. « Il fallait remédier à la détestable habitude qu'ont les éleveurs de présenter prématurément leurs pouliches à l'étalon. » Sur 800 pouliches de choix qui se sont présentées dans les concours, 317 ont pris part aux épreuves. L'innovation à cet égard promettait dès lors les meilleurs résultats; elle devait faire disparaître « la pénurie de bonnes poulinières » qui « se fait sentir dans les pays même les plus avancés. » On signale, au nombre des causes de cette pénurie, « l'exagération de l'emploi souvent peu judicieux du pur sang qui, sur certains points, a trop raffiné les poulinières. »

Sur le sujet des courses, il n'y avait encore à la fin de

1861, guère que des intentions et des promesses. On formulait seulement une déclaration de principe : « Le cheval de pur sang, comme on doit le comprendre, est un résultat absolu ; il doit être le même partout, aussi bien en Angleterre, en France, qu'en Russie et en Amérique. Ce qu'a fait l'un, d'autres doivent pouvoir le faire, ou le principe sur lequel repose sa supériorité n'est pas vrai. Nous pensons donc que le temps est bientôt venu d'égaliser les chances ; car si les protections partielles dont le cheval de pur sang français est entouré chez nous étaient continuées indéfiniment, elles retarderaient le progrès et ne seraient plus qu'un encouragement pour la médiocrité. »

Enfin, dans le cours de sa première année d'existence, « pour joindre l'exemple au précepte » en matière d'élevage, l'administration a institué au Pin une école d'entraînement modèle.

Le compte rendu des opérations de l'année 1862, inséré au *Moniteur* du 3 janvier 1863, était beaucoup plus succinct que le précédent. Cela se comprend ; il n'y avait plus à s'étendre sur les principes, il suffisait de constater les faits. Aussi pouvons-nous et devons-nous reproduire ici la plus grande partie du texte de ce compte rendu de l'administration des haras.

« Du haut de l'échelle jusqu'au bas, disait l'auteur, un progrès très-appréciable s'est produit depuis deux ans, aussi bien dans l'élevage des chevaux de pur sang que dans celui des chevaux de demi-sang et des races secondaires. Sous le patronage généreux de l'Empereur, sous l'influence protectrice de l'État, des sociétés et des villes, les courses deviennent de plus en plus florissantes : cette année a vu s'ouvrir encore trois hippodromes importants.

« En face de cet élan qu'elle avait elle-même surexcité,

l'administration des haras ne pouvait rester simplement spectatrice. Si elle devait, sans hésiter, continuer de donner aux producteurs de race pure de fortes subventions, il était équitable et logique qu'elle attribuât aux espèces, qu'il importe à un si haut degré d'améliorer et de développer, une part d'encouragement plus importante et plus rationnelle. Aussi, pour les chevaux qui répondent aux besoins de l'armée, du luxe et de l'agriculture, a-t-elle fait revivre, dans une large proportion, les courses avec obstacles, les courses au trot, les primes de dressage pour chevaux de commerce, les épreuves pour étalons et pouliches destinés à la reproduction. Quant à l'industrie particulière, les primes à ses étalons et à ses poulinières ont été notablement augmentées.

« D'un autre côté, pour fournir à l'éleveur les moyens qu'il n'a pas de préparer à la selle et à l'attelage les chevaux qu'il veut livrer au commerce, et faire en même temps l'éducation d'hommes spéciaux, qui manquent au pays, la direction générale, depuis sa réorganisation, vous a déjà demandé, monsieur le ministre, de subventionner six écoles de dressage et d'équitation, et de fonder, dans notre grand centre producteur, un établissement d'entraînement qui servît de modèle.

« Toutes ces créations, uniformément organisées, sont la démonstration, au point de vue commercial, du système d'élevage qu'il s'agit de substituer aux errements du passé. L'administration, dans la mesure de son action, a fait ce qu'elle devait et tout ce qu'elle pouvait dans la limite de son budget.

« C'est donc aux éleveurs à comprendre maintenant, qu'en échange des encouragements de toute nature qui leur sont accordés, non-seulement par l'État, mais par les départements et les villes, ils doivent, à leur tour, s'efforcer de justifier ces sacrifices et la sollicitude dont ils sont l'objet. S'ils veulent conserver à leur profit les millions que le commerce de luxe va porter à l'étranger, ils doivent désormais se mettre en mesure de préparer leurs produits dans les conditions que tout consommateur est en droit d'exiger.

« Lorsque cette vérité sera bien reconnue, lorsque l'éleveur sera franchement entré dans cette voie de progrès, la production nationale prendra son essor et l'industrie chevaline sera véritablement fondée : c'est alors que, plus confiante en elle-même et juge intelligent de ses propres intérêts, elle sera peut-être la première à revendiquer son initiative, avec autant d'ardeur qu'elle en mettait naguère à réclamer la protection de l'État. »

C'est dans l'exposé de la situation de l'empire pour l'année 1863, qu'il faut aller chercher le compte rendu des actes de l'administration des haras durant cette année-là. Publié de bonne heure, pour des raisons auxquelles nous n'avons pas à nous arrêter, il a rendu inutile, sans doute, l'insertion habituelle au *Moniteur* du rapport annuel de la direction générale. Il n'en a pas moins d'intérêt, par l'importance des actes accomplis.

Voici presque tout entier, le passage de l'exposé qui concerne notre objet :

« Le mouvement hippique signalé en 1862 n'a pas cessé de se développer, et l'empressement avec lequel ont été suivies les réunions de toute sorte tenues cette année témoigne suffisamment du bon effet des encouragements de l'État et de la faveur sans cesse croissante dont ces institutions jouissent dans le pays.....

« Un arrêté ministériel a été pris le 2 décembre dernier, pour classer un certain nombre de steeple-chases et les soumettre à une réglementation uniforme. L'effet de cette mesure a été de consacrer officiellement un mode d'épreuves qui doit avoir pour résultat de pousser à un meilleur élevage et de faire ressortir la valeur des produits français comme étalons et comme chevaux de service.

« D'un autre côté, les courses militaires, timidement essayées en 1862, ont pris cette année une plus grande extension et ouvert un champ plus vaste à l'équitation hardie. Cette création, introduite dans les cours réguliers de l'École de Saumur, prépare dans l'armée une pépinière de cavaliers qu'aucune autre nation ne pourra désormais surpasser.

« Les poulinières et les pouliches de trois ans, de demi-sang, ont eu à se partager en concours publics et dans cinquante-huit départements, la somme de 423,400 francs, dont 208,500 francs donnés par l'État, et auxquels il convient d'ajouter 86,700 francs pour les épreuves de pouliches primées. Dans les comptes rendus adressés à l'administration sur toutes ces réunions, les jurys ont signalé de très-notables progrès, et, sur plus d'un point, l'on a regretté l'insuffisance des crédits alloués.

« La faveur qui a entouré les écoles de dressage à leur naissance ne fait que s'accroître, et, comme pour les courses, le concours de l'État est vivement sollicité de toute part pour la création de nouveaux établissements. En présence de ce mouvement, aussi bien que pour des considérations de budget, l'administration a été amenée à se demander s'il n'y aurait pas lieu de laisser aussi sur ce terrain une plus grande initiative à l'industrie privée, et de se borner à accorder à chacune des nouvelles écoles qui viendraient à se fonder une allocation en rapport avec son importance et les services qu'elle pourrait rendre. C'est dans cet ordre d'idées qu'ont été créées les écoles de Bordeaux, de Tarbes, de Nantes, de Rennes, etc., etc., qui ne sont que des entreprises particulières subventionnées, et c'est ainsi également que devront s'organiser toutes les écoles qui s'établiront à l'avenir.

« Comme corollaire des écoles de dressage, et afin d'entretenir un courant constant dans la clientèle de ces établissements, l'administration a résolu d'accroître le chiffre des primes qu'elle distribue en concours aux chevaux dressés, et de multiplier en même temps les réunions. Ainsi la Normandie, qui, en 1862 et cette année encore, ne participait dans la répartition du crédit que pour une somme de 10,500 francs, recevra, en 1864, 31,500 francs, à distribuer au printemps et à l'automne, tant à Caen qu'à Guibray. Une augmentation analogue sera accordée dans d'autres centres hippiques, à Rochefort, Napoléon-Vendée, Pau, Tarbes, etc. Il n'est pas douteux que ce puissant stimulant ne détermine les éleveurs à présenter un plus grand nombre de sujets et n'amène un mouvement commercial plus actif.

« Le progrès constaté dans les différentes parties du service qui viennent d'être successivement passées en revue se fait aussi remarquer dans l'industrie étalonnière privée, non pas tant par le nombre, qui est à peu près égal à celui de 1862, que par la qualité et l'espèce des reproducteurs. En effet, l'année dernière, l'on ne comptait que 260 étalons de demi-sang pourvus du brevet de l'approbation ; en 1863, il y en a eu 371, recevant ensemble 180,550 francs. Par contre, et en conformité des principes qui la dirigent, l'administration s'est montrée plus réservée à l'égard des chevaux de trait, dont le débouché est depuis longtemps assuré : elle se borne à en primer l'élite, accordant libéralement, d'ailleurs, des médailles d'autorisation à ceux des reproducteurs de cette espèce jugés capables de concourir à l'amélioration.

« Examen fait de cette situation, l'administration a pensé que le moment était venu de s'assurer de ce que pouvait faire l'étalonnage privé, soutenu par des encouragements considérables et n'ayant plus à redouter la concurrence de l'État. Un décret a été, en conséquence, soumis à la signature de l'Empereur, le 7 septembre dernier, pour la suppression de trois dépôts d'étalons : ceux d'Abbeville, de Charleville et de Saint-Maixent. Le choix fait de ces trois établissements était indiqué par les conditions économiques mêmes du milieu dans lequel ils étaient placés ; les uns et les autres luttaient vainement contre les intérêts des contrées qu'ils desservaient, et il était logique d'abandonner celles-ci à leurs propres forces.

« Le résultat de cette mesure sera, tout en primant largement aux mains des particuliers les étalons qui viennent d'être vendus, de réaliser une économie de moitié sur leur entretien. Sans demander de nouveaux crédits, l'administration va donc pouvoir étendre et compléter pour le moment, le vaste système d'encouragement qu'elle a organisé dans les pays de production et d'élevage.

« D'un autre côté, l'expérience qui va être faite de ces suppressions partielles sera un utile enseignement ; et, suivant les conséquences qu'elles produiront, il sera facile de connaître, dans peu de temps, s'il n'y a pas lieu de laisser l'action privée ou l'association se substituer ailleurs à l'intervention directe de l'État.

« C'est ainsi qu'en marchant avec les tendances et les intérêts de chaque contrée, et en se retirant graduellement et loyalement devant l'industrie particulière, toutes les fois qu'elle offrira de sérieuses garanties, l'administration des haras remplira le nouveau programme de libre concurrence que le progrès des idées lui trace et lui impose. »

La constatation des faits amena bientôt la direction générale des haras à faire un nouveau pas dans la voie excellente tracée par ce programme. Le *Moniteur* du 25 novembre 1863 contenait un rapport par lequel, en vertu de la sanction du ministre compétent, les dispositions suivantes se trouvaient avoir acquis force de décision :

Article premier. — Lorsque des particuliers isolés ou réunis en association demanderont à prendre une ou plusieurs stations, il sera mis en vente, aux enchères publiques, un nombre d'étalons impériaux correspondant à ces stations, avec indication de la prime d'approbation attachée au service de chacun d'eux.

Art. 2. — Ces reproducteurs devront être employés dans la station concédée par l'État, ou dans une station choisie d'un commun accord dans les localités voisines.

Art. 3. — Les acquéreurs de ces étalons ne pourront les revendre sans s'être concertés avec l'administration.

Art. 4. — Les acquéreurs d'étalons impériaux auront la facilité de leur adjoindre, dans les stations concédées, d'autres reproducteurs approuvés ou autorisés; mais l'État n'entendant constituer aucun privilége, ni aucune restriction pour personne, toute liberté est laissée d'ouvrir d'autres écuries de monte, soit dans les localités mêmes fixées pour le service des étalons concédés, soit dans les localités voisines.

Art. 5. — Le payement des primes allouées n'aura lieu que sur la production des pièces justificatives du service fait par les étalons, et d'après les règles suivies par les autres étalons approuvés.

Art. 6. — Les acquéreurs d'étalons impériaux prendront par

écrit l'engagement de se conformer de tous points aux conditions du contrat de vente.

Ces dispositions avaient été inspirées à M. le général Fleury dans une excursion qu'il venait de faire en Normandie, et voici comment son rapport le constate :

« Dans l'opinion générale, la Normandie était la dernière contrée en France qui dût se montrer disposée à suivre l'administration dans son œuvre de transformation, tant on y a été habitué à toujours compter sur l'intervention de l'État dans tout ce qui tient, de près ou de loin, à la question chevaline.

« Le mouvement que j'ai constaté, et qui tend à se manifester partout, témoigne au contraire que, là comme ailleurs, les idées de progrès ont fait un rapide chemin.

« Des hommes honorables et spéciaux, offrant toutes les garanties désirables, m'ont en effet proposé de prendre à leur compte l'exploitation de bon nombre de stations jusqu'à présent desservies, dans les départements du Calvados, de l'Eure et de la Manche, par les dépôts de Saint-Lô et du Pin.

« En présence d'offres aussi sérieuses, qui vont entraîner bientôt de nombreux imitateurs dans toute la France, une double responsabilité incombe à l'administration. Si, d'une part, elle doit aux intérêts dont elle est la sauvegarde de ne céder la place qu'avec la certitude d'être avantageusement et complétement suppléée, on comprendra, d'autre part, qu'elle doive aussi offrir à l'industrie particulière les garanties de sécurité qui permettent à celle-ci de mener à bien son entreprise. »

La mesure, si bien dans l'esprit du programme de l'administration, fut vivement attaquée au Sénat, au nom

même des intérêts de la Normandie, et non moins vivement défendue par les organes du gouvernement, qui
n'eurent pas de peine à montrer qu'elle réalisait de notables économies pour le budget de l'État, tout en ne pri-
vant point la contrée des étalons dont elle a besoin.
Les sénateurs qui l'attaquaient étaient dans leur rôle,
la haute assemblée étant surtout un corps conservateur ;
et ce rôle, s'il est quelquefois sans grandeur, n'est pas
sans utilité : il maintient dans les limites de la prudence
ceux qui, ayant la responsabilité des affaires, veulent cependant s'engager résolûment dans la voie de progrès
qu'ils se sont tracée.

Peu de temps après, un journal spécial annonçait qu'un
propriétaire du département de la Somme, s'étant rendu
adjudicataire des meilleurs chevaux provenant des dépôts
supprimés d'Abbeville, de Charleville et de Saint-Maixent,
auxquels il en avait réuni quelques autres choisis en
Normandie, venait de fonder un établissement d'étalons
plus nombreux que ceux du dépôt de l'administration
existant antérieurement dans sa circonscription. Son
exemple allait être suivi par un autre propriétaire du
même département, preuve qu'on n'avait point trop préjugé
des forces et des volontés de l'industrie privée.

L'*Exposé* de 1864 a du reste présenté l'historique exact
de la question, en constatant les résultats obtenus.

« Parmi les faits, y est-il dit, qui se sont produits dans
le service des haras pendant le cours de l'année, il en est
un dont il importe tout d'abord, en raison de son retentissement, de tracer un historique succinct. Il s'agit de la
rétrocession à des particuliers d'un certain nombre d'étalons provenant des établissements de l'État. Cette mesure,
qu'avait préparée, en même temps qu'il la réglementait, le

rapport adressé le 24 novembre 1863, par le directeur général des haras au ministre de la maison de l'Empereur et des beaux-arts, avait, en effet, excité une certaine émotion dans les pays d'élevage. Malgré les promesses les plus formelles, malgré les garanties de toute sorte prises pour maintenir le niveau et sauvegarder les intérêts de la production, on avait voulu y voir un indice de la suppression prochaine des haras. De là, des pétitions au Sénat, pétitions qui, après avoir été examinées et discutées avec l'attention que cette assemblée consacre à l'étude de toutes les questions soumises à la haute sagesse de ses délibérations, donnèrent lieu à un vote de renvoi.

« Le Corps législatif crut également devoir se préoccuper de la question, et, à l'occasion du budget de 1865, un certain nombre de députés introduisirent, par voie d'amendement, une demande de crédit supplémentaire de 10,000 francs, pour la nourriture des étalons dans les établissements de l'État. C'était, pour les honorables signataires, un moyen de faire connaître leur préférence en faveur de l'intervention directe.

« La commission du budget, après avoir entendu contradictoirement dans leurs explications les auteurs de l'amendement et le directeur général des haras, confiante dans la parole donnée, que l'essai autorisé par le rapport du 24 novembre serait fait avec une extrême circonspection, écarta la demande de crédit. Bientôt après, en séance générale, et à la suite d'une longue et intéressante discussion dans laquelle M. le ministre d'État lui-même et le commissaire du gouvernement exposèrent la théorie complète du nouveau système, telle qu'elle résulte de documents publiés à cet effet par le service des haras, le Corps législatif sanctionna la décision de la commission du budget et consacra ainsi définitivement la mesure.

« Quoique ce vote lui rendît sa liberté d'action, l'administration n'a pas pensé qu'elle dût, pour cela, se départir des règles de prudence et de modération qu'elle s'était imposées, et elle a, en conséquence, refusé de donner suite aux demandes nouvelles de concessions d'étalons impériaux qui lui ont été adressées en vue de la campagne de monte de 1865. Par contre, et en attendant que l'expérience ait prononcé sur le mérite des expérimentations actuellement en cours, l'administration a cru qu'elle pourrait, selon l'idée qu'elle avait émise, dès 1861, dans son compte rendu de l'année, conformément d'ailleurs aux principes qu'elle a depuis longtemps professés, accepter les offres qui lui seraient faites par des particuliers, de prendre à leur compte, et avec des chevaux à eux appartenant, des stations précédemment desservies par les haras. Cette combinaison, en laissant à l'industrie privée une plus complète expansion, dégagée des inconvénients de la concurrence redoutable de l'État, aura pour effet de permettre à l'administration, suivant le cas, ou de diminuer avec sécurité son effectif général, ou de porter sur des points qu'elle avait dû jusque-là déserter, faute de ressources, des forces devenues disponibles. Il est bien entendu que ces concessions de stations n'ont été ou ne seront consenties qu'autant que les reproducteurs privés auront été reconnus, après un sévère examen, dignes de remplacer ceux de l'État, aussi bien sous le rapport des qualités que par leur appropriation aux juments des contrées qu'ils doivent desservir : c'est ainsi que les choses se sont passées dans le Nord, l'Aisne, la Moselle et la Meuse.

« Alors même, poursuit-on, que l'usage de se retirer

17

devant l'industrie particulière n'eût pas existé pour l'administration, antérieurement à l'époque où elle posa le principe libéral et protecteur de son intervention, elle n'en
aurait pas moins été amenée à adopter cette marche par le
seul fait du développement de plus en plus considérable
que l'étalonnage privé tend à prendre. En effet, en 1863,
l'on comptait 853 étalons approuvés, parmi lesquels 471,
appartenant aux espèces de pur sang et de demi-sang, ont
reçu ensemble 259,250 francs, soit une moyenne de 550
francs par tête. En 1864, sur un effectif de 965 chevaux
pourvus du brevet de l'approbation, le nombre de ceux
faisant partie de ces deux dernières catégories s'est élevé
à 707, pour une somme de 421,950 francs, ce qui fait ressortir à 597 francs la moyenne de chaque prime.

« Parallèlement à ce mouvement ascensionnel dans la
famille des reproducteurs qui font le cheval de commerce
et de guerre, la quantité des étalons de trait admis au bénéfice de l'approbation a diminué d'une manière assez
sensible : de 382 qu'elle était en 1863, elle a été réduite
à 258 têtes.

« La différence a, en très-grande partie, été rejetée dans
la catégorie des étalons autorisés, dont le nombre s'est
trouvé porté de 298 à 432.

« Du rapprochement de ces divers éléments statistiques,
il ressort que l'industrie étalonnière privée a mis, en 1864,
à la disposition des éleveurs, pour la production du cheval de service, un effectif de 808 reproducteurs de pur
sang et de demi-sang, dont 707 approuvés et 101 autorisés ; l'année 1863, qui était déjà sensiblement en avance
sur les précédentes, n'en comptait que 630.

« En présence d'un développement aussi considérable,
et qui ne peut manquer de grandir encore, par suite de la

tendance très-accusée des départements, des sociétés d'agriculture, des particuliers même, à acheter des reproducteurs de croisement, la direction générale des haras a été conduite à se demander si le moment ne serait pas venu, non-seulement de n'avoir plus, comme cela existe déjà, d'étalons de gros trait dans ses établissements, mais aussi de réserver les primes d'approbation aux seuls individus de cette espèce doués d'un mérite vraiment supérieur, et susceptibles de produire des chevaux propres aux services rapides.

« Les mêmes considérations ont paru justifier l'application de la même règle aux poulinières de trait. En conséquence, il a été posé en principe, dans une circulaire du mois de mars dernier, adressée à tous les préfets et aux agents de haras, que les encouragements de l'État seraient désormais acquis exclusivement aux juments suitées d'un produit issu d'un étalon de pur sang ou de demi-sang.

« Quelques personnes ont cru voir, dans cette double mesure, une sorte de mise en interdit officiellement prononcée contre le cheval de gros trait. Il n'en est rien. Pas plus qu'autrefois, l'administration ne méconnaît la valeur de cette production lucrative, ni les utiles services qu'elle est appelée à rendre encore, toutes les fois qu'il s'agira de lourds transports. Mais il n'en est pas moins vrai que l'amélioration des routes, la multiplicité des chemins de fer, l'accroissement simultané des voies latérales, la transformation de l'artillerie qui nécessite des chevaux plus légers, tout enfin doit faire tendre à donner à cette espèce, en général, plus d'énergie, d'allure et de vitesse. »

À ce propos, la direction générale s'engageait ensuite dans un ordre de considérations purement théoriques, sur

l'avantage qu'il y aurait à ce que les véhicules de l'industrie et de l'agriculture, employés aux transports, fussent
rendus moins lourds, afin de pouvoir les faire traîner par
des chevaux plus légers et de mettre un terme à « l'en-
vahissement du cheval de gros trait que, depuis quinze
ans, l'on s'obstine à faire partout et quand même. » S'il
en était ainsi, « on reviendrait au trot des champs à la
ferme, on gagnerait du temps, et, de proche en proche, les
pays qui se sont, jusqu'à présent, montrés rebelles à la
substitution du cheval au bœuf pour le labour, y seraient
eux-mêmes conduits par l'exemple. »

L'idée n'était pas heureuse ; mais dans les termes où
elle s'est produite, du moment qu'il s'agit seulement d'un
simple conseil, il n'y a pas lieu de s'y arrêter. La direction générale des haras, en tranchant ainsi le problème de
la substitution du cheval au bœuf dans les travaux agricoles, n'avait pas tenu suffisamment compte de tous les
éléments de ce grave problème d'économie rurale, dans
lequel la donnée principale ne se résout point en fonctions de temps ; elle peut en outre demeurer convaincue
que si « l'on s'obstine à faire partout et quand même »
des chevaux de gros trait, c'est que ces chevaux, pour lesquels les débouchés avantageux se multiplient de plus en
plus, répondent, dans notre économie industrielle, à des
besoins plus sérieux que ceux de la transformation de l'artillerie, au point de vue desquels elle s'est surtout placée,
avec une bien naturelle prédilection.

Hâtons-nous de reconnaître que cette velléité n'a toutefois fait en aucune façon dévier l'administration de sa
voie. « C'est encore, ajoute-t-elle, pour sacrifier au même
principe, — l'idée commerciale dont elle fait hautement
son programme, — que l'administration a subventionné

de nouvelles écoles de dressage. L'année dernière, nous annoncions la création récente d'établissements de ce genre à Bordeaux, à Nantes, à Rennes, à Tarbes, etc.; en 1864, pour ne mentionner que les principaux, nous citerons ceux de Pau, de Saint-Maixent et du Dorat. C'est ainsi qu'afin de patronner, comme elle le mérite, une institution destinée à donner sa valeur réelle au cheval de service dans les pays d'élevage, et à dresser les chevaux dans ceux qui n'élèvent pas, de quelque part qu'ils viennent, l'administration a été amenée à lui faire, chaque année, une part de plus en plus large au budget de ses encouragements. Cette part, qui, l'an dernier, était de 141,500 fr., a été, en 1864, de 208,000 fr.

« D'autres écoles sont en voie de formation ou à l'état de projet, à Bourges, à Nevers, à Paris même. Mais l'initiative privée suffira-t-elle à la tâche, lorsque l'administration, sans de nouveaux crédits, va se trouver impuissante à leur venir en aide?

« Il est cependant une considération qui serait de nature à justifier la sollicitude de l'administration pour l'extension de cette création si utile : c'est la nécessité de constituer dans toute la France, comme en Angleterre, une classe d'hommes d'écurie, plus difficiles encore à façonner que les chevaux. Le moyen, l'administration l'a mis à l'étude. Il s'agirait d'armer les directeurs des écoles du pouvoir de délivrer, après examen, des certificats de capacité de différents degrés aux piqueurs et aux cochers. (Ces certificats seraient revêtus de l'approbation du directeur général des haras.) Cette mesure, qui pourrait s'étendre jusqu'aux administrations publiques, serait, pour l'élevage en général et la sécurité de tous, une excellente innovation.

« En même temps que le nombre des écoles a augmenté, le chiffre des primes de dressage distribuées en concours publics a presque doublé, puisque, de 32,000 francs qu'il était en 1863, il a été porté, en 1864, à 58,500 fr., soit en plus 26,500 fr. Le compte rendu de l'an dernier avait, du reste, annoncé cette augmentation et indiqué les centres ou réunions au profit desquels elle serait consentie. La direction générale n'a qu'à s'applaudir de la mesure : les chevaux sont venus en grande quantité sur le terrain et ont été vendus à de très-bons prix. Il n'est pas douteux que ce mouvement, soutenu par les sacrifices de l'administration, ne s'étende chaque année davantage, et que, dans un temps qui n'est peut-être pas fort éloigné, le commerce de luxe n'arrive à trouver, sur les marchés français et dans les écuries de nos éleveurs, les chevaux que l'insuffisance, ou plutôt l'infériorité de notre élevage, l'oblige d'aller chercher encore dans les pays voisins. »

Enfin voici, pour l'année 1864, ce qui est relatif au bon choix des mères :

« En 1863, 58 départements avaient bénéficié des encouragements distribués en concours publics aux poulinières et aux pouliches, et avaient eu à se partager un crédit de 423,100 fr.; cette année, le nombre des parties prenantes a été de 61, et la somme à répartir, de 425,800 fr.

« La suppression, en 1864, des primes données aux pouliches sur les fonds de l'État aurait dû, semble-t-il, opérer une réduction assez sensible sur le chiffre de la dotation générale. Mais les départements se sont chargés, comme en 1861, de subvenir à ces encouragements, et l'administration a, de son côté, reporté sur les poulinières une partie des allocations devenues disponibles : il en est résulté que les choses sont restées à peu près dans le même état, et qu'aucun intérêt ne s'est trouvé compromis.

« Quant à la suppression elle-même, l'administration y a été amenée par divers motifs. D'une part, les primes aux pouliches impliquaient des épreuves pour des bêtes en état de gestation, et cette mesure avait soulevé des plaintes assez vives de la part des remontes militaires. Cette administration lui reprochait de provoquer des avortements, de produire des tares en imposant des efforts prématurés à de jeunes animaux, et de causer ainsi aux éleveurs un dommage sans compensation suffisante. Ces critiques, pour être formulées d'une façon un peu absolue, n'étaient pas sans quelque valeur, et l'administration, solidaire du service des remontes, a cru devoir les prendre en considération. De son côté, dans ses rapports directs avec les éleveurs, elle a constaté souvent une répugnance prononcée de ceux-ci à se soumettre aux exigences du règlement, soit pour les causes énoncées plus haut, soit par suite des frais résultant du déplacement de la pouliche, obligée d'aller subir l'épreuve sur un hippodrome quelquefois éloigné.

« Dans cette situation, l'administration ne devait pas hésiter à revenir sur une disposition qui n'avait pas l'assentiment des parties intéressées, et, pressée par des besoins toujours croissants, il était naturel qu'elle donnât à ses encouragements la portée la plus efficace et la plus utile : aussi s'est-elle bornée à ne primer que les pouliches suitées. »

Le document se termine par des détails sur la situation de l'institution des courses. Ces détails, en raison de leur nature et de leur étendue, seront mieux à leur place dans un autre chapitre, pour lequel nous devons les réserver.

Pour achever ce que nous avions à mettre en lumière, au moment où nous écrivons, sur la marche suivie par l'administration des haras, il reste à présenter les faits accomplis en 1865. L'exposé de la direction générale contenant nécessairement, sur divers points, la répétition des précédents, il convient de procéder par simples extraits analytiques. Une bonne partie en est d'ailleurs consacrée à une comparaison entre les deux situations, avant et après la période de cinq ans écoulée. Le lecteur ayant ici sous les yeux tous les éléments de cette comparaison, il deviendrait inutile, ou plutôt superflu de la faire en son lieu et place.

Après avoir établi son parallèle, la direction générale se défend d'abord de l'intention de « proscrire la production du cheval de gros trait ». Elle a eu en vue constamment, au contraire, d'assurer à ce cheval « un débouché plus large et plus rémunérateur ». On va voir qu'elle se fait peut-être à cet égard quelques illusions, car, à vrai dire, la production des chevaux de gros trait n'avait pas grand'chose à désirer sous ce rapport ; et aussi l'on verra se montrer au grand jour, pour la première fois, une doctrine qui, aux yeux des personnes compétentes en zoo-technie, aux yeux surtout du lecteur attentif du présent ouvrage, prouvera que les meilleures intentions ne suffisent pas toujours pour tenir lieu de science.

Il s'agissait donc, pour l'administration, d'assurer aux chevaux de trait un débouché plus large et plus rémuné-rateur. « C'est à cette fin, dit l'*Exposé*, qu'elle a cru devoir remplacer, dans les dépôts de Lamballe et d'Hennebont, les étalons de trait qui s'y trouvaient précédemment par des chevaux anglo-normands, fortement consti-tués, et qu'elle a associé à ceux-ci d'autres chevaux, dits *de la race de Norfolk*, que leur volume, leur conformation, leurs aptitudes et leur éducation rendent parfaitement assimilables aux juments indigènes.

« Par cette mesure, l'administration n'a pas seulement contribué à faire verser dans la consommation des produits ayant des qualités supérieures à celles de leurs aînés ; elle a, en outre, réussi à en étendre l'emploi, en modifiant la couleur de leur robe. Les étalons antérieurement consacrés à la reproduction dans la Bretagne étaient *gris*, en effet, pour la plupart, et, comme les poulains qui en naissaient portaient communément la même robe, il en résultait qu'à cause du peu de faveur dont, à tort ou à raison, cette nuance jouit, dans le commerce du petit luxe, ces produits ne trouvaient qu'un débit limité et restaient presque tous affectés au service des transports publics. Les éleveurs bretons n'ont pas tardé à comprendre la supériorité du nouveau système, et aujourd'hui, dans les foires et dans les marchés du pays, les poulains de couleur foncée — noirs, bais ou alezans — sont vendus 15 ou 20 pour 100 plus cher que les autres. Supposé que cette tendance à substituer aux étalons gris les étalons de robe sombre vienne à se généraliser, il est facile de prévoir l'augmentation de ressources qu'elle créera pour le commerce et l'armée. Car si la Bretagne n'élève pas ou n'élève que peu, elle produit énormément, et les migrations de poulains qui en partent, chaque année, par milliers, pour aller, les uns se faire élever dans le Perche, et les autres se répandre sur presque tous les points de la France, témoignent de ce qu'on peut attendre d'une contrée qui compte, à elle seule, de 80,000 à 90,000 poulinières. »

C'est là une supposition qui ne se réalisera point, fort

heureusement, et il est permis de douter que la tendance signalée soit bien exacte, d'après ce que nous savons, notamment, de l'accueil fait dans le Perche à l'idée de remplacer la robe grise par les robes sombres. Les éleveurs des contrées dont on parle tiennent à la robe naturelle de leurs chevaux, parce qu'elle est pour eux un indice et une garantie de la pureté de race de ces chevaux. Or, ils paraissent résolus à conserver soigneusement cette pureté, qui fait leur fortune, parce qu'elle leur assure la faveur de ces administrations de « transports publics », qui n'est pas tant à dédaigner qu'il semblerait, d'après ce qu'on vient de lire. Auprès d'elle, celle du « commerce de petit luxe » ne saurait en vérité peser d'un grand poids.

En 1865, le nombre des étalons approuvés de pur sang et de demi-sang était de 783, pour une somme de 476,400 francs, et celui des autorisés de mêmes espèces de 99. C'est, d'une part, 76 de plus qu'en 1864, et, de l'autre, 2 de moins.

« Les départements et les sociétés ont continué de prêter généreusement leur concours à l'administration dans l'œuvre qu'elle suit, et, cette année, plus de 50 étalons de demi-sang ont été achetés en Normandie, sur les conseils de la commission administrative, pour le compte de ces nouveaux et si utiles auxiliaires, puis rétrocédés par la voie des enchères à des éleveurs de la contrée. Comme toujours, le département de la Moselle s'est fait remarquer par la hardiesse et l'étendue de ses opérations : à lui seul, il a acquis 12 chevaux, ce qui porte au chiffre de 35 têtes le nombre de reproducteurs qui, depuis trois ans, y ont été introduits sous cette forme. A côté de la Moselle viennent se placer les départements de la Haute-Saône, de l'Ain, de Saône-et-Loire, etc., dont les conseils généraux ont eu bien vite apprécié la valeur de l'idée recommandée à leur sollicitude.

Des écoles de dressage se trouvaient établies, en outre de celles déjà indiquées, à Airel, à Angers, à Bourges, à Caen, à Carpentras, à Dozulé, à Étrépagny, à Feurs, au Mesle-sur-Sarthe, à Nancy, à Paris, à Poitiers, à Sées, à Strasbourg et à Toulouse. La somme répartie entre tous les établissements du même genre a été de 233,500 fr. La somme des primes de dressage distribuées s'est élevée à 85,700 fr.; celle des primes aux poulinières a atteint 439,840 fr. « Il est, toutefois, un aveu que l'administration ne doit pas craindre de faire : c'est que, dans maintes réunions, les poulinières n'ont pas toujours présenté les qualités amélioratrices qui devraient les recommander au jugement du jury, et plus d'une prime a été donnée moins en vue du mérite des animaux que pour dédommager l'éleveur de ses frais de déplacement. Les concours de juments, dans les vrais centres de production, n'en ont pas moins une grande signification, et l'empressement avec lequel les conseils généraux leur viennent en aide, par des allocations annuelles, atteste la popularité de ces exhibitions et la confiance du pays dans leurs résultats. »

L'état d'insuffisance des connaissances zootechniques n'en serait-il point mieux attesté? En tout cas, le loyal aveu de l'administration clot parfaitement l'exposé de la question que nous nous proposions d'examiner dans ce chapitre. Il démontre, mieux que tous les raisonnements, l'impuissance d'une intervention quelconque, directe ou indirecte, de l'État, par l'intermédiaire d'une administration spéciale, en ce qui concerne l'amélioration de la production chevaline.

Toutefois, si l'on peut discuter la valeur de la doctrine

zootechnique à l'expansion de laquelle l'administration actuelle des haras consacre son influence et les moyens dont elle dispose, on ne saurait sans injustice se refuser à reconnaître qu'elle est demeurée constamment fidèle, jusqu'à présent, au système inauguré par elle, sans dévier un seul instant de son programme économique primitif. Il convient de lui savoir gré des efforts qu'elle fait pour stimuler l'initiative privée, et de l'empressement qu'elle met à s'effacer partout où celle-ci manifeste le désir de la remplacer. Elle a entouré de son sympathique intérêt la création et le fonctionnement de la Société hippique du Perche et de la Beauce, par exemple, dont il a été parlé à l'occasion de la race percheronne (p. 162). La fondation plus récente, d'abord à Caen, puis à Paris, de la Société pour l'amélioration du cheval de demi-sang français ou cheval de service, qui se propose d'agir par des expositions, et qui a réuni un très-grand nombre de puissantes adhésions, cette fondation a été de sa part l'objet d'un accueil non moins favorable. Tout cela prouve qu'elle veut sincèrement l'émancipation de l'industrie chevaline.

Mais, en rendant justice à ses intentions, la vérité des principes n'en oblige que plus à déclarer qu'un tel but peut être atteint en réduisant progressivement l'intervention, même indirecte, de l'État, non pas en l'augmentant. Au lieu de solliciter sans cesse l'accroissement des crédits à porter au budget des encouragements, l'administration des haras, si elle veut, ainsi que tout ce qui précède l'indique, rendre un jour son abdication possible, doit tendre avec persistance à les réduire toujours. Pour fonder chez nous l'industrie chevaline, il faut, en définitive, lui faire perdre l'habitude de trouver ailleurs que dans la vente ou la location de ses produits, la rémunération légitime de ses frais de production.

L'État, qu'il l'avoue ou non, ne se préoccupe sérieusement de la production chevaline qu'en vue de la remonte de son armée. Eh bien, il a maintenant plus que jamais, puisqu'il a enfin résolu d'abandonner à ses propres forces celle des chevaux de trait, — qui ne s'en trouve point plus mal, — l'indication nette du principe en vertu duquel ces derniers ne font jamais défaut à la consommation. Lorsque nous en serons là, nous essayerons de faire aux chevaux de troupe l'application de ce principe. Quant aux chevaux de luxe, nul n'ignore la toute-puissance de la mode à leur sujet. C'est donc aux personnages qui, suivant nos usages sociaux, donnent le ton, qu'il appartient d'en déterminer le choix. Ce qu'ils demanderont leur sera fabriqué.

Telle est la loi. Il n'y a pas besoin d'une administration spéciale pour cela. Il suffit d'avoir des écoles où les producteurs puissent apprendre les principes de l'art et l'exercice du métier.

CHAPITRE II

DES ÉTALONS DÉPARTEMENTAUX

Origine de l'institution. — Lorsque l'administration des haras, avant qu'elle eût pris pour devise le principe « libéral et protecteur » développé dans le précédent chapitre, s'attribuait la mission, non-seulement de diriger la production chevaline, mais encore de l'accomplir à son gré par une intervention directe envahissante et exclusive, intolérante comme tout ce qui procède d'un dogme, il arriva dans beaucoup de nos départements que les hommes sensés, témoins des résultats déplorables obtenus sous son impulsion, résolurent de réagir contre son influence.

C'est surtout dans les contrées adonnées à la production des chevaux de trait, auxquels l'administration voulait à toute force *infuser* du sang noble, en vue de les *régénérer*, de les retremper à « la source vive de toutes les facultés, de toutes les spécialités », suivant les expressions d'un célèbre hippologue qui l'a dirigée durant un temps, en leur mesurant artistement ce pur sang, qui est « la source des facultés morales, le véhicule de tous les éléments de force, l'agent essentiel, la cause première de toute trame organique », en sachant « verser quelques gouttes de sang pur dans les veines de la race, » comme l'a conseillé quelque part le même hippologue pour les chevaux boulonnais en particulier; c'est, disons-nous, dans les contrées où la subtilité de telles conceptions théoriques n'avait pu réussir à masquer les fâcheux résultats produits par les étalons du gouvernement, que les conseils départementaux prirent la résolution de pourvoir eux-mêmes aux besoins de la production chevaline, dans leur circonscription.

Telle fut l'origine de l'institution des étalons départementaux, qui a pris chez nous une certaine extension, et que l'administration actuelle, comme on l'a vu, favorise à présent de tout son pouvoir, contrairement aux anciens errements. C'est dans une pensée d'antagonisme, non pas contre le principe de l'intervention de l'État, mais contre le mode d'après lequel cette intervention s'effectuait, que les départements se décidèrent à intervenir à leur tour, pour sauvegarder l'industrie locale, qui leur semblait menacée. La bonne entente qui règne actuellement le prouve assez. Acceptant désormais la direction de l'État, ils lui prêtent leur concours en votant les fonds nécessaires à l'exercice de son action, à la fois directe et indirecte.

Cet état des choses nous permettra d'être très-bref sur ce chapitre, attendu que le mode de fonctionnement de l'institution dont nous avons à nous occuper se trouve explicitement exposé dans les comptes rendus de l'administration des haras, précédemment analysés. Il suffira de dire d'une manière plus précise en quoi consiste l'institution et d'en examiner, à notre point de vue, la valeur économique.

En quoi consiste l'institution. — Il y a peu de chose à changer aux détails que nous avons donnés déjà sur ce sujet dans une autre publication (1). N'était le besoin d'adoucir la forme de quelques critiques, besoin que l'âge amène nécessairement avec lui, nous pourrions reproduire notre ancien texte, car pour le fond nos opinions n'ont point varié, et les faits, de leur côté, sont demeurés ce qu'ils étaient alors.

Partant de cette idée que l'industrie privée est impuissante à pourvoir d'elle-même les propriétaires de juments poulinières des reproducteurs capables de maintenir la production au niveau des besoins, certains conseils généraux votent des fonds pour l'acquisition d'étalons, qui sont ensuite répartis dans les localités où ils ont été reconnus nécessaires. La répartition se fait ordinairement de deux manières : ou bien, comme c'est le cas le plus général, les étalons départementaux sont confiés à des particuliers,

(1) *Livre de la ferme*, t. Ier, p. 463.

qui prennent l'engagement de les livrer à la monte durant un temps déterminé et à des conditions convenues, pour en devenir gratuitement propriétaires définitifs à l'expiration du délai; ou ces étalons, achetés sur les fonds du budget départemental et choisis par des agents désignés, sont ensuite revendus, toujours sous la condition expresse de faire la monte dans le département, soit aux enchères publiques, soit de gré à gré.

A cela se résume toute l'institution.

La nécessité d'une intervention collective étant admise, on peut dire qu'en principe c'est là une bonne mesure. Dans l'application, elle vaut, évidemment, ce que valent les idées sous l'empire desquelles elle est réalisée. Toutefois, l'expérience montre qu'en général elle a été bien appliquée. Le seul reproche qu'on lui ait fait doit être considéré par nous comme un éloge.

On a reproché aux conseils généraux de se trop préoccuper, en cette affaire, de l'intérêt exclusif de leur département et pas assez de l'intérêt public. Le motif du reproche était que, dans les régions où l'élevage des chevaux de trait est le plus lucratif, les assemblées départementales entendaient que les fonds votés par elles fussent employés à l'achat d'étalons propres à la même spécialité de service, et non point consacrés à favoriser la production de chevaux légers pour l'armée. Il a été dit souvent, dans un autre temps, qu'agir ainsi c'était manquer de patriotisme.

Il ne paraît point que ces assemblées se soient jamais laissé toucher par les déclamations de ce genre. Composés d'hommes qui, pour la plupart, voient de près les choses de la pratique, qui s'y mêlent le plus souvent pour leur propre compte, éclairés d'ailleurs par les discussions

des associations agricoles auxquelles ils appartiennent, les
conseils généraux introduisent ou choisissent les étalons
qui conviennent le mieux à leurs localités, en s'inspirant
seulement du désir de procurer les plus grands bénéfices
aux éleveurs. Le temps n'est plus, d'ailleurs, où il eût été
nécessaire d'insister sur ce point. Les voix qui se font entendre encore à l'encontre de ce principe si simple d'économie publique, clament dans le désert. On commence à
s'apercevoir que le véritable élément de force, pour une
nation, est dans sa richesse, et que le meilleur moyen de
l'assurer est de se livrer partout et toujours à la production des objets qu'elle peut obtenir aux meilleures conditions, c'est-à-dire de manière à en tirer le meilleur parti.

On ne saurait donc trop approuver les conseils généraux d'encourager seulement la production des chevaux
les plus avantageux pour leurs départements respectifs. Il
est permis d'affirmer que l'intérêt public se compose ici
de l'ensemble des intérêts particuliers, attendu qu'on
n'aperçoit point d'antagonisme, dans le cas, entre ceux-
ci ; bien au contraire, il est clair que chacun consacrant
ses forces et ses ressources à la spécialité pour laquelle
elles sont le mieux disposées, il en résulte entre tous des
relations nécessaires d'échange, qui les rendent solidaires
et qui tournent finalement à l'avantage commun.

Tant qu'une intervention sera considérée comme indispensable, de quelque ordre qu'elle soit, on peut assurer
qu'elle aura d'autant plus de chances d'être efficace et utile,
qu'elle sera plus rapprochée des objets auxquels elle se
rapporte, qu'elle s'appliquera dans des limites plus restreintes et à des sujets moins divers. Son dernier terme
est la collectivité des intéressés au même degré, qui, en
bonne logique, devraient seuls la diriger, suivant les erre-

ments, par exemple, de la Société hippique du Perche et de la Beauce, dont l'expérience se poursuit, et dont nous avons fait connaître l'organisation.

En attendant que l'instruction économique se soit répandue; en attendant que la masse des producteurs ait acquis la notion nette de son véritable intérêt, il appartient aux administrations publiques et à leurs conseils, éclairés par les hommes spéciaux qui font des questions dont il s'agit l'objet de leurs persévérantes études, de prendre l'initiative du progrès et de mettre à la disposition des intéressés les moyens de le réaliser.

C'est à ce titre que les étalons départementaux, de quelque race qu'ils soient, peuvent encore remplir un rôle utile et sont à tous égards préférables à ceux de l'État.

Ceci n'est pas difficile à démontrer.

Aussi bien que ces derniers, d'abord, ils peuvent suppléer à l'absence des étalons de l'industrie privée, s'il est vrai que celle-ci soit impuissante à les fournir. Ensuite, choisis par ceux-là mêmes qui ont un intérêt personnel et direct en jeu, ils ont toutes chances d'être mieux appropriés aux exigences de la localité. Enfin, il est juste que le budget de l'État ne soit point appelé à faire les frais de ce qui doit profiter à un seul département, que les contribuables de la Corse ou des Alpes-Maritimes, par exemple, n'aient pas à subvenir aux charges de l'industrie particulière de ceux de la Manche ou du Calvados.

C'est pousser trop loin, en vérité, la notion de solidarité nationale, de prétendre que les uns soient intéressés à ce que les autres produisent de bons et beaux chevaux. On trouverait certainement la plaisanterie trop forte, si le même raisonnement était appliqué, pour un département quelconque, à l'achat des semences de blé ; pourtant la

céréale qui fait le pain est, pour la subsistance des nations, d'un intérêt autrement général que celle qui fait les
chevaux capables de traîner élégamment les carrosses aux
Champs-Élysées, et même de monter les cuirassiers ou les
dragons, voire les cent-gardes.

En outre, les étalons départementaux ont sur ceux de
l'administration des haras cet autre avantage considérable
de ne nécessiter d'autres frais que ceux de leur achat.
Leur institution peut se passer sans dommage d'un état-
major administratif, d'un personnel d'employés de bureaux
et d'agents de tous les degrés, pour lesquels le soin de la
conservation, par la nature même des choses, prime
nécessairement tout le reste.

On objecte à cette institution, il est vrai, que les budgets départementaux ne peuvent pas, comme celui de
l'État, subvenir à l'acquisition de ces étalons hors ligne,
comme *Flying-Dutchman*, par exemple, payé par l'administration des haras 70,000 francs, croyons-nous. L'objection n'est pas sérieuse.

Il serait permis d'y répondre que si des étalons tels que
celui-là tirent leur valeur des services qu'ils sont capables
de rendre à la production chevaline courante, les conseils
généraux des départements où cette production s'effectue,
mieux placés que personne pour les apprécier, n'hésite-
raient pas à voter des fonds qui devraient être si bien employés; en bonne administration, on ne se montre ménager que des dépenses improductives; mais tel n'est point
le rôle attribué à ces privilégiés de l'espèce : ils sont considérés seulement comme nécessaires au maintien de la
souche des reproducteurs d'élite.

Or, nous verrons plus loin, en examinant l'institution des
courses, que de ce côté-là l'intérêt public se trouve large-

ment sauvegardé. L'espèce des grands vainqueurs du turf n'est pas près de s'éteindre, la source du pur sang de se tarir. L'industrie privée y pourvoit, et son ambition a toujours été d'en demeurer seule chargée. Et si l'on répliquait que le prix qu'elle met au service de ses étalons ne peut être à la portée des simples éleveurs, nous ferions observer avec juste raison, pensons-nous, que ceux-ci ne sont point en mesure d'en tirer bon parti, et que le mieux est pour eux de s'abstenir. Il ne suffit pas, en effet, qu'une jument ait été saillie par un *Flying-Dutchmann* ou par un *Monarque*, pour qu'elle donne naissance à un *Gladiateur*. Sans cela, nous les compterions chaque année par douzaines.

Tant qu'a duré le système exclusivement basé sur l'intervention directe, ce ne sont pas assurément les étalons hors ligne qui ont manqué. L'on pourrait au besoin en citer les noms : entre autres, celui de *Physician*, qui avait coûté un prix encore plus élevé que celui tout à l'heure indiqué. Pourtant il n'y eut qu'une voix, dans la commission de 1860, pour reconnaître la nécessité d'une réforme complète. Tout le monde s'accordait sur l'état fâcheux de notre production chevaline.

Ce n'est donc point de ces représentants exceptionnels du pur sang qu'il y a lieu de s'occuper, quand on vise aux choses pratiques et utiles, à la production des chevaux de service. Ils ont leur cercle particulier, leurs éleveurs et leurs encouragements spéciaux. Dans l'industrie chevaline courante, on doit viser à produire des chevaux solides, rustiques, durs à la fatigue, peu susceptibles aux accidents, d'un élevage facile et ayant en outre, si c'est possible, des formes élégantes, agréables à l'œil. Il ne paraît pas que grâce aux énormes sacrifices faits durant si long-

temps pour introduire dans les haras de l'État ces chevaux
dits étalons de tête, dans le langage hippique, on les ait
obtenus, et l'on peut se demander ce qu'il serait arrivé de
pis, si on ne les avait pas eus. L'histoire des haras est
à cet égard fort instructive. Il suffit, pour être édifié, de
lire l'exposé fait, par chacun des directeurs qui s'y sont
succédé, de la situation amenée par la direction de son
prédécesseur.

Certes, il est probable que, abandonnés à leurs propres
inspirations, les conseils généraux ne se croiraient pas
obligés d'introduire partout des étalons de pur sang ou
même de demi-sang, surtout dans les départements où
prospèrent les races de trait, ou dans ceux qui s'adonnent
de préférence à l'industrie mulassière. Peut-être ne le fe-
raient-ils même point dans tous ceux qui sont propres à
l'élevage du cheval léger. Mieux placés que personne pour
se déterminer d'après l'observation et l'expérience, ils con-
tinueraient d'agir comme ont agi ceux qui ont cru nécessaire déjà d'intervenir : ils favoriseraient l'industrie la
plus appropriée aux conditions locales, sans aucun autre
parti pris doctrinal que de servir les intérêts économiques
de leurs commettants.

C'est ici une simple affaire de décentralisation des dépenses publiques et de l'action administrative. L'intervention directe dans la production, en tant qu'elle puisse
être encore nécessaire pour fournir des étalons aux éleveurs, paraît donc devoir logiquement être bornée au
département, et non point embrasser l'État tout entier.
Seuls, les conseils généraux peuvent préparer l'émancipation complète de l'industrie privée, parce qu'ils n'ont aucun intérêt, ni à la combattre, ni à la retarder; rien de
plus naturel, pour une assemblée départementale élue,

que de s'effacer devant l'initiative individuelle, propre à
rendre son intervention inutile : en le faisant, elle se dé-
barrasse d'une charge qui n'est qu'un des nombreux détails
de ses attributions; rien de plus naturel, non plus, de la
part d'une administration spéciale et centralisée, que
d'obéir à l'instinct de sa propre conservation, et par conséquent de se mettre en lutte contre les éléments de sa
propre destruction. Ici, l'antagonisme est obligé, et il se
produira tôt ou tard, si ce n'est pas sur un point, ce sera
sur l'autre. Les meilleures intentions de la partie diri-
geante ne sauraient prévaloir contre la nature même des
choses. Le suicide n'est pas plus la loi normale pour les
corps constitués que pour les individus.

Il convient de ne point se méprendre sur la valeur absolue du système qui a été inauguré en 1860. Si nous avons
vu l'administration suivre loyalement son programme,
comportant un effacement progressif de l'intervention directe, nous l'avons vue également étendre avec autant de
persévérance son intervention indirecte. Le mode de son
action se déplace; celle-ci, loin de disparaître, tend au
contraire, qu'elle le veuille ou non, à s'éterniser sous une
autre forme, qui ne sera pas la moins difficile à déraciner.
Elle devient, au budget de l'État, partie prenante de plus
en plus exigeante; et au demeurant, comme nous l'avons
déjà dit, ce n'est pas ainsi, d'une part, que l'industrie privée pourra s'habituer à son émancipation, de l'autre,
que l'administration appelée à la diriger sera mise en
état de conclure à sa propre inutilité. On ne fonde rien de
pratique sur le renoncement. Plus l'action de l'administration des haras s'étendra, d'une façon quelconque, moins
elle se sentira disposée à la faire cesser. Elle s'étayera
précisément, pour se perpétuer, du bien que le cours na-

turel des choses aura dû amener, et dont elle ne manquera point de s'attribuer le mérite, avec quelque apparence de raison.

Quoi qu'il en soit, c'est un progrès à réaliser, de substituer partout des étalons départementaux à ceux de l'administration des haras. A ce progrès, celle-ci ne fait plus obstacle : elle y pousse au contraire de toute son influence et de tout son pouvoir. Rappelons, à cette occasion, le passage du compte rendu de 1865 qui en témoigne : « Les départements et les sociétés, y est-il dit, ont continué de prêter généreusement leur concours à l'administration dans l'œuvre qu'elle suit, et, cette année, plus de 50 étalons de demi-sang ont été achetés en Normandie sur les conseils de la commission administrative pour le compte de ces nouveaux et si utiles auxiliaires, puis rétrocédés par la voie des enchères à des éleveurs de la contrée. Comme toujours, le département de la Moselle s'est fait remarquer par la hardiesse et l'étendue de ses opérations : à lui seul il a acquis 12 chevaux, ce qui porte au chiffre de 35 têtes le nombre de reproducteurs qui, depuis trois ans, y ont été introduits sous cette forme. A côté de la Moselle viennent se placer les départements de la Haute-Saône, de l'Ain, de Saône-et-Loire, etc., dont les conseils généraux ont eu bien vite apprécié la valeur de l'idée recommandée à leur sollicitude. »

Sur ce point-là, nous applaudissons sans réserve aux efforts de l'administration.

CHAPITRE III

DES ENCOURAGEMENTS

1. Primes et concours.

Primes. — Les encouragements à la production chevaline, en principe et en fait, se présentent sous deux modes : les uns, stipulés pour un cas déterminé, sont acquis à tous les sujets qui remplissent les conditions de ce cas; ils méritent seuls de recevoir le nom de primes, d'après l'esprit primitif de leur institution; les autres, dont le nombre et la quotité sont fixés d'avance, impliquent, pour être obtenus, la nécessité d'épreuves à subir, d'un concours entre les sujets qui viennent se les disputer : ce sont en réalité des prix offerts aux plus méritants.

Le dernier mode tend de plus en plus à se substituer au premier.

En effet, outre les concours, dans lesquels les prix sont attribués d'après les beautés de la conformation des concurrents, et les courses, qui sont des épreuves de vitesse ou de fond, de vigueur, en un mot, nous avons vu que toutes les primes d'encouragement décernées maintenant sous la direction de l'administration des haras, qu'elles soient prises sur les fonds de son budget ou sur ceux des budgets départementaux, ne sont décernées qu'après concours. Les primes de dressage, dont le but est d'encourager la production des jeunes chevaux émasculés de bonne heure et prêts à entrer au service, et les primes aux poulinières suitées, sont dans ce cas.

Nous pouvons nous dispenser d'entrer dans de nouveaux détails à leur sujet. L'exposé que nous avons fait des actes de l'administration des haras, où l'application de ce mode d'encouragement se trouve amplement développée, rendrait une répétition tout à fait superflue. Le système des primes, tel qu'il est pratiqué maintenant, est suffisamment connu du lecteur : il l'a vu pour ainsi dire en action ; il sait dans quelle mesure ce système fonctionne, et quelle part respective les budgets combinés de l'administration centrale et des départements prennent à son exécution. C'est le lieu seulement de joindre aux détails qu'on a lus (p. 289 et suiv.) une remarque, et la voici : il n'y aurait rien à redire au système, si tous les fonds d'encouragement, distribués en primes, étaient pris exclusivement sur les budgets départementaux.

Cette remarque s'appuie sur la considération développée au chapitre précédent, à propos des étalons. L'équité se refuse, ici comme là, et pour le même motif, à justifier le concours de tous les contribuables indistinctement. J'ignore si l'on a jamais fait le calcul comparatif des sommes qui retournent, en dépenses publiques, à chacun des départements français, au prorata de ses contributions. Ce calcul serait fort instructif, en tout cas; nul doute qu'il ne mît en lumière un des plus criants abus de la centralisation, sous l'une de ses formes les moins acceptables.

En ce qui touche aux encouragements à la production chevaline, il n'est pas nécessaire de l'exécuter pour savoir que bon nombre de départements donnent beaucoup et ne reçoivent rien. Le compte rendu de 1865 déclare lui-même que le nombre des parties prenantes a été seulement de 61; or, celui des parties donnantes étant de 89, il en résulte que sur ce dernier nombre, 28 ont donné sans rien recevoir.

Pour trouver juste un tel état de choses, on aurait besoin d'être un bien grand partisan de la centralisation. L'administration de l'agriculture, à laquelle incombe le soin de distribuer les encouragements de l'État, pour la production de toutes les espèces animales autres que celle du cheval, ne procède point, il faut le dire, d'après les mêmes errements. Il est vrai que cette production n'est pas réputée affaire de patriotisme, et qu'au lieu de pourvoir à la défense du pays, elle a pour objet simplement de le nourrir, ce qui est bien moins urgent, à coup sûr, et surtout d'une utilité moins immédiate.

Les primes, toutefois, n'ont point le caractère que nous venons de voir. Il est des départements dans lesquels elles sont distribuées sans le concours de l'administration des haras. Cela s'observe particulièrement dans les contrées adonnées exclusivement à l'élevage des chevaux de trait ou à l'industrie mulassière. Dans ce cas, elles sont le plus souvent distribuées par les comices et les sociétés d'agriculture, subventionnés à cet effet par les conseils généraux. Elles ont alors pour but d'encourager les meilleurs étalons, les meilleures poulinières, suitées ou non, et aussi parfois les meilleures pouliches, sous condition habituellement d'un temps de service déterminé, au bout duquel la prime est acquise. Les modes, d'ailleurs, varient beaucoup, suivant les lieux.

Des doutes ont été souvent formulés sur l'efficacité des primes. C'est là une question fort controversée. Nous sommes de ceux qui inclinent à penser qu'en tout cas elles n'agissent qu'indirectement. Leur institution ne date pas d'hier. Ce qui paraît parfaitement démontré, c'est que

durant longtemps elles se sont montrées au moins inutiles,
n'étant point assez fortes pour exercer la moindre influence sur la détermination des éleveurs, et n'entraînant,
par leur mode de distribution des plus modestes, rien qui
pût d'ailleurs les stimuler. Aussi, durant ce temps, n'est-
ce que par des raisonnements purement spéculatifs, qu'on
a cherché à les justifier. Dans les localités où l'industrie
chevaline trouvait des éléments naturels, économiques et
agricoles, de développement et d'amélioration, cette industrie eût progressé sans elles; partout ailleurs, elles
n'ont jamais pu réussir à rien faire obtenir de sérieux.

C'est donc par des raisons absolument hypothétiques
que les primes ont été instituées et conservées, à titre
d'encouragements directs. S'il fallait citer des preuves de
leur impuissance, les faits ne nous manqueraient pas. Que
penser, par exemple, de l'efficacité du système des primes,
lorsque, après tant de sacrifices en ce genre faits par le
département d'Eure-et-Loir, l'un des mieux placés sous
tous les rapports pour la production chevaline, on a vu les
hommes les plus compétents jeter il y a quelques années
le cri d'alarme et fonder une association privée dans le but
avoué de prévenir sa déchéance ? Ou la pensée qui a présidé à la fondation de la Société hippique du Perche et de
la Beauce était absolument gratuite, ou il en faut conclure
que les sommes considérables dépensées depuis si longtemps par le département, en vue d'encourager par des
primes dont la quotité va de 600 à 1,200 francs les plus
beaux étalons, sont demeurées sans efficacité.

Concours. — Les concours hippiques seuls, dans lesquels figurent tous les éléments de la production, peuvent
être bons à quelque chose ; et encore c'est à la condition
qu'ils empruntent une partie de leur valeur à la solennité

qui résulte de leur adjonction à un concours agricole, où
figurent les reproducteurs de toutes les autres espèces
animales composant le bétail, ainsi que leurs produits. En
s'isolant des autres branches de la production animale,
l'industrie chevaline a tout à perdre et rien à gagner. Les
prix que les étalonniers et les éleveurs viennent se disputer dans ces concours — et bon nombre même savent
fort bien qu'ils n'y peuvent point prétendre — ne figurent
que pour un accessoire dans les motifs qui les y attirent.
Les concours de ce genre passent dans les mœurs rurales de
notre temps. Ce n'est pas le contrôle ou la direction des juges
officiels qu'on y vient chercher, c'est la sanction du public.

Nous n'insisterons pas sur ce point de vue, qui a été
développé dans un autre volume, en thèse générale (1).
Il n'y a aucune distinction à établir entre les concours
hippiques et les autres concours d'animaux reproducteurs ; aussi serait-il tout à fait superflu d'en traiter ici
en particulier. Il convient de se borner à ce qui précède,
cela faisant suffisamment ressortir leur supériorité sur le
système des primes d'encouragement.

Le jour où les conseils généraux cesseront de maintenir
dans leur budget départemental un chapitre spécial pour
les primes à l'industrie chevaline, et feront passer le crédit affecté à ce chapitre dans celui plus général des encouragements à l'agriculture ; le jour où ils auront enfin pris
la détermination de considérer le cheval comme un produit agricole, à l'égal du bœuf et du mouton ; ce jour-là,
ils n'auront pas seulement fait preuve de logique, ils
auront encore accompli, dans l'intérêt de leur pays, un
progrès signalé.

____

(1) Voy. *Principes généraux de la zootechnie*, p. 316.

2. Courses.

Courses plates au galop. — Les courses de chevaux
se définissent d'elles-mêmes. Il y en a de plusieurs sortes,
au galop et au trot, en terrain plan ou avec obstacles, le
cheval étant monté ou attelé. Suivant la circonstance,
elles portent divers noms. Celles au galop avec obstacles,
sont appelées steeple-chases, de leur nom anglais; il ne
faut pas les confondre avec les anciennes courses de
haies. Nous les passerons toutes successivement en revue,
en commençant par les courses plates au galop.

Bien qu'elles soient des institutions de l'État, il est
assez difficile au zootechniste de considérer ces dernières
courses, sous la forme où elles sont actuellement prati-
quées, comme des encouragements à l'amélioration de
l'espèce chevaline. C'est une thèse, cependant, sur laquelle nous ne voulons point revenir en ce moment. Elle
a été traitée, dans la limite de notre compétence, à propos
de la description du cheval dont les courses dont il s'agit
sont la spécialité (p. 79). Nous nous bornerons à reproduire ici les dispositions réglementaires sous l'influence
desquelles se produisent les étalons qui, dans le système
« libéral et protecteur » dont l'administration des haras
poursuit l'application, doivent améliorer nos races chevalines. Le directeur général — c'est le moment de s'en
souvenir — a dit, en effet, dans sa première circulaire :
« Pour résumer ma pensée sur la production, le cheval
de pur sang sera toujours la base de l'amélioration. »

Or, nous avons dit nous-même, en cela d'accord avec
tous les hippologues et tous les hommes du métier, que
le cheval dit de pur sang est toujours ce que les règle-

ments de courses le font. Voyons donc ce qu'est le règlement édicté par l'administration des haras, pour les courses plates au galop. Il contient des parties étrangères à notre sujet ; mais il ne paraît pas toutefois possible de le scinder. Le voici tout entier :

Le ministre d'État, sur le rapport du directeur général des haras ;

Vu les arrêtés ministériels en date des 15 mars 1842, 26 avril 1849, 24 janvier 1850 et 17 février 1853, relatifs aux courses de chevaux ;

Arrête :

TITRE PREMIER

Art. 1er. — La présidence d'honneur des courses du gouvernement appartient *de droit* aux préfets des départements.

Art. 2. — Les inspecteurs généraux des haras et les directeurs des dépôts d'étalons remplissent les fonctions de *commissaires du gouvernement* pour les courses ; ils y assistent, les surveillent et en rendent compte au directeur général des haras.

Ils peuvent également faire partie des commissions.

Art. 3. — Il y aura, dans chaque localité, trois commissaires des courses.

Art. 4. — La nomination des commissaires est faite par le directeur général des haras.

Néanmoins, là où il existe des sociétés de courses, le directeur général peut déléguer auxdites sociétés le choix des commissaires.

Art. 5. — La commission centrale des courses et du Stud-Book, instituée par l'arrêté ministériel du 19 décembre 1860, élit chaque année dans son sein une section composée de sept membres, pour exercer les fonctions spécifiées ci-dessous à l'article 10.

Art. 6. — Les commissaires des courses sont chargés de préparer le programme des courses, de le soumettre à l'approbation du directeur général des haras, de lui donner toute la publicité désirable ; de recevoir les engagements, de décider *sans appel* de leur validité ; de fixer l'ordre des courses, lequel devra être publié vingt-quatre heures au moins à l'avance ; de surveiller l'exécution des dispositions du règlement.

Art. 7. — Les commissaires prennent les dispositions qui leur paraissent convenables pour le terrain des courses, le pesage des jockeys, la désignation des juges du départ et de l'arrivée.

Dans le cas où les commissaires sont seuls présents, ils choisissent d'un commun accord un remplaçant pour leur collègue absent. Ils ont d'ailleurs le droit de déléguer à telle personne qu'ils jugent à propos une partie de leurs attributions.

Ni les commissaires, ni les personnes auxquelles ils délèguent leurs fonctions, ne peuvent les exercer pour une course dans laquelle ils seraient directement ou indirectement intéressés.

Art. 8. — Toutes les réclamations ou contestations élevées au sujet des courses sont jugées par les commissaires ; leurs décisions sont *sans appel*, excepté dans le cas suivant :

Lorsque, soit avant la course, soit avant la fin du pesage pour la dernière épreuve de la journée, l'identité ou la qualification d'un cheval est l'objet d'une réclamation, les commissaires ont la faculté ou de la juger eux-mêmes ou de déférer la question à la commission des courses.

S'ils la jugent eux-mêmes, les parties ont le droit d'appeler de la décision rendue à la commission centrale, sous la condition de notifier aux commissaires de la localité, dans les deux heures qui suivent, leur intention de se pourvoir en révision.

Dans le cas où la réclamation est faite après la fin du pesage pour la dernière épreuve de la journée, les commissaires doivent s'abstenir de prononcer ; la question se trouve *de droit* soumise à la juridiction de la commission centrale des courses.

Art. 9. — Il sera dressé, par les soins des commissaires locaux, procès-verbal de toutes leurs opérations.

Ce procès-verbal, transmis dans le délai de vingt-quatre heures au préfet du département, sera à la diligence de ce fonctionnaire, et dans un délai semblable, adressé au directeur général des haras.

Art. 10. — La commission centrale des courses juge les réclamations qui lui parviennent en vertu des dispositions de l'article 8. Si sa décision implique l'existence d'une fraude elle peut proposer au directeur général des haras d'exclure des courses, soit complétement, soit pour un temps limité, les personnes qui se seraient rendues coupables de cette fraude.

Elle peut également, sur la plainte motivée faite contre un jockey par les commissaires d'une ou plusieurs localités, proposer au directeur général d'interdire à ce jockey, pendant un temps plus ou moins long, de monter dans les courses du gouvernement.

Art. 11. — Toutes les fois qu'un jockey aura été déclaré incapable de courir pour les prix du gouvernement, son nom et son signalement seront envoyés dans tous les lieux de courses.

Art. 12. — Les délibérations de la commission centrale des courses et du Stud-Book, formée en vertu de l'article 5, auront lieu à la majorité des voix.

La présence de quatre membres suffira pour rendre valables les décisions rendues ; en cas de partage, la voix du président l'emportera.

TITRE II

DE L'ENGAGEMENT ET DE LA QUALIFICATION DES CHEVAUX

Art. 13. — Ne sont admis à courir, sauf condition contraire, que les chevaux entiers et juments, nés et élevés en France jusqu'à l'âge de deux ans, dont la généalogie est inscrite soit au Stud-Book anglais, soit au Stud-Book français, ou qui ne sont issus que d'ancêtres dont les noms s'y trouvent insérés.

Art. 14. — Les chevaux sont considérés comme prenant leur âge du 1er janvier de l'année de leur naissance.

Art. 15. — Un cheval qui n'a jamais gagné est celui qui n'a gagné ni course publique ni handicap.

Art. 16. — Lorsque des chevaux n'ayant jamais gagné, ou n'ayant pas gagné certaines courses peuvent seuls être admis dans une course, il suffit, pour qu'ils soient *qualifiés*, qu'ils n'aient pas gagné avant le terme fixé pour l'engagement.

Art. 17. — Les propriétaires qui veulent faire courir leurs chevaux les engagent par lettres adressées au commissaire des courses de la localité.

A la lettre d'engagement, ils doivent joindre un certificat signé par eux et constatant le signalement, l'âge et l'origine de leurs chevaux.

Les certificats de naissance, et, quand il y a lieu, les certificats de résidence doivent être contrôlés et visés par le directeur du dépôt d'étalons dans la circonscription duquel le cheval est né ou a résidé.

Si la mère du cheval a été couverte par plusieurs étalons, ceux-ci doivent tous être nommés.

Art. 18. — Le cheval, qui a déjà couru dans une localité, peut être engagé sans qu'il soit nécessaire de présenter de certificat; il doit seulement être indiqué sous les mêmes désignations.

Art. 19. — Dans tous les cas, les commissaires ont la faculté de ne valider les engagements qu'après avoir obtenu, à l'appui des certificats ou des désignations de chevaux, toutes les preuves qui leur paraîtraient nécessaires.

Art. 20. — Si un cheval est engagé sous une fausse désignation, il est *disqualifié*, c'est-à-dire qu'il ne peut courir, et que son propriétaire doit néanmoins payer le forfait, ou la totalité de la mise, s'il n'y a pas de forfait, ou si l'époque à laquelle il doit être déclaré est passée.

Si le cheval a été exactement désigné, et que de cette désignation même il résulte qu'il n'est pas qualifié pour la course dans laquelle on l'engage, l'engagement est alors annulé, et le propriétaire ne doit pas d'entrée.

Art. 21. — Aucun cheval ne peut gagner un prix, lorsqu'il a été prouvé qu'il a couru sous une fausse désignation; il est alors regardé comme disqualifié et distancé. Cette disqualification continue jusqu'à ce que sa désignation exacte ait été établie et admise.

On ne peut, en tout cas, réclamer l'application de cette disqualification plus de six mois après que la course a eu lieu.

Art. 22. — Si une objection contre la qualification d'un cheval est faite *avant la course*, la preuve de la validité de la qualification doit être fournie par le propriétaire du cheval.

Quand, au contraire, la réclamation est élevée *après la course*, les preuves à l'appui doivent être données par la personne qui réclame. Les commissaires peuvent, néanmoins, exiger tous les éclaircissements désirables du propriétaire du cheval.

Art. 23. — Dans le cas prévu par le premier paragraphe de l'article précédent, les commissaires fixent au propriétaire une époque avant laquelle il doit fournir la preuve de la qualification de son cheval; jusque-là l'argent est retenu.

Si les preuves ne sont pas établies à l'époque déterminée, le prix est remis au propriétaire du cheval arrivé second, et s'il n'y a point de second, le montant du prix fait retour au crédit de l'administration des haras, dans les courses du gouvernement.

Quant aux entrées ainsi devenues libres, dans les prix où il en existe, elles sont versées au fonds de course des sociétés particulières ou des villes.

L'argent provenant de cette source est considéré comme un dépôt temporaire, qui, l'année suivante, doit être intégralement employé à former de nouveaux prix.

Art. 24. — Si le prix ou les entrées ont été touchés avant la disqualification d'un cheval, l'argent est rendu et employé de la manière indiquée ci-dessus.

Art. 25. — L'engagement d'un cheval est annulé si la personne au nom de laquelle il a été engagé meurt avant l'époque fixée pour le payement de l'entrée ou du forfait. Dans les courses où il est stipulé que le forfait ou l'entrée doit être représenté par un billet, l'époque du payement sera considérée comme fixée au jour de la souscription de ce billet.

TITRE III

DISPOSITIONS GÉNÉRALES CONCERNANT LES COURSES

Art. 26. — Toute réclamation contre l'exactitude du mesurage des distances à parcourir doit être faite avant la course, aux commissaires ou à leurs délégués.

Art. 27. — A l'heure fixée pour chaque course, la cloche sonne, et si, un quart d'heure après, tous les jockeys ne sont pas prêts, le signal du départ peut être donné sans attendre les retardataires.

Art. 28. — Des commissaires ou leurs délégués font peser les jockeys avant la course, mais ils ne sont pas responsables des erreurs commises à ce pesage.

Après la course, ils peuvent faire peser de nouveau tous les jockeys.

Art. 29. — La place des chevaux au départ est tirée au sort.

Art. 30. — Dès que la personne nommée pour donner le signal du départ a appelé les jockeys pour prendre leurs places, les propriétaires des chevaux qui se présentent au poteau doivent leurs *entrées* entières.

Art. 31. — La même personne peut faire ranger les jockeys en ligne, aussi loin en arrière du point de départ qu'elle juge convenable.

Art. 32. — Lorsque, dans une course, un jockey en pousse un autre, le croise ou l'empêche par un moyen quelconque d'avancer, le cheval monté par ce jockey peut être distancé, ainsi que tout autre cheval appartenant entièrement ou en partie au même propriétaire.

Si les commissaires reconnaissent que le jockey a agi avec mauvaise intention, ils peuvent lui interdire pour un temps de monter dans les courses de la localité.

Si les faits paraissent plus graves encore, les commissaires en réfèrent à la commission centrale des courses, qui peut alors proposer au directeur général des haras d'infliger au délinquant la punition portée au deuxième paragraphe de l'article 10.

Art. 33. — Le jockey qui désobéit aux commissaires est passible des mêmes peines ci-dessus spécifiées.

Art. 34. — Quand, en courant, un cheval passe en dedans des poteaux, il est distancé, à moins qu'on ne le fasse retourner et rentrer dans la lice à l'endroit même où il est sorti.

Art. 35. — Si, dans une course en une seule épreuve, deux chevaux arrivent ensemble au but, de telle façon que le juge ne puisse décider lequel des deux a gagné, ces deux chevaux recourent une demi-heure après la dernière course de la journée.

Les autres chevaux ne recourent plus, et prennent leur place comme si la course avait été terminée la première fois.

Art. 36. — Après la course, les jockeys doivent rester à cheval jusqu'à l'endroit où ils sont pesés : s'ils descendent avant d'y arriver, les chevaux qu'ils montent sont distancés.

Art. 37. — Si, par suite d'un accident, un jockey est hors d'état de retourner à cheval jusqu'aux balances, il peut, mais dans ce cas seulement, y être conduit ou porté.

Art. 38. — Si un jockey tombe et que son cheval soit monté et conduit au but par une personne dont le poids soit suffisant, le cheval prend sa place, comme si l'accident n'avait pas eu lieu, pourvu toutefois qu'il soit reparti de l'endroit où le jockey est tombé.

Art. 39. — Tout cheval n'ayant pas porté le poids déterminé par les conditions de la course est distancé.

À l'exception des fers, tout ce que porte le cheval peut être pesé.

Art. 40. — Toute réclamation sur la manière dont un jockey a monté doit être faite avant la fin du pesage.

Elle doit être adressée par le propriétaire réclamant, par l'entraîneur ou par son jockey, aux commissaires, au juge de la course, ou à la personne chargée de présider au pesage des jockeys.

Art. 41. — Pour qu'un cheval ait effectivemeut gagné un prix, il faut qu'il ait rempli toutes les conditions énoncées au programme de la course, alors même qu'aucun concurrent ne se serait présenté.

Dans ce dernier cas, il est passible, pour l'avenir, des surcharges imposées aux gagnants de ce prix.

TITRE IV

DES COURSES EN PARTIE LIÉE (1)

Art. 42. — Dans les courses en partie liée, aucun propriétaire ne peut faire courir plus d'un cheval lui appartenant en totalité ou en partie, quand même les chevaux seraient engagés sous les noms de personnes différentes.

Sont formellement interdits tous arrangements par lesquels des propriétaires de chevaux partants s'intéresseraient les uns les autres dans leurs chances de gagner.

La qualification d'un cheval ne peut pas être contestée, à raison de ce qui précède, plus de six mois après la course.

Art. 43. — Dans les courses en partie liée, la place des chevaux au départ est tirée au sort avant chaque épreuve.

Art. 44. — Dans les mêmes courses, si le juge ne peut décider quel est le cheval gagnant, l'épreuve est nulle, et tous les chevaux peuvent recourir, à moins que les deux arrivés ensemble au but n'aient gagné chacun une épreuve.

Art. 45. — Si trois chevaux gagnent chacun une épreuve, ils doivent seuls recourir ensemble.

Art. 46. — Quand une course en partie liée est gagnée en deux épreuves, la place des chevaux est fixée par celle qu'ils ont eue dans la seconde épreuve.

Lorsqu'il y a trois épreuves, le second cheval est celui qui a gagné une épreuve.

S'il y a quatre épreuves, les chevaux sont placés dans l'ordre de leur arrivée à la quatrième épreuve.

Art. 47. — Pour les courses en partie liée, un poteau est placé à 100 mètres en arrière du but. Les chevaux qui n'ont point dépassé ce poteau lorsque le premier cheval dépasse le

---

1) Par un arrêté nouveau, en date du 9 janvier 1865, ce titre est tombé en désuétude, la partie liée ayant été supprimée. « Le nombre des chevaux à l'entraînement, disait l'exposé des motifs de l'arrêté ministériel, a peine à s'accroître aussi rapidement que celui des courses, et la partie liée était une aggravation de cette situation. » Le sens de cette réforme sera facilement saisi.

but, sont distancés et ne peuvent plus courir les épreuves suivantes.

TITRE V

DES SURCHARGES ET DIMINUTIONS DE POIDS

Art. 48. — Les pouliches et les juments portent 1 kilog. 1/2 de moins que le poids indiqué pour les poulains et pour les chevaux.

Art. 49. — Quand, d'après les conditions d'une course, une surcharge est attribuée aux chevaux ayant gagné d'autres courses, cette surcharge est imposée aux chevaux qui ont gagné après leur engagement, comme à ceux qui ont gagné auparavant.

Lorsqu'une diminution de poids est accordée aux chevaux qui n'ont point gagné, ils ne profitent pas de cet avantage s'ils gagnent après leur engagement dans cette course.

Art. 50. — Les surcharges ne peuvent être cumulées.

Les chevaux qui en sont passibles ne doivent porter que la plus forte surcharge.

Art. 51. — Lorsqu'une surcharge est imposée aux gagnants de prix d'une certaine valeur, on doit compter en ajoutant au montant des prix toutes les entrées qui y ont été réunies, celle du cheval gagnant exceptée.

Si le prix consistait en un objet d'art ou autre, les entrées sont seules comptées.

Les gagnants de paris particuliers ne sont pas passibles de surcharge.

TITRE VI

DES ENTRÉES

Art. 52. — Tout engagement qui n'est pas accompagné du montant de l'entrée ou du forfait exigé, dans les courses où des entrées sont admises, peut être refusé.

Art. 53. — A moins de condition contraire, le montant des entrées est réuni au prix.

Art. 54. — Lorsque dans un prix les entrées doivent revenir en totalité ou en partie au second cheval, elles sont réunies au fonds de course, s'il n'y a pas de second cheval.

Si deux chevaux arrivent ensemble au but, de façon que le juge ne puisse décider lequel est second, l'argent destiné à celui-ci est partagé entre eux.

Art. 55. — Aucun propriétaire ne peut faire courir un cheval, à moins que toutes les entrées ou forfaits dont il peut être débiteur n'aient été payés avant la première course du jour où son cheval doit courir, et cela sans préjudice des poursuites qui peuvent être exercées contre lui.

Aucun cheval ne peut non plus courir tant que les entrées et les forfaits dus pour ses engagements n'ont pas été payés.

Aucun cheval ne peut partir dans une course, si toutes les entrées dues pour cette course par la personne qui l'a engagé ne sont pas payées. Dans ce dernier cas, l'opposition doit être faite la veille de la course.

Art. 56. — Pour que la réclamation soit admise, le réclamant doit produire un certificat délivré par les commissaires de la localité où les entrées sont dues, et visé à l'administration centrale.

TITRE VII

DES PRIX A RÉCLAMER

Art. 57. — Lorsque, d'après les conditions d'une course, le gagnant est à réclamer pour une certaine somme, le droit de réclamation s'exerce de la manière suivante :

Dans le quart d'heure qui suit la course, toute personne ayant l'intention de réclamer le gagnant, doit remettre aux commissaires une lettre cachetée, contenant l'offre d'un prix, qui ne peut être inférieur à celui fixé par les conditions de la course ou par le propriétaire dans son engagement. Le quart d'heure expiré, les lettres sont ouvertes par les commissaires, et le cheval réclamé appartient à la personne qui a fait l'offre la plus élevée. Le propriétaire n'a droit qu'à la somme pour laquelle il avait mis son cheval à réclamer, et l'excédant, s'il y en a, reste au fonds de course.

Cet excédant doit être payé de suite aux commissaires, ou à leur délégué, faute de quoi la réclamation est considérée comme non avenue, et le cheval appartient à la personne qui a fait l'offre immédiatement inférieure.

Le cheval réclamé n'est livré qu'après avoir été payé; il doit l'être le jour même de la course; plus tard, on ne peut plus exiger qu'il soit livré. Cependant, le propriétaire peut forcer celui qui l'a réclamé à le prendre et à le payer.

Art. 58. — Si le gagnant d'une course, où le vainqueur peut être réclamé, est engagé pour l'avenir dans des courses publiques ou particulières, la personne qui le réclame n'est obligée à payer aucun de ses engagements, à moins qu'elle n'en profite en le faisant courir.

Le droit de profiter des engagements cesse d'exister, si l'interdiction en est formulée dans la lettre d'engagement pour le prix à réclamer.

TITRE VIII

Art. 59. — Toutes dispositions contraires concernant les courses sont et demeurent rapportées.

Art. 60. — Le directeur général des haras est chargé de l'exécution du présent arrêté.

Paris, le 30 janvier 1862.

WALEWSKI.

Ainsi qu'on vient de le voir, cet arrêté fondamental ne décide rien quant à ce qui est essentiel, au point de vue où nous sommes ici placés; il réglemente seulement ce que l'on peut appeler la police des courses et laisse, aux termes de son article 6, aux commissaires le soin de rédiger les programmes, sauf l'approbation du directeur général des haras. La conséquence en est facile à saisir, et nous allons la trouver dans un arrêté spécial, dont il suffira d'extraire les principales dispositions.

Cet arrêté est relatif à la répartition, au classement et

aux conditions des prix de courses plates au galop, qui
sont fixés de la manière suivante :

Art. 1er. — Les prix de courses sont divisés en deux catégories : *prix classés* au règlement, *prix non classés*.

Chaque année, le ministre détermine la répartition et les
conditions relatives aux prix non classés.

Art. 2. — Les prix classés sont répartis et réglés comme
suit :

1re classe. — *Grand prix de l'Empereur, grand prix de
l'Impératrice, grand prix du Prince Impérial :* Pour chevaux
n'ayant jamais gagné le même prix.

2e classe. — *Prix impériaux :* Pour chevaux n'ayant jamais
gagné de prix de 1re classe. Le gagnant d'un prix de 2e classe
portera 2 kilogrammes de surcharge ; de plusieurs de ces prix,
4 kilogrammes.

3e classe. — *Prix principaux :* Pour chevaux n'ayant jamais
gagné de prix ou de 1re ou de 2e classe. Le gagnant d'un prix
de 3e classe portera 3 kilogrammes de surcharge ; de plusieurs
de ces prix, 4 kilogrammes.

4e classe. — *Prix spéciaux :* Pour chevaux de toute espèce
n'ayant jamais gagné de prix de 1re, 2e ou 3e classe. Le gagnant
d'un prix de 4e classe portera 3 kilogrammes de surcharge ; de
plusieurs de ces prix, 4 kilogrammes.

Art. 3. — Les prix classés sont ouverts aux chevaux nés et
élevés en France, sans distinction de circonscription.

Art. 4. — La valeur, les distances, le poids, l'âge des chevaux aptes à courir, les lieux et époques des courses sont
fixés, pour les prix classés, conformément au tableau suivant :

Suit le tableau, que nous ne croyons pas nécessaire de
reproduire, ceci n'étant point un guide du sportsman. Il
est utile seulement de faire connaître l'échelle des poids
ayant servi pour l'établissement de ce tableau, en même
temps que les limites extrêmes des distances à parcourir.

I. En principe, les chevaux de trois ans courant seuls

entre eux, doivent porter 56 kilogrammes, et il en est de même pour ceux de quatre ans. Voici maintenant l'échelle, pour les saisons, les distances et les âges :

II. Courses pour chevaux de trois ans et au-dessus.

MOIS.	DISTANCES de 2,000 à 2,500 mètres.				DISTANCES de 3,000 à 3,500 mètres.				DISTANCES de 4,000 à 6,200 mètres.			
	3 ans.	4 ans.	5 ans.	6 ans et au-dessus.	3 ans.	4 ans.	5 ans.	6 ans et au-dessus.	3 ans.	4 ans.	5 ans.	6 ans et au-dessus.
Avril et mai.	51	62	65	66 1/2	50 1/2	62	66	67 1/2	49	62	66 1/2	68
Juin	52	62	64 1/2	66	51 1/2	62	65 1/2	67	50 1/2	62	66	67 1/2
Juillet . . .	53	62	64	65 1/2	52 1/2	62	65	66 1/2	51 1/2	62	65 1/2	67
Août	54	62	64	65 1/2	53 1/2	62	65 1/2	66	52 1/2	62	65 1/2	67
Septembre. .	55	62	63 1/2	64	54 1/2	62	64	65	53 1/2	62	65	66
Octobre et novembre . .	55 1/2	62	63 1/2	64	55	62	64	65	54	62	65	66

III. Courses pour chevaux de quatre ans et au-dessus.

MOIS.	DISTANCES de 2,000 à 2.500 m.			DISTANCES de 3,000 à 3,500 m.			DISTANCES de 4,000 à 6.200 m.		
	4 ans.	5 ans.	6 ans et au-dessus.	4 ans.	5 ans.	6 ans et au-dessus.	4 ans.	5 ans.	6 ans et au-dessus.
Avril et mai	57	60	61 1/2	57	61	62 1/2	57	61 1/2	63
Juin	57	59 1/2	61	57	60 1/2	62	57	61	62 1/2
Juillet.	57	59	60 1/2	57	60	61 1/2	57	60 1/2	62
Août.	57	59	60	57	59 1/2	61	57	60 1/2	62
Septembre	57	58 1/2	59	57	59	60	57	60	61
Octobre et novembre. .	57	58 1/2	59	57	59	60	57	60	61

D'après ces documents, on voit que dans les courses du gouvernement aucun cheval n'est admis à courir avant l'âge de trois ans ; que le minimum de la distance à parcourir est de 2,000 mètres et celui du poids à porter de 49 kilogrammes.

Telles doivent être les bases de toute discussion dirigée contre la part que prend l'État à ce mode d'encouragement. Pour le reste, les critiques ne peuvent porter que sur les sociétés particulières de courses, qui sont bien libres, après tout, de disposer comme elles l'entendent de leur argent.

En outre des courses du gouvernement, il y a en effet celles de la *Société d'encouragement* de Paris, plus connue sous le nom de *Jockey-Club*, et celles des sociétés analogues fondées en province. Pour bien faire apprécier toutefois l'institution dans son ensemble, il sera bon de mettre en lumière ici quelques-unes des dispositions du règlement de la célèbre Société, qui sert de modèle pour tous les autres.

Voici d'abord un article qui répond à certaines accusations dont les courses, dans notre siècle, ont été souvent l'objet :

Art. 25. — Le comité des courses, au nombre de quinze membres au moins, et à la majorité des deux tiers des voix, peut prononcer l'interdiction de monter, d'entraîner ou de posséder aucun cheval courant pour les courses de la Société, contre *toute personne ayant manqué à celles des prescriptions du présent règlement qui tendent à maintenir la moralité et la loyauté des courses.*

Suit un second paragraphe, réglant le mode d'exécution de l'interdiction ; mais ce qui donne à la charte son véritable caractère, c'est le soin méticuleux avec lequel y sont prévues toutes les difficultés relatives aux paris. Tout le reste montre clairement que les règles posées par l'ad-

ministration des haras ont été calquées sur celles imposées par la Société d'encouragement. Il est visible que
dans l'institution ceci se considère comme étant de haute
importance. Donc, reproduisons en entier le titre :

DES PARIS

Art. 59. — A moins de stipulation contraire, tous les paris
sont considérés comme *courir* ou *payer*.

Tout pari fait après l'affichage au poteau des numéros des
chevaux partants est nul, si le cheval contre lequel on a parié
n'y est pas inscrit.

Art. 60. — Les paris sont annulés lorsque la mort d'une des
deux parties survient avant que la course ait eu lieu, ou qu'elle
ait été définitivement décidée.

Art. 61. — Les paris faits sur deux chevaux sont annulés si,
après qu'ils ont été conclus, les deux chevaux passent entre
les mains d'un seul propriétaire ou de son associé.

Art. 62. — Si un pari est fait sur un signal ou une indication, après que la course est terminée, il est considéré comme
frauduleux et nul.

Art. 63. — Les paris faits sur des chevaux désignés sont nuls
si aucun d'eux ne gagne.

Art. 64. — Les paris faits sur une course en partie liée sont
toujours pour le résultat définitif de la course, même quand ils
ont été faits pendant que les chevaux courent, à moins de convention contraire.

Art. 65. — Un pari, fait après qu'une épreuve est terminée,
est annulé si le cheval pour lequel on a parié ne recourt pas.

Il ne sera maintenu qu'autant qu'il serait spécifié que ce pari
est *courir* ou *payer*.

Art. 66. — Si une réclamation est élevée sur la généalogie
ou la qualification d'un cheval avant la course, les commissaires
ont le droit de décider que les paris sur cette course ne seront
payés qu'après qu'il aura été statué sur la réclamation.

Si la réclamation a été faite après la course, les paris sont
maintenus, pourvu que le cheval soit de l'âge annoncé et qu'il
n'ait pas d'ailleurs d'autre disqualification.

Art. 67.—Si, après que deux chevaux ont couru une épreuve nulle, les propriétaires conviennent de partager l'argent, les sommes pariées entre deux personnes sur ces chevaux sont réunies et partagées dans la même proportion que les propriétaires des chevaux auront établie entre eux.

Si un pari a été fait sur un des chevaux battus dans la course, la personne ayant parié pour le cheval qui a couru l'*épreuve nulle* gagne la moitié de son pari.

Art. 68. — Lorsqu'une course est avancée ou retardée de plus de neuf jours, les paris sont annulés.

Art. 69. — Les commissaires sont autorisés à fixer le jour où les paris doivent être payés après les courses.

Ceci montre que pour le comité de nos sportsmen, les courses sont régulièrement des moyens de faire des paris, c'est-à-dire, pour appeler les choses par leur nom, des occasions de jeu. Il y a même à cet effet une institution spéciale, ayant son règlement particulier. On l'appelle « salon des courses », en français, mais le nom anglais *Betting-Room* est bien plus usité et d'ailleurs mieux porté. On n'y est admis que par décision du directeur et en payant une cotisation annuelle de 40 fr. Toutefois (art. 4 du règlement), « seront admises de droit, sur leur demande écrite, à faire partie de la société du salon des courses, toutes les personnes appartenant aux cercles ci-après désignés : le Jockey-Club, l'Union, le cercle de la rue Royale, le cercle Impérial, le Sporting-Club, le cercle Agricole, le cercle des Chemins de fer, le cercle du Commerce, l'Union artistique, l'Ancien cercle, le cercle des Arts. »

Aux termes de l'article 8 : « Tout membre du salon des courses qui voudra faire des paris, devra, s'il veut jouir du bénéfice de l'article 12 ci-après, se munir d'un livre numéroté par feuillet, qu'il fera parapher par le directeur. »

Ces messieurs, dans leur langage courant, appellent

cela un *Book*, et il est indiqué des règles uniformes pour *faire son Book*. Voici l'exemple donné par le règlement, il est curieux :

Le parieur doit inscrire dans la première colonne la somme qu'il engage, dans la deuxième la somme qu'il peut gagner, dans la troisième le nom du cheval, précédé d'un P ou d'un C, suivant qu'il parie *pour* ou *contre* le cheval, et dans la quatrième le nom de la personne avec laquelle il fait le pari. Ainsi :

Si *Paul* prend de *Jean* N à 30/1 en 10 louis.

10 | 300 | P N | Jean.

Si *Paul* fait le pari inverse et donne à *Jean* N à 30/1 en 10 louis.

Paul doit écrire :

300 | 10 | C N | Jean.

C'est fort simple, et nous voilà fixés sur les us et coutumes de la Bourse des chevaux ; car c'est bien une véritable Bourse et non point autre chose, comme le disent souvent des gens mal informés. Ici, en effet, ce n'est pas d'un jeu de hasard qu'il s'agit. Les joueurs se basent, pour « faire leur Book », sur la connaissance qu'ils ont des chances que leur présentent les chevaux engagés dans les prochaines courses et qu'ils ont suivis depuis l'époque de la naissance. C'est un art, dans lequel excellent seuls les sportsmen accomplis. Mais cette connaissance, il ne faut point qu'elle soit ce que nous appelons expérimentale ; elle ne doit pas être acquise par la constatation des preuves faites sur le terrain d'entraînement. Il y aurait, dans ce cas, « fraude ou tromperie en fait de course », emportant exclusion de toutes les réunions.

Aussi, pour l'éviter, des précautions ont-elles été prises

dans le règlement relatif au terrain d'entraînement, en ces termes :

Article premier. — Le comité exprime un blâme sévère contre les personnes qui font métier d'épier les essais.

Art. 2. — Aucun entraîneur, jockey ou garçon d'écurie ne peut suivre les galops de chevaux appartenant à d'autres écuries, et s'il est reconnu qu'une infraction à cet article a été commise avec mauvaise intention, les syndics peuvent la punir d'une amende de 10 à 100 fr.

Art. 3. — Les personnes qui veulent essayer des chevaux peuvent requérir le garde du terrain, qui fait éloigner les personnes étrangères de l'endroit fixé pour la fin d'essai. Tout entraîneur, jockey ou garçon d'écurie qui refuse de s'éloigner, peut être puni par les syndics d'une amende de 10 à 200 fr. Les propriétaires sont responsables des actes des gens à leur service, et payent les amendes encourues par eux, à moins qu'ils ne préfèrent les renvoyer; dans ce cas, le nouveau maître, chez lequel entrent ces gens, devient responsable de l'amende.

Nous n'apprécions pas ces dispositions et il ne nous appartient en aucune façon d'en signaler les abus possibles ; nous les rapportons seulement à cause des conséquences nécessaires qu'elles entraînent, au point de vue de nos études. Il est évident que des courses instituées ainsi ne peuvent manquer de faire dominer l'importance des paris sur celle des prix ; et c'est ce qui arrive, en effet. Qui ne se souvient, par exemple, que dans la somme value à son heureux propriétaire par la mémorable victoire de *Gladiateur*, les cent mille francs du grand prix de Paris ne comptaient que pour une minime proportion ?

Or, les émotions du jeu doivent être courtes, rapides, multipliées. Ceci est dans la nature humaine. Les courses, par conséquent, pour les procurer telles, doivent être, elles aussi, courtes, rapides et multipliées. Il faut y économiser le temps et l'espace. De là, les faibles distances, la plus grande vitesse possible et la plus grande jeunesse des coureurs. Les vraies courses, chéries des sportsmen qui hantent le Betting-Room, ce sont les courses pour les poulains de deux ans.

Les hippologues convaincus, des deux côtés de la Manche, gémissent sur tous les tons de la décadence qu'elles amènent dans la race des chevaux de course. Ils crient à qui veut l'entendre, et même à qui ne le veut point, que ce n'est pas là certes améliorer l'espèce. Est-ce donc de cela qu'il s'agit?

Les courses de chevaux ont, comme toute chose en ce monde, leur destinée : elles l'accomplissent. Malavisés seraient ceux qui prétendraient la troubler par des réglementations, s'ils en avaient le pouvoir.

Ce sont là, Dieu merci, terreurs imaginaires. La force et la richesse de l'industrie chevaline du pays n'ont, fort heureusement, rien à démêler avec les règlements du turf, qui, en bonne logique, appartiennent aux turfistes.

Courses d'obstacles. — Le but avoué des courses plates est l'amélioration de l'espèce chevaline par le pur sang. Celui des courses d'obstacles est différent. Le règlement de l'administration des haras, en ce qui les concerne, va nous l'indiquer clairement. Voici l'arrêté ministériel qui l'établit :

Le ministre d'État,

Considérant que les encouragements de l'État ne doivent être accordés que dans un but utile et profitable, aussi bien à l'amélioration de nos races qu'au développement de l'industrie chevaline ;

Considérant que, s'il importe d'encourager la production d'étalons fortement constitués, il n'importe pas moins de faire progresser l'élevage des chevaux de commerce, en mettant en évidence et en valeur le cheval de selle de demi-sang, né et élevé en France ;

Considérant qu'il y a un intérêt sérieux à propager le goût du cheval et de l'équitation hardie ;

Attendu que les steeple-chases, soumis à une réglementation appropriée, peuvent aider à atteindre ces divers résultats ;

Vu l'arrêté ministériel, en date du 3 mai 1856 ;

Sur le rapport du directeur général des haras ;

Arrête :

Article premier. — A partir de 1863, les prix de steeple-chases donnés par l'administration, et excédant 2,000 fr., seront divisés en deux catégories, dans les conditions suivantes :

Première catégorie. — 5,000 fr. pour chevaux entiers et juments de pur sang, de tout pays, âgés de cinq ans et au-dessus. — Entrée 250 fr. moitié forfait. — 1,000 fr. sur les entrées au second. — Poids commun, 76 kilogr.; distance de 5,000 à 6,000 mètres. — 25 à 30 obstacles. — Le cheval ayant gagné 40,000 fr. est exclu; le gagnant de 30,000 fr. porte 10 kil. de surcharge; de 15,000 fr., 5 kil.; de 5,000, 2 kil.

Deuxième catégorie. — 3,000 fr., divisés en deux prix : 2,000 fr. et les entrées au premier; 1,000 fr. au second. — Pour chevaux hongres et juments de demi-sang nés et élevés en France, âgés de quatre à huit ans inclusivement. — Entrée, 100 f., moitié forfait.— Poids commun : quatre ans, 73 kil.; cinq ans et au-dessus, 76 kilog.— Distance, 4,000 mètres et 20 obstacles. — Le cheval ayant gagné 20,000 fr. est exclu. Le gagnant de 15,000 fr. porte 6 kilogr. de surcharge; de 7,000 fr., 4 kilogr.; de 3,000 fr., 2 kilogr.

Art. 2. — Par ces mots de l'article précédent : « cheval ayant gagné 40,000 francs, 30,000 francs, etc..., » on entend celui qui a gagné cette somme en une ou plusieurs courses à obstacles.

Art. 3. — Le cheval né et élevé en France est celui qui est né dans le pays et ne l'a jamais quitté.

Art. 4. — Les gentlemen-riders (1), courant, dans les

(1) Expression anglaise dont l'équivalent français est : homme comme il faut monté à cheval, ou, sans périphrase, gentilhomme cavalier.

steeple-chases de 1re et de 2e catégorie, contre des jockeys, reçoivent une modération de poids de 4 kilogrammes.

Art. 5. — Sont qualifiés gentlemen-riders les membres du Jockey-Club, du cercle Impérial, du cercle de la rue Royale, du cercle Agricole, du cercle de l'Union, les officiers de l'armée de terre et de mer en activité de service, ceux des haras, les membres de la Société hippique de la localité où la course a lieu, et toute personne présentée par deux membres des clubs, cercles ou sociétés susnommés, et agréée par les commissaires locaux.

Art. 6. — Les engagements devront être faits vingt jours, et le forfait déclaré six jours avant la course, entre les mains des commissaires de la localité.

Art. 7. — Le propriétaire engageant pour la première fois un cheval de demi-sang dans un steeple-chase de 2e catégorie, devra joindre à la demande d'engagement le certificat d'origine et une déclaration attestant que son cheval n'a jamais quitté la France.

A défaut de certificat d'origine, le propriétaire fournira une déclaration attestant que le cheval n'est pas de pur sang.

Si ces justifications ne paraissent pas suffisantes pour établir la preuve de la qualité de demi-sang, l'engagement pourra être refusé par les commissaires.

Art. 8. — Les commissaires des courses qui recevront le premier engagement auquel se rapporte l'article 7, donneront, s'il y a lieu, acte de l'acceptation de l'engagement au propriétaire, afin que la présentation de cette acceptation lui serve pour les engagements subséquents, sans qu'il soit besoin de fournir d'autres pièces justificatives.

Art. 9. — Le règlement général du 30 janvier 1852 est applicable aux steeple-chases, en tout ce qui n'est pas déterminé par les conditions précédentes.

Art. 10. — La répartition des prix de steeple-chases soumis au présent règlement, ainsi que la désignation des hippodromes, sont effectuées, chaque année, par le ministre.

Art. 11. — Le directeur général des haras est chargé d'as-, surer l'exécution de ces dispositions.

Fait à Paris, le 2 décembre 1862.   WALEWSKI.

Le règlement qui précède institue, ainsi qu'on vient de le voir, une véritable gentilhommerie de cheval, dans laquelle il s'agit d'encourager l'équitation « hardie. » Hardie, en effet, car il ne se passe guère de steeple-chase sans qu'il y ait accident plus ou moins grave, et parfois même mort d'homme ou de cheval.

Il y a aussi une *Société générale des steeple-chases de France*, dont le règlement ne diffère point de celui du comité des courses de la *Société d'encouragement*. Le titre *Des paris* n'y est pas non plus oublié. Du reste, mêmes mœurs et coutumes, absolument. Il serait donc superflu d'y revenir.

Quant à savoir comment les steeple-chases font « progresser l'élevage des chevaux de commerce », c'est ce que nous ne sommes pas en mesure de dire. En y regardant de près, on est même obligé de reconnaître qu'ils encouragent surtout autre chose que « le goût du cheval et de l'équitation hardie », qu'il y aurait, d'après le considérant de l'arrêté ministériel cité plus haut, « un intérêt sérieux à propager. »

Comme pour les courses plates, il est bien à craindre que le plus sérieux de l'affaire se passe au Betting-Room, où ne pénètre que la gentilhommerie dont il était parlé tout à l'heure, et, les jours de courses, sur le turf, dans les rangs de cette ridicule jeunesse des magasins et des bureaux qui prétend à la singer. Les débats de la police correctionnelle nous ont, à cet égard, révélé de curieux détails. Ces Athéniens dégénérés de l'aune et du grattoir tiennent pour la casaque jaune, rouge ou verte, et font leur Book, tout comme un noble membre du Jockey-Club. Seulement il arrive que le dépositaire des enjeux s'échappe un jour sans régler ses comptes; et comme leur Betting-

Room, à eux, est en plein soleil, ils tombent par là même en plein droit commun, et c'est à la magistrature qu'incombe le soin de vider, au nom de la morale publique, leurs petits différends.

Courses au trot et primes de dressage. — L'arrêté ministériel portant règlement des courses au trot et des primes de dressage fera mieux connaître que toutes les dissertations en quoi consiste l'institution. Voici donc la reproduction de ce règlement :

TITRE PREMIER

ÉPREUVES D'ÉTALONS

Article premier. — A l'avenir, il ne sera plus délivré aux éleveurs de cartes d'aptitudes pour les poulains destinés à la reproduction.

Art. 2. — L'épreuve publique sur l'hippodrome exigée pour tous les étalons nés et élevés en France (ceux de gros trait exceptés) qui doivent entrer dans les dépôts de l'État ou dans la classe des étalons approuvés, continuera d'être obligatoire.

Art. 3. — Néanmoins, dans les contrées qui ne produisent qu'exceptionnellement l'étalon, et où, par ce fait, il n'est pas possible d'organiser des épreuves publiques sur l'hippodrome, le cheval sera essayé dans les conditions réglementaires devant l'inspecteur général de l'arrondissement ou son délégué, sur tel point qu'il jugera convenable.

Art. 4. — En dehors des courses générales, le mode d'épreuve est ainsi fixé pour les diverses espèces d'étalons :

Pur sang arabe ou anglo-arabe — course plate au galop;

Demi-sang carrossier — épreuve au trot, le cheval étant soit monté, soit attelé seul;

Demi-sang léger — épreuve au galop avec obstacles;

Trait léger — épreuve au trot, le cheval attelé seul.

Art. 5. — Ne seront considérés comme étant de pur sang

anglo-arabe, aptes à concourir aux épreuves, que les chevaux de race pure contenant au moins un arabe de pur sang parmi leurs père, mère, grand-père ou grand'mère.

Art. 6. — La qualification d'étalon de demi-sang carrossier ou de demi-sang léger, dans les pays qui produisent ces deux sortes de chevaux, sera laissée à l'appréciation du propriétaire, qui choisira le mode d'épreuve auquel il voudra soumettre son cheval.

Il ne pourra le faire courir que dans un seul mode d'épreuve; mais il demeurera libre de l'engager dans des modes d'épreuves différents, à la condition d'opter au moment de la première course où le cheval doit partir.

Art. 7. — Les épreuves d'étalons sont accessibles aux chevaux âgés de trois et quatre ans.

Art. 8. — Les poids pour âge sont établis ainsi qu'il suit :

Pur sang arabe — trois ans, 50 kilogrammes; quatre ans, 58 kilogrammes.

Pur sang anglo-arabe — trois ans, 55 kilogrammes; quatre ans, 64 kilogrammes.

Demi-sang carrossier — trois ans, 60 kilogrammes; quatre ans, 68 kilogrammes.

Demi-sang léger — trois ans, 60 kilogrammes; quatre ans, 68 kilogrammes.

Art. 9. — Le même étalon pourra courir plusieurs fois dans le même mode d'épreuve.

Art. 10. — Une fois approuvé ou autorisé, un cheval ne peut plus courir.

Art. 11. — L'étalon demi-sang ayant gagné, en un ou plusieurs prix de quelque ordre qu'ils soient, une somme de 1,200 fr., portera 3 kilogrammes de surcharge; de 3,000 fr., 6 kilogrammes; de 6,000 fr., 10 kilogrammes.

Art. 12. — La distance dans les épreuves d'étalons arabes et anglo-arabes sera déterminée par les programmes spéciaux entre 2,000 et 4,000 mètres.

Elle sera uniformément de 4,000 mètres dans les épreuves de chevaux demi-sang carrossiers et de trait léger; de 2,400 mètres, avec huit obstacles environ, dans celles de chevaux demi-sang légers.

Art. 13. — Dans les épreuves d'attelage, il est accordé une minute de plus, pour franchir le parcours, aux chevaux de trois ans courant contre ceux de quatre ans.

Art. 14. — Les étalons ne seront admis à courir qu'après qu'ils auront été présentés à la commission des courses, et que leur identité aura été reconnue.

TITRE II

ÉPREUVES DE POULICHES

Art. 15. — Dans les départements où des concours de pouliches sont organisés conformément à l'arrêté du 10 février 1861, le propriétaire d'une pouliche de trois ans primée dans un de ces concours devra la présenter, hors le cas de maladie constatée par un vétérinaire, dans l'épreuve instituée par le règlement.

Art. 16. — Cette épreuve aura lieu au trot et à la selle, sur un parcours de 2,000 mètres.

Les pouliches porteront, dans la division du Nord, 60 kilogrammes; dans la division du Midi, 55 kilogrammes.

Art. 17. — L'engagement ne sera pas nécessaire. Les propriétaires produiront, au moment de la course, pour constater que la pouliche a été primée ou mentionnée honorablement, l'extrait du procès-verbal de la distribution des primes délivré par le président du jury.

TITRE III

PRIMES DE DRESSAGE

Art. 18. — Les primes de dressage sont instituées pour chevaux hongres et juments, nés et élevés en France, âgés de quatre à cinq ans, montés, attelés seuls ou à deux.

Art. 19. — Pour juger de la régularité et de l'élégance des allures, chaque attelage devra fournir, en dehors des épreuves ordinaires, telles que remisage, recul, etc., un parcours au pas et au trot dont l'étendue sera déterminée par chaque programme.

Les chevaux montés devront être essayés aux trois allures du pas, du trot et du galop de chasse.

Art. 20. — Les certificats de naissance devront être annexés à la lettre d'engagement du propriétaire.

Art. 21. — Le même cheval ne peut être primé qu'une seule fois.

Le cheval qui a fait partie d'un attelage ayant obtenu une prime doit être considéré comme primé.

Art. 22. — Les concours de dressage auront lieu, autant que possible, à l'époque des grandes foires de chevaux ou des réunions de courses.

Art. 23. — Les transactions sur les chevaux primés auront lieu à l'amiable ; le système de vente par réclamation est abrogé.

TITRE IV

COURSES AU TROT

Art. 24. — Des courses au trot pour chevaux hongres et juments de service, nés et élevés en France, âgés de quatre et cinq ans, montés ou attelés seuls, auront lieu dans les contrées où l'utilité en sera reconnue.

Art. 25. — Les chevaux montés porteront :

Dans la division du Nord, à quatre ans, 70 kilogrammes ; à cinq ans, 75 kilogrammes.

Dans la division du Midi, à quatre ans, 65 kilogrammes ; à cinq ans, 70 kilogrammes.

Tout cheval ayant gagné dans les épreuves ou courses au trot, en un ou plusieurs prix de trot de quelque ordre ou provenance qu'ils soient, une somme de 1,200 francs, portera 3 kilogrammes de surcharge ; une somme de 3,000 francs 6 kilogrammes ; de 6,000 fr., 10 kilogrammes ; de 8,000 fr., 15 kilogrammes.

Art. 26. — La distance sera de 4,000 mètres.

Art. 27. — Dans les courses d'attelage, il est accordé 30 secondes de plus, pour franchir le parcours, aux chevaux de quatre ans courant contre ceux de cinq ans.

Art. 28. — Les chevaux qui courront montés les prix de l'administration ne pourront plus les disputer attelés et réciproquement.

TITRE V

DISPOSITIONS GÉNÉRALES

Art. 29. — Dans les courses ou épreuves pour chevaux montés ou attelés, le cheval dont l'allure cesse d'être celle du trot doit être arrêté pour repartir régulièrement dans cette allure.

La commission pourra distancer tout cheval qui aurait fourni au trot désuni ou au galop une partie plus ou moins étendue du parcours.

Art. 30. — Le départ dans les courses ou épreuves pour chevaux attelés pourra avoir lieu par groupes de trois ou quatre voitures.

Lorsqu'il y aura plusieurs groupes, le chronomètre désignera le rang d'arrivée.

Art. 31. — Dans toutes les courses ou épreuves soumises au présent règlement, ne seront admis à monter ou à conduire que des jockeys ou cochers français.

Art. 32. — Il n'y a pas de poteau de distance.

Art. 33. — Il ne sera pas fixé de maximum de temps pour les épreuves ; toutefois la vitesse sera constatée au moyen du chronomètre.

Art. 34. — L'époque des engagements et le montant des entrées, s'il y a lieu, seront indiqués dans les programmes.

Art. 35. — Lorsque les épreuves, courses ou primes définies plus haut feront partie du programme d'une réunion de courses générales, elles seront soumises à la direction et à la juridiction des commissaires des courses.

Dans le cas contraire, le jury chargé de distribuer les primes dans les concours de poulinières et de pouliches décernera également les autres encouragements.

Art. 36. — Les titres II, III, V et VI de l'arrêté du 30 janvier 1862 sont applicables aux épreuves de pouliches et aux courses au trot, en tout ce qui n'est pas contraire aux dispositions précédentes.

Art. 37. — Le titre 1er de l'arrêté du 10 février 1861 et l'arrêté du 12 février de la même année sont abrogés.

Art. 38. — Le directeur général est chargé de pourvoir à l'exécution du présent arrêté.

Paris, le 7 février 1863.

WALEWSKI.

On a déjà remarqué que cet arrêté, malgré son titre, ne se borne pas à réglementer les courses au trot et les primes de dressage; il règle aussi les épreuves imposées aux étalons à choisir par l'administration des haras; cela, du reste, importe peu. Il n'appelle point, d'ailleurs, de notre part, un commentaire particulier. En se plaçant au point de vue de l'administration, il faut la féliciter d'avoir rétabli les courses au trot, qui étaient demeurées supprimées durant un temps. Elles ont une incontestable utilité, que beaucoup de bons esprits mettent même au-dessus de celle des courses plates au galop.

Elles sont évidemment, mieux que ces dernières, en état de donner la mesure de l'aptitude immédiate des chevaux aux services pour lesquels on les utilise généralement, et par cela même leurs avantages tombent mieux sous l'appréciation commune; mais il ne faut pas oublier la doctrine en vertu de laquelle l'énergie et la vigueur des trotteurs ne peuvent leur être communiquées que par l'intervention du pur sang, lequel ne peut être maintenu à son tour que par les courses plates au galop.

Sans accepter cette doctrine dans toute sa teneur — point sur lequel nous n'avons plus à nous expliquer — il n'en convient pas moins de reconnaître qu'il y a en elle une part de vérité. Nous avons, en exposant les principes généraux de la zootechnie, et en nous occupant, dans le présent volume, du cheval de course, essayé de la déterminer. Il ne nous reste plus qu'à voir les résultats obtenus jusqu'à présent des institutions relatives aux courses que nous avons passées en revue, et à discuter ces institutions dans leur ensemble.

Résultats généraux des courses. — C'est encore dans le compte rendu annuel de l'administration des haras que nous trouverons les faits capables de nous éclairer sur ce point. Celui de 1865, qui s'est proposé de résumer, ainsi que nous l'avons déjà vu, les résultats obtenus par la nouvelle administration, en une période de cinq années, contient d'intéressants renseignements.

« C'est au sujet des courses, y est-il écrit, que la différence entre les deux époques que nous avons choisies pour points de comparaisons est surtout saillante. En 1860, il n'y avait en France que soixante-trois hippodromes, avec une dotation de 862,000 fr., entrées non comprises : dans cette somme, les départements, les sociétés, les villes, les compagnies de chemins de fer et les particuliers figuraient pour 480,700 francs.

« Voici la décomposition du chiffre total à cette époque :

« 1° Courses plates. . . . . 749,760 fr.
« 2° Courses à obstacles 59,280
« 3° Courses au trot 53,660

« Deux ans plus tard, en 1862, le nombre des terrains de courses était déjà de quatre-vingts, recevant ensemble une somme de 1,180,770 fr.; l'année suivante, cette dotation s'élevait, pour quatre-vingt-dix hippodromes, à 1,592,490 fr., dont 1,037,735 fr. en courses plates, 365,685 fr. en courses à obstacles, et 187,070 fr. en courses au trot. Poursuivant la même progression, le budget des courses a atteint, en 1865, la somme considérable de 1,860,090 fr., en même temps que le nombre des hippodromes s'est trouvé porté à cent dix, c'est-à-dire quarante-sept de plus qu'en 1860, et près d'un million de francs en excédant.

« Dans la somme ci-dessus indiquée, la part de l'État, abstraction faite des objets d'art affectés aux courses militaires et d'une valeur de 7,220 fr., a été pour les divers modes d'épreuves, de. . . . . 511,800 fr

« Celle de l'Empereur et de l'Impératrice (non compris également les objets d'art, 9,950 fr.) de. 103,000

« Celle des sociétés hippiques, des départements, des villes, des Compagnies de chemins de fer et des particuliers, de. 1,245,290

« Total égal . . . . . . 1,860,090 fr.

« Ce tableau de statistique pure n'a pas besoin de commentaires ; il permet aisément de mesurer le chemin qui a été fait depuis cinq ans. Mais, si activement que puissent être sollicités les intérêts des propriétaires de chevaux par le nombre et l'importance des prix offerts à leur émulation, ce motif ne suffit pas pour expliquer la faveur croissante dont les courses jouissent en France ; il s'y mêle certainement un sentiment plus élevé, le sentiment du patriotisme avivé par les brillants succès obtenus en Angleterre par les chevaux français. C'est *Palestro* qui, dans ces dernières années, a ouvert la série de ces triomphes, en gagnant, en 1861, le Cambridgeshire à Newmarket ; après lui viendront successivement, et pour ne citer que les plus dignes, *Cosmopolite, Hospodar, Dollar, l'Africain, Stra-della, Fille-de-l'Air*, et le premier de tous, *Gladiateur*, qui, à lui seul et dans une saison de courses a rapporté à son propriétaire la somme de 493,500 fr. gagnés en six prix, parmi lesquels le Derby d'Epsom, les 2,000 guinées à Newmarket et le grand Saint-Léger à Doncaster.

« S'il est légitime d'attribuer à l'action des sociétés hippiques, et tout particulièrement à celle de la Société d'encouragement de Paris, l'honneur de ses victoires, il conviendrait peut-être d'en accorder une part à la nouvelle administration, qui s'est associée si libéralement à ce grand mouvement de l'initiative privée. N'est-ce pas à elle, en effet, et à l'énergique impulsion que, par ses encouragements de toute sorte, elle a imprimée à l'idée chevaline, que sont dus et le développement de quelques-uns des anciens hippodromes et la création des quarante-sept nouveaux terrains de courses qui se sont ouverts depuis 1861 ? »

Nous donnerons volontiers, pour notre part, à la nouvelle administration cette satisfaction de reconnaître qu'elle a pu être pour beaucoup dans le mouvement évident qui vient d'être constaté. Nous le reconnaîtrons avec d'autant plus d'empressement, que cela fournit le meilleur argument à l'appui de ce qu'il convient désormais de faire au sujet de l'institution des courses.

Il n'y a, sur cette institution, qu'une objection, une seule : c'est que l'utilité de lui assurer une dotation dans le budget de l'État n'est pas facile à démontrer. Cette utilité fut, de tout temps, l'objet de controverses. Les choses étant arrivées au point dont l'administration elle-même s'enorgueillit à juste titre, ces controverses doivent être considérées comme fermées.

Peut-être « l'énergique impulsion » dont on parlait tout à l'heure était-elle nécessaire pour implanter chez nous le goût et l'habitude des courses, si populaires en Angleterre ; mais, après avoir constaté « la faveur croissante dont les courses jouissent en France » ; après avoir montré que le « grand mouvement de l'initiative privée » a suffi pour assurer à l'institution une dotation de 1,348,290 fr., la conclusion s'impose d'elle-même à l'esprit : il devient évident que les courses peuvent parfaitement vivre, fonctionner et prospérer, sans les 511,800 fr. que leur donne l'État et qui pourraient être plus utilement employés à l'instruction publique, par exemple, s'ils ne restaient point dans la poche des contribuables.

Or, si elles le peuvent, elles le doivent. Nul doute que les sociétés hippiques, les villes, les compagnies de chemins de fer, maintenant qu'elles sont si largement entrées dans la voie, ne soient suffisantes pour maintenir l'institution des courses ; elles sont plus que personne intéressées à leur prospérité. Le seul rôle qui convienne à l'État, le seul qui soit véritablement dans ses attributions, c'est celui d'assurer la police. des grandes réunions qu'elles occasionnent, en leur qualité de fêtes publiques.

Certes, il y avait lieu de les discuter, au point de vue de leur influence sur la production chevaline, et c'est ce que nous avons fait à la place convenable ; mais nous ne sommes pas de ceux qui, pour faire prévaloir leurs idées, en appellent au bras séculier et le chargent de les imposer ; nous entendons seulement qu'on les examine, en désirant que la persuasion décide à les accepter. On n'aime pas la science qui se prouve à coups de règlements administratifs. La conviction est chose respectable ;

mais il ne faut pas se dissimuler que la liberté, en toute matière, tend à devenir de plus en plus la forme préférée et préférable de nos activités.

Demandons par conséquent à l'État de nous laisser faire nos propres affaires, chaque fois que nous pouvons sans dommage nous passer de son concours. Le moment paraît venu, en présence des faits exposés dans ce chapitre, de dégager complétement sa responsabilité, en ce qui concerne la production chevaline, dans l'organisation et la distribution des encouragements.

Cela semble d'autant moins difficile que des sociétés puissantes par le nombre et la richesse sont déjà prêtes pour le suppléer.

CHAPITRE IV

DES ACHATS DE L'ÉTAT

Remontes de l'armée. — L'argument qu'on a toujours fait le plus valoir, pour démontrer la nécessité de l'intervention de l'État dans la production chevaline, est celui de l'intérêt national qui consiste à assurer la remonte de la cavalerie et de l'artillerie. Il importe que l'armée puisse trouver, dans le pays même, des chevaux en quantité et en qualité suffisantes, en cas de guerre. Les finances, la sécurité et la grandeur nationales, y sont également intéressées. En 1840, en 1848, en 1854, en 1859, notamment, on a vu combien il en coûtait, pour passer, sous ce rapport, du pied de paix au pied de guerre, avec l'empire des anciens errements.

Et l'on ne saurait y voir l'éloge des divers modes d'achat des chevaux de troupe, à l'aide desquels l'administration de la guerre s'est durant si longtemps proposé d'encourager les éleveurs.

On paraît avoir renoncé définitivement à tous les systèmes protecteurs, pour entrer enfin dans la voie des principes économiques, en considérant purement et simplement l'administration de la guerre comme un simple consommateur.

Elle n'est que cela, et ne peut pas être autre chose.

Mais sa qualité même et la nature des produits qu'elle consomme lui imposent des préoccupations d'un certain genre.

D'abord, elle est chez nous, à beaucoup près, le plus gros de tous les consommateurs de chevaux de selle, dont elle ne peut d'ailleurs point se passer. Si elle n'était là, leur production péricliterait assurément, faute d'une demande suffisante. C'est la loi de toute production. Elle a plus besoin des éleveurs que ceux-ci n'ont besoin d'elle : rien ne les oblige à élever des chevaux, s'ils n'y trouvent leur bénéfice; tout l'oblige, au contraire, à en acheter, surtout à pouvoir les trouver en nombre assez fort, le cas échéant.

Telles sont les situations respectives.

Il importe donc d'avoir une combinaison qui concilie tous les intérêts en présence, et il est tout à fait dans notre sujet de la rechercher. La remonte de l'armée, tant que les relations internationales ne seront point assises sur des bases moins précaires et plus économiques, ne pourra cesser d'être considérée comme une des institutions hippiques du pays.

Cette combinaison a été exposée déjà depuis plusieurs années ailleurs, et elle n'a pas encore soulevé d'objections, peut-être bien parce qu'on n'y a point pris garde. En tout

cas, aucun motif ne nous empêche de la reproduire ici,
en la faisant précéder de ses considérants économiques.

La première condition, avons-nous dit (1), pour qu'une
industrie quelconque puisse fonctionner, surtout lorsqu'elle comporte, comme c'est le cas de la production chevaline, des spéculations à long terme, c'est qu'elle soit à
peu près assurée d'un débouché permanent et régulier
pour ses produits. Les gens qui raisonnent bien leurs entreprises, ne se lancent point au hasard dans un genre de
spéculation dont les chances ne puissent pas être prévues
avec l'exactitude désirable, dont les bénéfices probables
ne puissent pas être calculés.

Ces bénéfices dépendant ici, en grande partie, de l'importance de la demande, il est naturel que pour demeurer
dans les limites d'une industrie bien conduite, les éleveurs de chevaux de troupe doivent baser leurs opérations
sur l'état normal des achats nécessités par la remonte annuelle des diverses armes, cavalerie et artillerie. On ne
produit, en général, qu'en vue de la consommation la plus
probable; car on redoute l'encombrement, qui entraîne
l'avilissement des prix. Les objets échangeables n'ont pas
une valeur absolue; elle dérive de leur utilité, qui se mesure par les besoins auxquels ils correspondent et qui les
font demander.

En outre de ce principe fondamental, la question se
complique, en fait de chevaux, d'un élément particulier.
Il est des marchandises qui s'améliorent et acquièrent de
la valeur, en attendant le débouché; d'autres qui, n'en
acquérant pas, conservent au moins celle qu'elles avaient,
ou bien rendent des services qui compensent leurs déper-

____

(1) *Livre de la ferme,* t. Ier, p. 481.

ditions. Les chevaux élevés pour l'armée, du moins ceux
de cavalerie, ne peuvent être rangés dans aucune catégorie de ce genre. S'ils ne sont pas vendus dès qu'ils ont
atteint l'âge réglementaire, le service auquel ils sont
propres ne trouvant pas d'emploi utile chez le producteur,
à mesure que leur valeur réelle décroît, leur prix de revient augmente de la quotité de leurs frais d'entretien.

Il importe donc essentiellement, pour qu'ils puissent
être produits dans des conditions avantageuses, que le débouché leur soit assuré, dès qu'ils remplissent celles exi-
gées pour le servive en vue duquel ils ont été élevés.

Évidemment, on ne saurait exiger des agriculteurs
qu'ils s'adonnent à l'élevage des chevaux de troupe par
pur patriotisme, et de manière à être toujours prêts, dus-
sent-ils s'y ruiner, à munir l'armée de ceux dont elle peut
avoir besoin pour entrer en campagne. Tant que les achats
réguliers du gouvernement ne seront basés que sur les
besoins du pied de paix, il n'est pas douteux que la cavalerie ne pourra être mise sur le pied de guerre avec les
seules ressources nationales. Quelque encouragement
qu'on donne à la production chevaline, le seul efficace,
parce qu'il est le seul normal, faisant défaut, les éléments
manqueront pour les achats extraordinaires, comme ils
ont déjà manqué. Il les faudra nécessairement demander,
comme on les a déjà demandés, au commerce interna-
tional. Les commissions éventuelles de remonte pourraient
dire à quels prix! Et les vétérinaires de l'armée, en com-
pulsant les registres de leurs infirmeries, seraient en mesure eux aussi de nous apprendre ce qu'il en est advenu!

Les encouragements examinés dans le précédent chapitre sont peut-être de nature à stimuler l'amélioration
des produits, mais il n'est point en leur pouvoir d'augmen-

ter la production. Celle-ci n'obéit qu'au débouché. Ces encouragements ne peuvent avoir pour effet de décider aucun éleveur à faire naître des chevaux de troupe, tant qu'il aura plus d'avantage à faire consommer ses fourrages par des chevaux de trait, des mulets ou des bœufs. La demande de ceux-ci est permanente, le débouché assuré; les conditions de leur élevage sont moins chanceuses, plus commodes ; elles nécessitent l'engagement d'un capital moins considérable, en assurant son plus prompt renou·vellement.

Toutes ces raisons font sentir la nécessité de donner aux achats de l'État, pour la remonte de l'armée, une forme nouvelle, qui puisse, tout en ménageant davantage les finances, parer à toutes les éventualités. Nous allons proposer de nouveau le moyen qui nous a paru le plus propre à faire atteindre ce double but.

Les cadres de l'armée active, lorsque les régiments sont au complet, comprennent environ 80,000 chevaux, en chiffres ronds. Il importerait donc qu'il y eût toujours disponibles en France, ces 80,000 chevaux capables d'entrer immédiatement en campagne. La force de la cavalerie, et surtout celle de l'artillerie, qui paraît plus importante dans les nouvelles conditions de la tactique militaire, en dépendent absolument. On voit que nous nous plaçons au cœur du sujet, tel qu'il est compris par ceux qui, au point de vue de la puissance nationale, se préoccupent de la production chevaline.

Nous n'entendons pas, assurément, que les armes dont il s'agit doivent être en tout temps pourvues de l'effectif complet en chevaux qui vient d'être indiqué ; nous entendons que leur remonte annuelle puisse s'effectuer de telle sorte qu'il y ait toujours disponible, dans les régiments et dans le pays, le nombre de chevaux nécessaire pour réaliser promptement cet effectif, en cas de besoin. En ce qui concerne l'artillerie et les trains, une mesure a été prise en ce sens, dont on ne s'est pas beaucoup applaudi. L'excédant du pied de paix a été remis, après la guerre, entre les mains des cultivateurs, à charge de nourrir les animaux et de les entretenir en bon état, et sous le bénéfice de les faire travailler et d'en devenir propriétaires après sept ans de séjour chez eux. Il semble qu'il y ait mieux à faire que cela.

D'après nos calculs, en portant la moyenne des achats annuels de jeunes chevaux au cinquième environ du chiffre de l'effectif complet, et en inaugurant un système qui limiterait de six à sept ans la durée du service régimentaire, on arriverait, par suite de la mortalité moyenne et des réformes anticipées pour cause d'insuffisance, à entretenir dans le pays une demande normale et régulière, seule capable d'assurer la production. Les chevaux libérés, vendus comme le sont aujourd'hui les réformés, rencontreraient infailliblement la faveur qui s'attache, dans le commerce, aux chevaux faits et dressés. Il est permis d'admettre qu'ils ne se vendraient point à un prix de beaucoup inférieur à celui de leur achat. En tout cas, on ne contestera pas qu'ils constitueraient une réserve toujours prête pour les éventualités.

Au point de vue militaire, ainsi qu'à celui des intérêts de la production chevaline, la proposition n'a sans doute pas besoin d'être justifiée. D'un côté, les régiments ne peuvent perdre à être toujours monté en chevaux dans la force de l'âge, de cinq à douze ans ; de l'autre, l'augmentation des achats annuels ne peut que favoriser l'industrie des éleveurs. Les doutes peuvent exister seulement au point de vue financier.

On ne saurait songer à répéter ici les calculs basés sur la mortalité moyenne des chevaux de l'armée, dans les quinze dernières années ; sur les non-valeurs ; sur les économies rendues possibles, par la constitution d'une réserve sûre, dans les frais d'entretien des effectifs moyens ; enfin sur tous les éléments de la question, où il ne faut pas oublier de comprendre les dépenses excessives et la mortalité extraordinaire occasionnées toujours par les remontes éventuelles. Il suffit d'affirmer que loin d'être une aggravation de dépense, le système nouveau permettrait au contraire de réaliser des économies sur l'ensemble des budgets d'une période déterminée.

La proposition n'est pas formulée ici, d'ailleurs, dans l'espoir d'attirer l'attention de l'administration de la guerre. Elle a pour unique but de faire sentir les raisons qui rendent peu lucratif chez nous l'élevage du cheval de troupe et sa production par conséquent précaire, et d'indiquer aux vœux des éleveurs une base sur laquelle ils puissent s'appuyer.

Puisque nous avons tant fait que de proposer cette base, il conviendra peut-être de la compléter par l'indication de la réforme qu'elle devrait entraîner dans le mode d'incorporation des chevaux de l'armée.

Établissements de remonte. — Dans l'état actuel des choses, les jeunes chevaux de troupe, achetés par les établissements de remonte à l'âge de quatre ans, n'y font qu'un séjour de quelques mois au plus, et souvent de quelques semaines seulement. Chaque régiment détache, dans le dépôt qui l'alimente, un de ses officiers, chargé de conduire au corps, avec ses hommes, le nombre de jeunes chevaux formant la commande reçue par l'établissement. Dès que ce nombre est complété par les achats, le détachement se met en route pour le lieu de la garnison de son régiment.

En y arrivant, chacun paye infailliblement son tribut à l'acclimatement, d'autant plus difficile que l'animal est moins âgé. Presque tous les jeunes chevaux passent par l'infirmerie, surtout les derniers achetés, qui n'ont pas eu le temps de s'accoutumer, durant leur court passage au dépôt de remonte, au régime militaire nouveau pour eux; bon nombre n'en sortent point, du moins vivants.

C'est un déchet, qui, dans les statistiques annuelles dressées par la commission d'hygiène hippique du ministère de la guerre, est calculé. En 1861, il a été, sur 1,000 de l'effectif général, comprenant les chevaux de tout âge, de 49,17 pour ceux de quatre ans, tandis qu'il n'était que de 20,97 pour ceux de huit ans. La proportion paraîtra encore plus forte à l'encontre des jeunes chevaux, si l'on songe que leur nombre total, dans l'armée, est de beaucoup inférieur à celui des chevaux de huit ans.

En outre, les jeunes chevaux sont, dans les corps, un véritable embarras, par les soins spéciaux qu'ils exigent, et leur conservation ultérieure y est fort souvent sacrifiée aux nécessités du service des escadrons. Ils sont presque toujours soumis à un dressage prématuré, pour lequel le personnel expérimenté fait défaut, et ils ont par ce fait à exécuter avant le temps des manœuvres au-dessus de leurs forces, ce qui augmente encore le déchet signalé plus haut. Dans la dernière statistique, invoquée tout à l'heure, on voit que la mortalité des chevaux de cinq ans est de 40,25 pour 1,000, tandis que celle des chevaux de six ans n'est plus que de 24,40.

Le rapprochement de ces chiffres est significatif dans le sens que nous indiquons.

Ce serait donc à la fois assurer la bonne organisation des régiments et diminuer les pertes du Trésor, que de débarrasser ceux-là d'une fonction qui incombe bien plus naturellement aux établissements de remonte. Ces établissements munis à cet effet d'un personnel choisi, pour qui ce pourrait être une véritable carrière, n'auraient plus seulement à faire l'achat des jeunes chevaux de troupe, mais encore à les façonner au régime de l'armée par une hygiène spéciale et à les dresser, à les mettre en condition pour qu'ils puissent entrer à l'escadron dès leur arrivée au corps. Il suffirait, pour réaliser une telle réforme, d'augmenter le nombre et l'effectif des compagnies existantes de cavaliers de remonte, en y incorporant le personnel, officiers et soldats, qui, dans les dépôts des régiments, ne peut guère accomplir que mal un service important qui devrait être bien fait ainsi.

Il y aurait peut-être là, d'un autre côté, le moyen de concourir utilement à faire disparaître le desideratum sur lequel l'administration des haras a tant insisté dans ces dernières années. Bon nombre de jeunes chevaux qui, après avoir subi les épreuves du dressage dans les établissements de la remonte de l'armée, ne rempliraient pas tout à fait les conditions difficiles du cheval de guerre, pourraient être livrés au commerce et rendre de bons services aux particuliers, au lieu d'aller, comme nous en avons vu beaucoup, peupler les infirmeries des régiments et finalement succomber de bonne heure à la peine.

Le cavalier dans les rangs ne peut pas, en effet, ménager sa monture. Il doit obéir au commandement ; et le cheval fait parfois pour cela, je vous assure, un rude métier. Deux heures de manœuvres, pour peu qu'il y ait quelques conversions à pivot fixe, au trot ou au galop, équivalent à bien des lieues en ligne droite, le terrain fût-il accidenté, sans tenir compte même de l'inintelligence ou de la brutalité du cavalier.

En somme, quoi qu'il advienne, l'État, dans ses achats de chevaux, ne peut être considéré que comme un consommateur ordinaire, à cela près que la consommation est obligatoire pour lui. Il doit par conséquent les opérer de manière à ne point laisser tarir le courant de la production, toujours mieux alimenté par la liberté des transactions que par les plus ingénieux systèmes protecteurs.

FIN

TABLE DES MATIÈRES

	Pages.
AVERTISSEMENT	1
CONSIDÉRATIONS PRÉLIMINAIRES	3
Caractéristique de la race	8

ESPÈCES ÉQUINES

Caractères génériques	15

LIVRE PREMIER
Cheval

CHAPITRE PREMIER

CARACTÈRES SPÉCIFIQUES ET ORIGINES

Caractères spécifiques	21
Origines	26

CHAPITRE II

FONCTIONS ÉCONOMIQUES ET TYPES DE CONFORMATION

1. Fonctions économiques

Spécialités de service	32

2. Types de conformation

Beautés absolues	35
Cheval de selle	46
Cheval d'attelage	52
Cheval de trait	55

CHAPITRE III

DES RACES CHEVALINES ET DE L'AMÉLIORATION DE LEURS PRODUITS

Classification des races	62

1. Chevaux fins

Considérations générales	64
Race arabe	69
Cheval de course	74
Chevaux de la Normandie	93

	Pages
Bidets normands	106
Chevaux des landes de Bretagne	107
Chevaux de l'Anjou.	111
Chevaux du Centre-Ouest	112
Chevaux lorrains et alsaciens	116
Chevaux du Nivernais, de la Champagne et de la Bourgogne.	120
Chevaux limousins.	12?
Chevaux de l'Auvergne	129
Chevaux des Landes, de l'Aude et de la Camargue.	130
Chevaux des Pyrénées.	134
Race berbère ou barbe	139

2. Chevaux communs

	Pages
Considérations générales.	142
Race flamande	145
Race boulonnaise	146
Race picarde.	151
Race ardennaise	152
Race bretonne	153
Race percheronne	157
Race poitevine	163
Chevaux du Centre.	167
Race comtoise	169

CHAPITRE IV

APPLICATION DES MÉTHODES ZOOTECHNIQUES AUX RACES CHEVALINES

	Pages
Méthodes applicables.	171
Gymnastique fonctionnelle	172
Sélection	178
Croisement	183
Métissage.	186

CHAPITRE V

DE LA CASTRATION ET DE LA FERRURE DES POULAINS

	Pages
Castration	187
Ferrure	192

LIVRE II

Ane

CHAPITRE PREMIER

CARACTÈRES SPÉCIFIQUES ET ORIGINES

	Pages
Caractères spécifiques.	197
Origines	202

CHAPITRE II

FONCTIONS ÉCONOMIQUES ET TYPES DE CONFORMATION

1. Fonctions économiques

Pages.

Spécialités de service. 203

2. Types de conformation

Beautés absolues. 207
Ane de travail. 208
Baudet mulassier. 210

CHAPITRE III

DES RACES ASINES ET DE L'AMÉLIORATION DE LEURS PRODUITS

Classification des races. 212
Race commune. 213
Race mulassière. 215

LIVRE III

Mulet

CHAPITRE PREMIER

CARACTÈRES ET ORIGINES

Définition zoologique. 223
Caractéristique. 224

CHAPITRE II

FONCTIONS ÉCONOMIQUES ET TYPES DE CONFORMATION

Spécialités de service. 226
Types de conformation. 227

CHAPITRE III

PRODUCTION DES MULETS

Lieux de production. 229
Choix et entretien du baudet 231
Pratique de la monte. 233
Choix et entretien de la jument mulassière. 241
Élevage des muletons. 244

LIVRE IV

INSTITUTIONS HIPPIQUES

Pages.

Considérations générales. 251

CHAPITRE PREMIER

DE L'ADMINISTRATION DES HARAS

Historique. 254
Décret de réorganisation et arrêtés consécutifs 257
Actes de l'administration. 270

CHAPITRE II

DES ÉTALONS DÉPARTEMENTAUX

Origine de l'institution 301
En quoi consiste l'institution 303

CHAPITRE III

DES ENCOURAGEMENTS

1. Primes et concours

Primes. 312
Concours 315

2. Courses

Courses plates au galop 317
Courses d'obstacles. 336
Courses au trot et primes de dressage 340
Résultats généraux des courses. 346

CHAPITRE IV

DES ACHATS DE L'ÉTAT

Remontes de l'armée. 350
Établissements de remonte 356

FIN DE LA TABLE DES MATIÈRES

MONTEREAU. — IMPRIMERIE ZANOTE.

ÉCONOMIE DU BÉTAIL, par *André Sanson*. 4 vol. in-18 et plus de 150 grav. . . 14 »

    On vend séparément :

    1° ORGANISATION ET FONCTIONS PHYSIOLOGIQUES. — HYGIÈNE. 1 vol. in-18. . 3 50

    2° PRINCIPES GÉNÉRAUX DE LA ZOOTECHNIE. 1 vol. in-18. . . . . . . 3 50

    3° APPLICATIONS DE LA ZOOTECHNIE. — Cheval. — Ane. — Mulet. — Institutions hippiques. 1 vol. in-18. . . . . 3 50

    4° APPLICATIONS DE LA ZOOTECHNIE. — Bœuf. — Mouton. — Chèvre. — Porc. 1 vol. in-18 (*sous presse*). 3 50

MÉDECINE VÉTÉRINAIRE (Notions usuelles de). 1 vol. de 180 pages. 1 25

LE PORC, par *Gustave Heuzé*. 1 vol. in-12 de 334 pages et 56 gravures. . . . 3 50

RACE BOVINE EN ALSACE (Études sur l'élevage, l'entretien et l'amélioration de la), par *J. Flaxland*. 1 brochure in-8 de 124 pages. . . . . . 2 »

ANIMAUX UTILES (Acclimatation et domestication des), par *J. Geoffroy Saint-Hilaire*, président de la *Société d'acclimatation*. 4° édit., 1 beau vol. in-8 de 534 pages et 47 gravures. . . . . 9 »

ANIMAUX DE LA FERME, sous la direction de M. *Victor Borie*. — Première série : *Espèce bovine*, forme 20 livraisons : Races Flamande, Normande, Bretonne, Parthenaise et Choletaise, Charolaise, Limousine et Mancelle, Comtoise, Salers, Garonnaise, Bazadaise et Landaise, Gasconne et du Gévaudan, Barétoune et Béarnaise, Algérienne, Durham, Hereford, Devon, Suffolk, Angus, West-highland, Galloway, Ayr, Alderney, Jersey, Kerry, Schwitz, Fribourg, Berne, Simenthal, Hollandaise, Glane, Hongroise, Podolienne, Bufle, Yack, races acclimatées, races croisées.

    Prix des 20 livraisons formant la 1re série. . . . . 80 »

    Une livraison vendue séparément. . . . . 5 »

    Chaque livraison contient 2 ou 3 aquarelles dessinées d'après nature et 16 pages de texte grand in-4°. — Édition de luxe.

BÊTES A LAINE (Manuel de l'éleveur de), par *F. Villeroy*, cultivateur au Rittershof (Bavière rhénane). 1 vol. de 335 pages et 54 gravures. . . . 3 50

CHEVAUX (Manuel de l'éleveur de), par *F. Villeroy*. 2 vol. in-8 avec 121 gravures (types des principales races). . . . . 12 »

MOUTON (le), par *Lefour*, ancien inspecteur général de l'agriculture. 1 vol. in-18 de 390 pages et 76 gravures. 3 50

VACHES LAITIÈRES (Guide des propriétaires dans le choix des), par *Eug. Tisserand*. 2° édit., 1 vol. in-18 de 396 pages et 19 gravures. . . . . 4 »

POULAILLER (le), par *Ch. Jacque*. 2° édit., 1 vol. in-12 et 120 gravures. . . 3 50

MERLERAULT (le), ses herbages, ses éleveurs, ses chevaux, par *Ch. du Hays*. 1 vol. in-18 de 182 pages. . . . . 3 »

MAISON RUSTIQUE DU 19° SIÈCLE, cinq volumes grand in-8° à deux colonnes, équivalant à 25 volumes in-8° ordinaires, avec 2,500 gravures représentant les instruments, machines, animaux, arbres, plantes, serres, bâtiments ruraux, etc. publiés sous la direction de MM. *Bailly, Bixio et Malpeyre* — Tome I. Agriculture proprement dite. — Tome II. Cultures industrielles; Animaux domestiques. — Tome III. Arts agricoles. — Tome IV. Forêts; étangs; administration; construction. — Tome V. Horticulture.

Prix des cinq volumes (ouvrage complet) 39 50

Chaque volume pris séparément . . . . 9 »

MONTEREAU. — IMP. ZANOTE.

www.ingramcontent.com/pod-product-compliance
Lightning Source LLC
LaVergne TN
LVHW021216170726
843501LV00003B/539